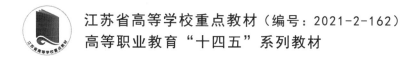

江苏省高等学校重点教材（编号：2021-2-162）

高等职业教育"十四五"系列教材

风力发电机组安装与维护

主编　曹　莹　林　森

南京大学出版社

图书在版编目(CIP)数据

风力发电机组安装与维护/曹莹,林森主编.
南京:南京大学出版社,2024.8. —ISBN 978 - 7 - 305
- 28146 - 4

Ⅰ.TM315

中国国家版本馆 CIP 数据核字第 2024JV4344 号

出版发行　南京大学出版社
社　　址　南京市汉口路 22 号　　　　邮　　编　210093
书　　名　**风力发电机组安装与维护**
　　　　　FENGLI FADIANJIZU ANZHUANG YU WEIHU
主　　编　曹　莹　林　森
责任编辑　吕家慧　　　　　　　　编辑热线　025 - 83597482
照　　排　南京开卷文化传媒有限公司
印　　刷　江苏苏中印刷有限公司
开　　本　787 mm×1092 mm　1/16　印张 15.5　字数 378 千
版　　次　2024 年 8 月第 1 版　2024 年 8 月第 1 次印刷
ISBN　978 - 7 - 305 - 28146 - 4
定　　价　46.00 元

网　　址:http://www.njupco.com
官方微博:http://weibo.com/njupco
微信服务号:njuyuexue
销售咨询热线:(025)83594756

前　言

随着地球环境日益恶化，人类面临的环境问题愈来愈严峻，利用、开发绿色可再生能源替代原来的化石能源，减少二氧化碳的排放量，保护地球环境，已成为大势所趋。近年来，随着人们能源需求量的逐渐增加，风力发电由于具有清洁、环境效益好、可再生、装机规模灵活、运维成本低等优点，得到广泛应用，风力发电技术也得以快速发展。据国家能源局公开数据显示，2021年我国累计并网风电装机3.28亿千瓦，同比增长17.3%。海上风电累计并网装机达到2 639万千瓦，同比增长193.6%。目前，中国风电并网装机容量已连续12年稳居全球第一。因此，风力发电行业的人才需求也将大大增加，在此背景下，我们编写了《风力发电机组安装与维护》一书。

本书注重实用性、先进性、适用性、通用性，在知识内容上，以"必需"和"够用"为原则。在编写过程中，避开了繁琐的数学推导和设计理论，力求通俗易懂，在提高学生分析问题、解决问题能力培养的同时，尤其注重学生动手能力的培养，既注重实际应用，又具有较强的可读性。在内容安排上按照循序渐进的原则，由浅入深，由易到难。全书共有四个学习项目，即风力发电基础理论、风力发电机组的认知、风力发电机组的装配和风力发电机组维护与检修。每个学习项目又包含多个典型的工作任务和知识拓展。通过完成每个工作任务，理解相关知识，掌握操作技能，尽快适应岗位要求，同时培养学生综合运用所学知识分析问题和解决问题的能力，提升学生的创新思维和创新能力。

本课程坚持以就业为导向、以能力为本位、理论与实践及生产实际相结合的原则，围绕对高素质高技能人才的职业要求，充分体现职业教育的特点，打破传统的学科体系的框架，注重实用、管用的原则，强调在实践中领悟和锤炼技能，在各任务的学习和实施过程中激发学生的爱国情怀，培养学生的职业意识和职业习惯，树立良好的敬业爱岗和团队合作精神，培养热爱科学、积极创新的精神，提高学生的综合职业能力。

本书以培养应用型工程技术人才为目标，方向性强，契合高职教育的特点。注重将理论讲授与实践训练相结合，理论贯穿应用，实践融合知识，以基本技能和应用为主，易学、易懂、易上手。

本书由江苏工程职业技术学院曹莹、林森编写。其中项目一和项目四由曹莹编写，项目二和项目三由林森编写。本书由曹莹负责内容编排设计、修改和全书的统稿工作。本书在编写过程中得到了江苏力沛电力工程服务有限公司、上海峙雄新能源科技有限公司等相关工程技术人员的大力支持和帮助。同时参考了大量的相关文献资料(详见书末的参考文献),借鉴吸收了众多专家、学者的研究成果,在此对相关作者一并表示衷心的感谢!

本书以课程知识点为载体,从知识的来源发展、技术应用等角度,挖掘知识点所蕴含的价值观、情感感受、逻辑思维等信息,提炼了教材中所蕴含的思政元素。同时每个工作任务配备视频讲解和PPT,便于教学。

由于风力发电技术涉及面广、发展迅速,编写时间较紧,教材内容涉及面宽,一些想法难以在书中体现。加之编者水平有限,书中难免存在不足和疏漏之处,敬请读者批评指正。

编　者

2024 年 3 月

目　录

项目一　风力发电基础理论

项目目标

知识目标 ▶▶▶▶▶

(1) 熟悉风形成的原因以及大气环流的形成。

(2) 熟悉并掌握风的类型。

(3) 熟悉并掌握我国风能资源分布的规律。

(4) 熟悉并掌握风能资源评估的方法。

(5) 熟悉并掌握风力机的基本原理和基本理论。

能力目标 ▶▶▶▶▶

(1) 能独立进行模拟风力发电场的组装与调试。

(2) 能独立进行风能资源的测量。

(3) 能独立进行风能资源的评估。

(4) 能独立进行小型风电机组的拆装。

思政目标 ▶▶▶▶▶

(1) 培养学生家国情怀,激励学生报效国家和社会。

(2) 培养学生自我学习能力,增强学生专业认同感。

(3) 使学生体会到科技就是生产力。

(4) 坚持做到严谨、专注、精益求精。

项目设计

风能是一种最具活力的可再生能源,它实质上是太阳能的转化形式,因此是取之不尽的,是一种可再生的、对环境无污染、对生态无破坏的清洁能源。风能资源在空间分布上分散的,在时间分布上也是不稳定和不连续的。通过本项目的学习,掌握风的成因以及风速风向的测量方法,熟悉模拟风力发电场装置的组成,掌握模拟风力发电场装置的安装方法以及风能资源的测量与评估方法。

任务一　风和风能基础知识

任务描述

　　风是人类最熟悉的一种自然现象,风无处不在。太阳辐射造成地球表面大气层受热不均,引起大气压力分布不均,在不均压力作用下空气沿水平方向运动就形成了风。风能是一种最具活力的可再生能源,它实质上是太阳能的转化形式,因此是取之不尽的。通过本任务的学习,掌握风的成因以及风速风向的测量方法,了解模拟风力发电场装置的组成,掌握模拟风力发电场装置的安装方法。

知识链接

一、风的形成

1. 气压梯度力和地转力

【微信扫码】
风形成的原因和类型

　　风是由于空气受冷或者受热而导致从一个地方向另一个地方产生移动的结果。简单地说,空气的流动现象称为风。空气运动主要是由于地球上各个纬度所接受的太阳辐射强度不同形成的,风实质上是太阳能的转化形式,因此是取之不尽的。

　　风在地表上形成的根本原因是太阳能量的传输,由于地球是一个球体,太阳光辐射到地球上的能量随纬度不同而有差异。在赤道和低纬度地区,太阳高度角大,日照时间长,太阳辐射强度大,地面和大气接受的热量多、温度较高;在高纬度地区,太阳高度角小,日照时间短,地面和大气接受的热量小,温度较低。这种高纬度与低纬度之间的温度差异,形成了南北之间的气压梯度,使空气作水平运动,风应沿水平气压梯度方向吹,即垂直于等压线从高压向低压吹。

　　由于地球自转形成的地转偏向力称科里奥里力,简称偏向力和柯氏力。这种力使北半球气流向右偏转,南半球向左偏转,所以地球大气运动除受气压梯度力影响外,还要受地转偏向力的影响。大气的真实运动是两力综合影响的结果。

　　实际上,地面风不仅受这两个力的支配,而且在很大程度上受海洋、地形的影响,山谷和海峡能改变气流运动的方向,还能使风速增大,而丘陵、山地由于摩擦大使风速减少,孤立山峰却因海拔高使风速增大。因此,风向和风速的时空分布较为复杂。

2. 大气环流

　　大气环流是指大范围的大气运动状态。某一大范围地区、某一大气层在一个长时期的大气运动的平均状态或者某一个时段的大气运动的变化过程,都可以称为大气环流。

　　当空气由赤道两侧上升向极地流动时,开始因地转偏向力很小,空气基本受气压梯度力影响,在北半球,由南向北流动,随着纬度的增加,地转偏向力逐渐加大,空气运动也就逐渐向右偏转,也就是逐渐转向东方。在纬度30°附近,偏角到达90°,地转偏向力与气压梯度力相当,空气运动方向与纬圈平行,所以在纬度30°附近上空,赤道来的气流受到阻塞而聚积,气流下沉,形成这一地区地面气压升高,就是所谓的副热带高压。

副热带高压下沉气流分为两支。一支从副热带高压向南流动,指向赤道。在地转偏向力作用下,北半球吹东北风,南半球吹东南风,风速稳定且不大(3～4级),这就是所谓的"信风",所以在南、北纬30°之间的地带称为信风地带。这支气流补充了赤道的上升气流,构成了一个闭合的环流圈,称为哈德来(Hadley)环流,也称为正环流圈。此环流圈南面上升,北面下沉。另一支从副热带高压向北流动。在地转偏向力的作用下,北半球吹西风,且风速较大,这就是所谓的西风带。在60°附近处,西风带遇到了由极地向南流来的冷空气,被迫沿冷空气上面爬升,在60°地面出现一个副极地低压带。

副极地低压带的上升气流,到了高空又分成两股,一股向南,一股向北。向南的一股气流在副热带地区下沉,构成一个中纬度闭合圈,正好与哈德来环流流向相反,此环流圈北面上升、南面下沉,所以因而称为反环流圈,也称费雷乐(Ferrel)环流圈;向北的一股气流,从上空到达极地后冷却下沉,形成极地高压带,这股气流补偿了地面流向副极地带的气流,而且形成了一个闭合圈,此环流圈南面上升、北面下沉,与哈德来环流流向类似,因此也称正环流。在北半球,此气流由北向南,受地转偏向力的作用,吹偏东风,在60°～90°之间,形成了极地东风带。

综上所述,由于地球表面受热不均,引起大气层中空气压力不均衡,因此,形成地面与高空的大气环流。各环流圈伸屈的高度,以赤道最高,中纬度次之,极地最低,这主要是由于地球表面增热程度随纬度增高而降低的缘故。这种环流在地球自转偏向力的作用下,形成了赤道～纬度30°环流圈(哈德来环流)、纬度30°～60°环流圈和纬度60°～90°环流圈,这便是著名的三圈环流,如图1.1所示。

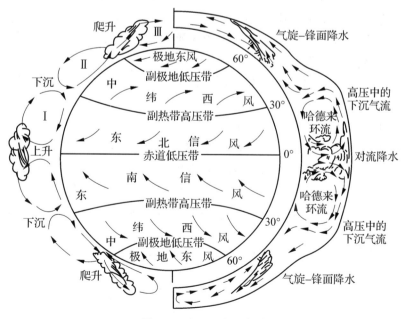

图1.1　三圈环流示意图

3. 风的类型

风受大气环流、地形、水域等不同因素的综合影响,表现形式多种多样,如季风、地方性的海陆风、山谷风、台风等。

(1) 季风

在一个大范围地区内,它的盛行风向或气压系统有明显的季节变化,这种在一年内随着季节不同有规律转变风向的风称为季风。

季风环流是季风气候的主要反映。季风环流的主要形成原因是海陆分布的热力差异、行星风带的季节转换以及地形特征等,如图 1.2 所示。

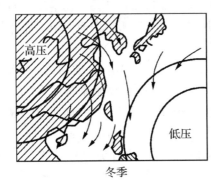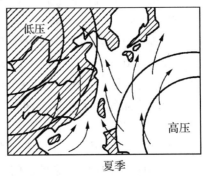

图 1.2 季风的形成

① 海陆分布对我国季风的影响。海洋的热容量比陆地大得多。冬季,陆地比海洋冷,大陆气压高于海洋,气压梯度力由大陆指向海洋,风从大陆吹响海洋;夏季正好相反,陆地很快变暖,海洋相对较冷,大陆气压低于海洋,气压梯度力由海洋指向大陆,风从海洋吹向大陆。我国东临太平洋,南临印度洋,冬夏的温差大,所以季风明显。

② 行星风带的季节转换对我国季风的影响。从图 1.1 可以看出,地球上存在着 5 个风带,信风带、盛行西风带、极地东风带在南半球和北半球是对称的分布。这 5 个风带在北半球的夏季都向北移动,而冬季向南移动,这样冬季西风带的南缘地带在夏季就可以变成东风带。因此,冬夏盛行风就会发生 180°的变化。冬季我国主要在西风带影响下,强大的西伯利亚高压笼罩着全国,盛行偏北风。夏季西风带北移,我国在大陆热低压控制下,副热带高压也北移,盛行偏南风。

③ 青藏高原对我国季风的影响。青藏高原占我国陆地的 1/4,平均海拔在 4 000 m 以上,对应于周围地区具有热力作用。在冬季,高原上温度较低,周围大气温度较高,这样形成下沉气流,从而加强了地面高压系统,使冬季风加强;夏季,高原相对于周围自由大气是一个热源,加强了高原周围地区的低压系统,使夏季风得到加强。另外,在夏季,西南季风由孟加拉湾向北推进时,沿着青藏高原东部的南北走向的横断山脉流向我国的西南地区。

(2) 海陆风

海陆风是因海洋和陆地受热不均匀而在海岸附近形成的一种有日变化的风系,周期为一昼夜,其势力相对薄弱。白天风从海上吹向陆地,夜晚风从陆地吹向海洋。前者称为海风,后者称为陆风,合称为海陆风。白天,地表受太阳辐射而增温,由于陆地土壤热容量比海水热容量小得多,陆地升温比海洋快得多,因此陆地上的气温显著比附近海洋上的气温高。

陆地上空气在水平气压梯度力的作用下,上空的空气从陆地流向海洋,然后下沉至低空,又由海面流向陆地,再度上升,遂形成低层海风和铅直剖面上的海风环流。海风从每天上午开始直到傍晚,风力以下午为最强。日落以后,陆地降温比海洋快;到了夜间,海上气温高于陆地,就出现与白天相反的热力环流而形成低层陆风和铅直剖面上的陆风环流。海陆的温差,白天大于夜晚,所以海风较陆风强,如图1.3所示。

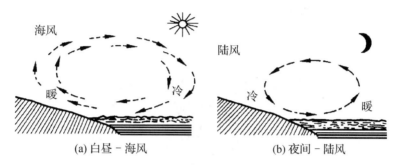

(a) 白昼－海风　　　　　　　　　　(b) 夜间－陆风

图1.3　海陆风的形成

海陆风的强度在海岸最大,随着离岸距离的增加而减弱,一般影响距离在20~50 km。海风的风速比陆风大,在典型的情况下,海风风速可达4~7 m/s,而陆风一般为2 m/s左右。海陆风最强烈的地区,发生在温度日变化最大及昼夜海陆温差最大的地区。低纬度日射强,所以海陆风较为明显,尤以夏季为甚。

此外,在大湖附近同样日间有风自湖面吹向陆地,称之为湖风,夜间有风自陆地吹向湖面,称之为陆风,合称为湖陆风。

（3）山谷风

山谷风是由于山谷与其附近空气之间的热力差异而引起的,形成原理与海陆风类似。白天,山坡接受太阳光热较多,成为一只小小的"加热炉",空气增温较多;而山谷上空,同高度上的空气因离地较远,增温较少。于是山坡上的暖空气不断上升,并在上层从山坡流向谷底,谷底的空气则沿山坡向山顶补充,这样便在山坡与山谷之间形成一个热力环流。下层风由谷底吹向山坡,称为谷风。到了夜间,山坡上的空气受山坡辐射冷却影响,"加热炉"变成了"冷却器",空气降温较多;而谷底上空,同高度的空气因离地面较远,降温较少。于是山坡上的冷空气因密度大,顺山坡流入谷底,谷底的空气因汇合而上升,并从上面向山顶上空流去,形成与白天相反的热力环流。下层风由山坡吹向谷底,称为山风,如图1.4所示。

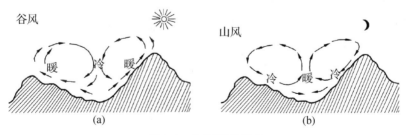

(a)　　　　　　　　　　(b)

图1.4　山谷风形成图

山谷风一般较弱,谷风比山风大一些,谷风风速一般为2~4 m/s,有时可达6~7 m/s,在通过山隘时,风速加大。山风风速一般仅为1~2 m/s,但在峡谷中,风力可能还会大一些。

（4）台风

台风是发生在热带海洋上强烈的热带气旋。它像在流动江河中前进的涡旋一样，一边绕自己的中心急速旋转，一边随周围大气向前移动。在北半球热带气旋中的气流绕中心呈逆时针方向旋转，在南半球则相反。愈靠近热带气旋中心，气压愈低，风力愈大。但发展强烈的热带气旋，如台风，其中心却是一片风平浪静的晴空区，即台风眼。台风中心气压很低，一般在 87～99 kPa 之间，中心附近地面最大风速一般为 30～50 m/s，有时可超过 80 m/s，如图 1.5 所示。

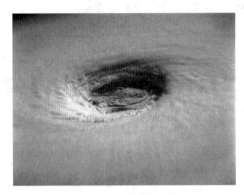

图 1.5　台风的形成

4. 风力等级

风力等级（wind scale）简称风级，是风强度的一种表示方法，风越强，数值越大。用风速仪测得的风速可以套用为风级，同时也可通过目测海面，陆地上的物体征象估计风力等级。

（1）风级

风级是根据风对地面或海面物体影响而引起的各种现象，按风力的强度等级来估计风力的大小，国际上采用的风力等级是由英国人蒲福（Francis Beaufort）于 1805 年拟定的，所以又称为"蒲福风力等级"。他将风力从静风到飓风分为 13 个等级（0～12 级），1946 年以后又增加到 18 个等级（0～17 级），见表 1.1。我国天气预报中一般采用 13 等级分法。一般风力达到 6 级时，气象台就发布大风警报。

表 1.1　蒲福风力等级

风力等级	名称	相当于平地 10 m 高处的风速		陆上地物征象	海面波浪	海面大概的波高（m）	
		mile/h	m/s			一般	最高
0	静风	0～1	0.0～0.2	烟直上	海面平静	—	—
1	软风	1～3	0.3～1.5	烟示风向	微波峰无飞沫	0.1	0.1
2	轻风	4～6	1.6～3.3	感觉有风	小波峰未破碎	0.2	0.3
3	微风	7～10	3.4～5.4	旌旗展开	小波峰顶破碎	0.6	1.0
4	和风	11～16	5.5～7.9	吹起尘土	小浪白沫波峰	1.0	1.5
5	劲风	17～21	8.0～10.7	小树摇摆	中浪折沫峰群	2.0	2.5

风力等级	名称	相当于平地 10 m 高处的风速		陆上地物征象	海面波浪	海面大概的波高（m）	
		mile/h	m/s			一般	最高
6	强风	22～27	10.8～13.8	电线有声	大浪白沫高峰	3.0	4.0
7	疾风	28～33	13.9～17.1	步行困难	破峰白沫成条	4.0	5.5
8	大风	34～40	17.2～20.7	折毁树枝	浪长高有浪花	5.5	7.5
9	烈风	41～47	20.8～24.4	小损房屋	浪峰倒卷	7.0	10.0
10	狂风	48～55	24.5～28.4	拔起树木	海浪翻滚咆哮	9.0	12.5
11	暴风	56～63	28.5～32.6	损毁重大	波峰全呈飞沫	11.5	16.0
12	飓风	64～71	32.7～36.9	摧毁极大	海浪滔天	14.0	—
13		72～80	37.0～41.4				
14		81～89	41.5～46.1				
15		90～99	46.2～50.9				
16		100～108	51.0～56.0				
17		109～118	56.1～61.2				

（2）风速与风级的关系

除了查表外，还可以通过式(1.1)～式(1.3)来计算风速。

如已知某一风级时，其关系式为

$$\overline{V}_N = 0.1 + 0.824N^{1.505} \tag{1.1}$$

式中，N——风的级数；

$\overline{V}_N$——N 级风的平均风速，m/s。

若计算 N 级风的最大风速 $\overline{V}_{N\max}$，其公式为

$$\overline{V}_{N\max} = 0.2 + 0.824N^{1.505} + 0.5N^{0.56} \tag{1.2}$$

若计算 N 级风的最小风速 $\overline{V}_{N\min}$，其公式为

$$\overline{V}_{N\min} = 0.824N^{1.505} - 0.56 \tag{1.3}$$

二、风的测量

测风，主要是测量风向和风速，有了风速，就可以计算出当时的气压、温度、湿度下的风能。风向测量是指测量风的来向，风速测量是测量单位时间内空气在水平方向上移动的距离。

【微信扫码】
自动测风系统的组成

1. 测风系统

对于初选的风力发电场选址区应采用高精度的自动测风系统进行风的测量。

自动测风系统主要由 5 个部分组成,包括主机、传感器、数据存储装置、电源、保护隔离装置。

主机利用微处理器对传感器发送的信号进行采集、运算和存储,由数据记录装置、数据读取装置、微处理器、显示装置组成。

传感器种类很多,分为风速传感器、风向传感器、温度传感器、气压传感器。输出信号一般为数字信号。

由于测风系统安装在野外,数据存储装置应有足够的存储空间,而且为了野外操作方便,最好采用可插接形式。

测风系统电源一般采用电池供电。为了提高系统工作的可靠性,还应配备一套或两套备用的电源,如太阳能光板等。主电源和备用电源互为备用,可自动切换。

测风系统输入信号可能会受到各种干扰,设备会随时遭受破坏,如恶劣的冰雪天气会影响传感器信号,雷电天气干扰传输信号因而出现误差等。因此,一般在传感器输出信号和主机之间增设保护和隔离装置,从而提高系统运行的可靠性。

2. 风向测量

风的测量包括风向测量和风速测量。风向测量是指测量风的来向。

(1) 风向测量仪器

风向标是一种应用最广泛的风向测量装置,有单翼型、双翼型和流线型等。风向标一般是由尾翼、指向杆、平衡锤及旋转主轴 4 个部分组成的首尾不对称的平衡装置。其重心在支撑轴的轴心上,整个风向标可以绕垂直轴自由摆动。在风的动压力作用下,取得指向风来向的一个平衡位置,即为风向的指示。传送和指示风向标所在方位的方法很多,有电触点盘、环形电位、自整角机和光电码盘 4 种类型,其中,最常用的是光电码盘。

风向杆的安装方位指向正南,一般安装在离地 10 m 的高度上。如图 1.6 所示。

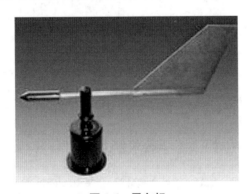

图 1.6　风向标

(2) 风向表示

风向一般用 16 个方位表示,即北东北(NNE)、东北(NE)、东东北(ENE)、东(E)、东东南(ESE)、东南(SE)、南东南(SSE)、南(S)、南西南(SSW)、西南(SW)、西西南(WSW)、西(WWNW)、西西北(WNW)、西北(NW)、北西北(NNW)、北(N)。静风记为 C。

风向也可以用角度来表示,以正北为零度,顺时针方向旋转,每转过 22.5°为一个方位,东风为 90°,南风为 180°,西风为 270°,北风为 360°,如图 1.7 所示。

各种风向出现的频率通常用风玫瑰图来表示。风玫瑰图是以"玫瑰花"形式表示各方向气流状况重复率的统计图形,一般称为风频图,如图 1.8 所示。在图中,该地区最大风频的风向为西风,约为 13%(每一间隔代表风向频率为 5%)。同理,统计各种风向上的平均风速和风能的图分别称为风速玫瑰图和风能玫瑰图。

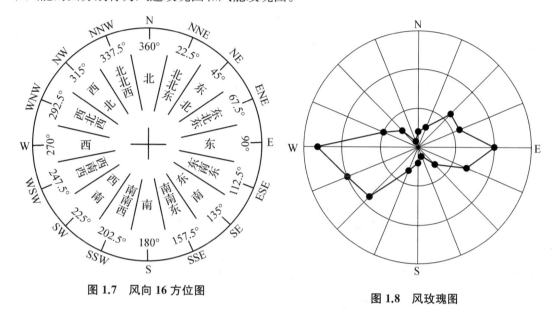

图 1.7　风向 16 方位图

图 1.8　风玫瑰图

3. 风速测量

风速测量是指测量单位时间内空气在水平方向上移动的距离。

（1）风速计

风速的测量仪器类型很多,有旋转式风速计、压力式风速仪、散热式风速表、声学风速计。

【微信扫码】
常用的测风设备

① 旋转式风速计。旋转式风速计的感应部分是一个固定在转轴上的感应风的组件,常用的有风杯(图 1.9)和螺旋桨叶片(图 1.10)两种。风杯式旋转轴垂直于风的来向,螺旋式的旋转轴平行于风的来向。

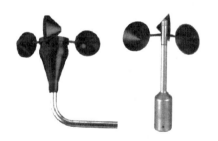

图 1.9　风杯式风速计

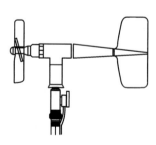

图 1.10　螺旋桨式风速计

风杯式风速计的主要优点是与风向无关。风杯式风速计一般有 3 个或 4 个半球形或抛物锥形的空心杯壳组成。风杯式风速计固定在互成 120°的三叉星形支架上或互成 90°的十字形支架上,杯的凹面顺着同一方向,整个横臂架固定在能够旋转的垂直轴上。在风力的作用下,风杯的凹面和凸面所受的风的压力不相等,风杯绕转轴旋转,转速正比于风速。

② 压力式风速计。压力式风速计是利用风的全压力与静压力之差来测定风速的大小。通过双联皮托管,一个管口迎着气流的方向,感应着气流的全压力,另一个管口背着气流的来向,因为有抽吸作用,所感应的压力要比静压力要低一些。两个管子所感应的压力差与风速成一定的关系。图 1.11 所示为压力式风速计。

③ 散热式风速计。被电流加热的细金属丝或者微型球体电阻元件,放置在气流中,其散热率与风速的平方根呈线性关系。通常在使加热电流不变时,测出被加热物体的温度,就能推算出风速。散热式风速计感应速度快,时间常数只有百分之几秒,在小风速时灵敏度较高,适用于室内和野外的大气湍流实验,但不能测量风向,如图 1.12 所示。

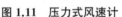

图 1.11　压力式风速计　　　　图 1.12　散热式风速计

④ 声学风速计。声学风速计是利用声波在大气中传播的速度与风速间的函数关系来测量风速。声波在大气中传播的速度为声波的传播速度与气流速度的代数和。它与气温、气压、湿度等因素有关。在一定距离内,声波顺风与逆风传播有个时间差。由这个时间差,便可以确定气流速度。声学风速计没有转动部件,因此响应快,能测定沿任何指定方向的风速分量的特性,但价格较高。

图 1.13　声学风速计

一般的风速测量采用的是旋转式风速计。

（2）风速记录

记录风速是通过信号的转换方法来实现，一般有 4 个方法。

① 机械式。当风速感应器旋转时，通过蜗杆带动涡轮转动，再通过齿轮系统带动齿针旋转，从刻度盘上直接读出风的行程，除以时间就可以得到风速。

② 电接式。由风杯驱动的蜗杆，通过齿轮系统连接到一个偏心凸轮上，风杯旋转一定圈数，凸轮使得相当于开关作用的两个触头或闭合或打开，完成一次接触，表示一定的风程。

③ 电机式。风速感应器驱动一个小型的发电机中的转子，输出与风速感应器转速成正比的交变电流，输送到风速的指示系统。

④ 光电式。风速旋转轴上装有一个圆盘，盘上有等距的孔，孔上方有一红外光源（发光管），正下方有一光电半导体。风杯带动圆盘旋转时，由于孔的不连续，形成光脉冲信号，经光敏晶体管接受放大后变成电脉冲信号输出，每一个脉冲信号表示一定的风的行程，结构如图 1.14 所示。

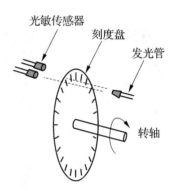

图 1.14　光电传感器的结构图

（3）风速表示

各国表示风速单位的方法不尽相同，如用 m/s，n mile/h，km/h，ft/s，mile/h 等。各种单位换算的方法如表 1.2 所示。

表 1.2　各种风速单位换算表

单位	m/s	n mile/h	km/h	ft/s	mile/h
m/s	1	1.944	3.600	3.281	2.237
n mile/h	0.514	1	1.852	1.688	1.151
km/h	0.278	0.540	1	0.911	0.621
ft/s	0.305	0.592	1.097	1	0.682
mile/h	0.447	0.869	1.609	1.467	1

风速的大小与风速计安装高度和观测时间有关。各国基本上都以 10 m 高处观测为基准，但取多长时间的平均风速不统一，有取 1 min，2 min，10 min 平均风速的，有取 1 h 平均风速的，也有取瞬时风速的等。

我国气象站观测时有 3 种风速，1 天 4 次定时 2 min 平均风速、自记 10 min 平均风速和瞬时风速。风能资源计算时，都用自记 10 min 平均风速。安全风速计算时用最大风速（10 min平均最大风速）或瞬时风速。

任务实施

模拟风力发电场的安装

一、模拟风力发电场的组成

模拟风力发电场由轴流风机、轴流风机框罩、测速仪、风力发电场运动机构、风力发电场运动机构箱、单相交流机、电容器、连杆、滚轮、万向轮、微动开关、护栏组成,如图 1.15 所示。

【微信扫码】
模拟风场

图 1.15　模拟风场

轴流风机安装在轴流风机框罩内,轴流风机框罩安装在风力发电场运动机构上,轴流风机提供可变电源。

风力发电场运动机构由传动齿轮链机构组成,单相交流电动机和风力发电场运动机构安装在风力发电场运动机构箱中,风力发电场运动机构箱与风力发电机塔架用连杆连接。当单相交流电动机旋转时,传动齿轮链机构带动滚轮运动,风力发电场运动机构箱围绕发电机的塔架作圆周旋转运动,当轴流风机输送可变风量时,在风力发电机周围形成风向和风速可变的风力发电场。

测速仪安装在风力发电机与轴流风机框罩之间,用于检测模拟风力发电场的风速。

万向轮支撑风力发电场运动机构。

微动开关用于风力发电场运动机构限位。

二、模拟风力发电场组装

(1)将单相交流电动机、电容器安装在风力发电场运动机构箱内,再将滚轮、万向轮安装在风力发电场运动机构箱底部。

(2)用齿轮和链条连接单相交流电动机和滚轮。

(3)将轴流风机安装在轴流风机支架上,再将轴流风机和轴流风机支架安装在轴流风机框罩,然后将轴流风机框罩安装在风力发电场运动机构箱上,要求紧固件不松动。

(4)在风力发电机塔架座上安装 2 个微动开关。

（5）用连杆将风力发电场运动机构箱与风力发电机塔架座连接起来。

（6）根据风力供电主电路电气原理图和接插座,焊接轴流风机、单相交流电动机、电容器、微动开关的引出线,引出线的焊接要光滑、可靠,焊接端口使用热缩管绝缘。

（7）整理上述焊接好的引出线,将电源线、信号线和控制线在相应的接插座中,接插座端的引出线使用管型端子和接线标号。

实践训练

由小组长协调组织,在小组讨论、教师指导下完成下面的任务。

（1）请说出以下部件的功能及作用。

序号	部件	功能作用
1	轴流风机	
2	风场运动机构	
3	测速仪	

（2）结合模拟风场的结构示意图,阐述模拟风场的安装步骤、使用的工具材料。

序号	工作内容	工具材料
1		
2		
3		
4		
5		
6		
7		

（3）安装过程记录,如有故障,请在下表中填写故障现象,故障原因及处理方法。

故障现象	故障原因	处理办法

知识拓展

风能利用历史

人类利用风能的历史可以追溯到公元前。我国是世界上最早利用风能的国家之一。公元前数世纪我国人民就利用风力提水、灌溉、磨面、舂米,用风帆推动船舶前进。埃及尼罗河上的风帆船、中国的木帆船,都有两三千年的历史记载。唐代有"长风破浪会有时,直挂云帆济沧海"诗句,可见那时风帆船已广泛用于江河航运。到了宋代更是我国应用风车的全盛时代,当时流行的垂直轴风车,一直沿用至今。

在国外,公元前2世纪,古波斯人就利用垂直轴风车碾米。10世纪伊斯兰人用风车提水,11世纪风车在中东已获得广泛的应用。13世纪风车传至欧洲,14世纪已成为欧洲不可缺少的原动机。在荷兰风车先用于莱茵河三角洲湖地和低湿地的汲水,其风车的功率可达50马力(1马力=735.498 75 W),以后又用于榨油和锯木。到了18世纪20年代,在北美洲风力机被用来灌溉田地和驱动发电机发电,如图1.16、1.17所示。从1920年起,人们开始研究利用风力机作大规模发电。1931年,在克里米亚的巴拉克拉瓦建造了一座100 kW容量的风力发电机,这是最早商业化的风力发电机。

图1.16　18世纪波斯的风车　　　　图1.17　棚架式风磨

数千年来,风能技术发展缓慢,也没有引起人们足够的重视。但自1973年世界石油危机以来,在常规能源告急和全球生态环境恶化的双重压力下,风能作为新能源的一部分才重新有了长足的发展。风能作为一种无污染和可再生的新能源有着巨大的发展潜力,特别是对沿海岛屿、交通不便的边远山区、地广人稀的草原牧场,以及远离电网和近期内电网还难以达到的农村、边疆,作为解决生产和生活能源的一种可靠途径,有着十分重要的意义。即使在发达国家,风能作为一种高效清洁的新能源也日益受到重视。美国早在1974年就开始实行联邦风能计划。其内容主要是:评估国家的风能资源;研究风能开发中的社会和环境问题;改进风力机的性能,降低造价;主要研究为农业和其他用户用的小于100 kW的风力机;为电力公司及工业用户设计的兆瓦级的风力发电机组。美国已于20世纪80年代成功地开发了100 kW、200 kW、2 000 kW、2 500 kW、6 200 kW、7 200 kW的6种风力机组。在瑞典、荷兰、英国、丹麦、德国、日本、西班牙,也根据各自国家的情况制订了相应的风力发电计划。如瑞典1990年风力机的装机容量已达350 MW,年发电1×10^9 kW·h。丹麦在1978年即建成了日德兰风力发电站,装机容量为2 000 kW,三片风叶的扫掠直径为54 m,混凝土塔高58 m,预计到2005年电力需求量的10%将来源于风能。1980年德国就在易北河口建成了一座风力电站,装机容量为3 000 kW。英国濒临海洋,风能十分丰富,政府对风能开发也十分重视,到 1990 年风力发电已占英国总发电量的 2%。在日本,1991 年 10 月轻津海峡青森县的日本最大的风力发电站投入运行,5 台风力发电机可为 700 户家庭提供电力。

截至 2021 年 12 月,我国风电并网装机容量达到 30 015 万千瓦,较 2016 年底实现翻番,连续 12 年稳居全球第一。目前,风电并网装机容量约占全国电源总装机容量的 13%,发电量约占全社会用电量的 7.5%,较 2020 年底分别提升 0.3% 和 1.3%,风电对全国电力供应的贡献不断提升。同时,我国风电产业技术创新能力快速提升,已具备大兆瓦级风电整机、关键核心大部件自主研发制造能力,建立了具有国际竞争力的风电产业体系。我国风电机组产量已占据全球 2/3 以上市场份额,全球最大风机制造国地位持续巩固加强。

任务二　风能资源的测量

任务描述

风能的储量是巨大的,为了决策风能开发的可能性、规模性和潜在的能力,对一个地区乃至全国的风能资源储量的了解是必须的,因此风能资源的测量也是必不可少的。通过本任务的学习,了解风能资源的数学表达和测量方法,熟悉风速风向仪的基本原理和结构,掌握风速风向仪的安装和测试方法。

知识链接

一、风能的特点

与其他能源形式相比,风能具有以下特点:

（1）风能蕴藏量大、分布广

据世界气象组织估计,全球可利用风能资源约为 200 亿千瓦,为地球上可利用水资源的 10 倍。我国约 20% 左右的国土面积具有比较丰富的风能资源,我国 2004 年风力普查显示,我国陆地上风能资源技术可开发量为 2.97 亿千瓦。

（2）风能是可再生能源

不可再生能源是指消耗一点就少一点,短期内不能再产生的自然能源。它包括煤、石油、天然气、核燃料等。可再生能源是指可循环使用或不断得到补充的自然资源,如风能、太阳能、水能、潮汐能、生物能等。因此,风能是一种可再生能源,但又是一种过程性能源,不能直接储存。

（3）风能利用基本对环境不造成直接的污染和影响

风电机组运行时,只降低了地球表面气流的速度,对大气环境的影响较小。风力发电机组运行时,噪声在 40~50 dB 左右,远小于汽车的噪声,在距风力发电机组 50 m 外已基本没有影响。风力发电机组对鸟类的歇息环境可能有一定的影响。因此,风力发电属于清洁能源,对环境的负面影响非常有限,对于保护地球环境、减少 CO_2 等温室气体排放具有重要意义。

（4）风能的能量密度低

由于风能来源于空气的流动，而空气的密度是很小的，因此，风力的能量密度也很小，只有水力的 1/816，这是风能的一个重要缺陷。因此，风力发电机组的单机容量一般较小。我国一般以 2～5 MW 级机组为主。

（5）不同地区风能差异大

由于地形的影响，风力的地区差异非常明显。一个邻近的区域，有利地形下的风力，往往是不利地形下的几倍甚至几十倍。

（6）风能具有不稳定性

风能随季节性影响很大，我国亚洲大陆东部，濒临太平洋，季风强盛。冬季我国北方受西伯利亚冷空气影响较大，夏季我国东南部受太平洋季风影响较大。由于气流瞬息万变，风的脉动、日变化、季变化以至年际的变化都十分明显，波动很大，极不稳定。

二、风能资源的数学描述

在统计风能资源时，主要考虑风况和风功率密度。

1. 风况

（1）年平均风速

年平均风速是一年中各次观测的风速之和除以观测的次数，是最直观、最简单表示风能大小的指标之一。

【微信扫码】
风能资源的数学描述

我国在建设风力发电场时，一般要求当地在 10 m 高处的年平均风速在 6 m/s 左右，这时，风功率密度在 200～250 W/m²，相当于风力发电机组满功率运行的时间在 2 000～2 500 h，从经济分析来看是有利的。

但是用年平均风速来要求也存在一定的缺点，因为它不包含空气密度和风频在内，即使年平均风速相同，其风速概率分布 $p(v)$ 不一定相同，计算出的可利用风能小时数和风能有很大的差异，见表 1.3。由表中可以看出，一年中风速大于等于 3 m/s 的小时数，在年平均风速基本相同的情况下，最大的可相差几百小时，占一年中风速大于等于 3 m/s 的小时数的 30%，两者相同的几乎没有。

表 1.3 各地风速、风能对比

地名	嵊泗	泰山	青岛	石浦	长春	满洲里	西沙	五道梁	茫崖	大连
年平均风速（m/s）	6.78	6.68	5.28	5.23	4.2	4.2	4.79	4.79	4.85	4.90
一年中风速大于等于 3 m/s 的小时数	7 723	6 940	7 115	7 015	5 534	5 888	6 634	5 742	6 347	6 332
两站差值	783		100		354		892		15	
两站比值	1.11		1.01		1.06		1.16		1.00	
一年中风速大于等于 3 m/s 的风能（kW）	3 169	2 966	1 568	1 486	1 196	851	1 137	1 082	1 001	1 502
两站差值	203		82		345		109		501	
两站比值	1.07		1.06		1.41		1.11		1.50	

（2）风速年变化

风速年变化是风速在一年内的变化。我国一般是冬、春季风速大，夏、秋季风速小。这既有利于风电和水电的互补，又便于安排风力发电机组的检修时间（一般安排在风速较小的月份）。

（3）风速日变化

风速是瞬息万变的。风速日变化是风速在一日内的变化。风速日变化的原因是太阳辐射而造成的地面热力不均匀。一般说来，风速日变化分陆、海两种类型。陆地午后风速大，14时达到最大；夜间风速小，6时左右风速最小。因为午后地面最热，上下对流最旺盛，高空大风的动能下传也最多。海上白天风速小、夜间风速大，这是由于白天大气层的稳定度大，海面上气温比海温高。

当风速日变化与电网的日负载曲线特性相一致时，风况也是最好的。

（4）风速随高度变化

在大气边界层中，由于空气运动受地面植被、建筑物的影响，风速会随距地面高度增加而发生明显的变化，一个典型的风速与离地高度的关系如图 1.18 所示，这个曲线也称为风廓线，是表示风速随地面高度变化的曲线，这种效应称为风剪切又称为风切变。风切变指数对于风电机组的设计非常重要，同一台风电机组在不同的高度，遭遇的风速是不同的。例如，一台风电机组的轮毂高度为 40 m，叶轮直径为 40 m，则叶轮扫风面最上端（60 m 高度）的风速可达 9.3 m/s，最下端（20 m 高度）的风速为 7.7 m/s，这就意味着叶轮扫风面承受着巨大的压力差。风廓线一般接近于对数分布律或指数分布律。

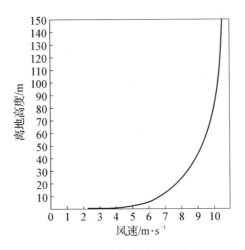

图 1.18　风速与离地高度关系

① 对数分布律。即某高度的风速与高度成对数关系，如果已知某一高度 Z_{ref} 的风速为 v_{ref} 和地面粗糙度 Z_0，那么，高度 Z 的风速 $v(Z)$ 由下列公式计算。

$$v(Z) = v_{ref} \frac{\ln(Z/Z_0)}{\ln(Z_{ref}/Z_0)} \tag{1.4}$$

该公式只在中性大气稳定条件下准确，即相对于大气温度，地面既没有加热作用，也没有冷却作用。对数律在气象学中应用较多，在 100 m 高度范围内用对数律表达风廓线比较准确,超过这一高度将会得到偏于保守的结果。

【例】 已知高度 $Z_{ref}=20\ m$ 处的风速 v_{ref} 为 $8\ m/s$,一风电机组轮毂高度为 $50\ m$,风场着落在有一些房屋和高 $8\ m$ 但距离超过 $500\ m$ 的灌木、树木等的田野上,粗糙度等级为2,粗糙度长度为 $0.1\ m$,求轮毂高度的风速。

解:高度 $50\ m$ 处的风速 $v(50)$ 为

$$v(50)=v_{ref}\frac{\ln(Z/Z_0)}{\ln(Z_{ref}/Z_0)}=8\times\frac{\ln(50/0.1)}{\ln(20/0.1)}=8\times\frac{6.214}{5.298}\approx 9.38(m/s)$$

粗糙度在数值上被定义为贴近地面平均风速为零处的高度(即风廓线中平均风速为零的高度)。粗糙度取决于地表粗糙单元的几何形状、大小和排列等,在物理上这一高度并不真正存在。对于水面和具有弹性的植被,粗糙度还与风速有关。一般来讲,地表表面的粗糙度越大,对风的减速效果越明显。例如,森林和城市对风速影响很大,草地和灌木地带对风的影响相对比较大,机场跑道对风的影响相对较小,而水面对风的影响更小。不同地表面状态下的粗糙度见表1.4。

表1.4 不同地表面状态下的粗糙度

地形	沿海区	开阔地	建筑物不多的郊区	建筑物较多的郊区	大城市中心
Z_0/m	0.005~0.01	0.03~0.10	0.20~0.40	0.80~1.20	2.00~3.00

② 指数分布律。目前多数国家采用经验的指数分布律来描述近地层中平均风速随高度的变化,风速廓线的指数分布律可以表示为

$$v(Z)=v_{ref}\left(\frac{Z}{Z_{ref}}\right)^a \tag{1.5}$$

式中, v_{ref} —— Z_{ref} 高度处的风速,m/s;

$v(Z)$ —— Z 高度处的风速,m/s;

a ——风切变指数。

a 取值大小受地面环境的影响,在计算不同高度风速时,a 可按表1.5取值。

表1.5 不同地表面状态下的风切变指数

地面情况	a	地面情况	a
光滑地面、海洋	0.10	树木多,建筑物少	0.22~0.24
草地	0.14	森林、村庄	0.28~0.30
较高草地、城市地	0.16	城市高建筑物	0.40
高农作物、少量数目	0.20		

如果已知 Z_{ref}、Z 两个高度的实际平均风速,风切变指数 a 可由式(1.6)计算。

$$a=\frac{\lg(v_{ref}/v)}{\lg(Z_{ref}/Z)} \tag{1.6}$$

实测结果表明:用对数分布律和指数分布律都能较好地描述风速随高度的分布规律,其

中指数分布律偏差较小,而且计算简便,因此更为通用。

（5）风玫瑰图

一般采用风向和风能玫瑰图来描述风向、风能在水平面上的分布情况。玫瑰图是根据风向或风能在各扇区的频率分布,以相应的比例长度绘制的形如玫瑰花朵的概率分布图。

出现频率最高的风向可能由于风速小,不一定是风能密度最大的方向。当主风向和主风能的方向不一致时,应以风能玫瑰图为主。也就是说,在一个测风周期内风向出现的频率高,对应的风能不一定多,因为风能与风速的立方成正比,风速比风频对主风能方向的影响更明显。

图 1.19 所示是某测风塔风向、风能分布玫瑰图,从风向玫瑰图来看,南风出现的频次最高,其次为西西北和西北风,从风能玫瑰图来看,西北方向风能频率最高,其次为西西北和南风,综合来看,测风塔的主风向为西北和西西北风。这是因为南风虽然出现的频率较高,但风速较小,对应的风能不大,而西北风出现的频率虽然相对较小,但风速较大,对应的风能较大,为最大风能方向。

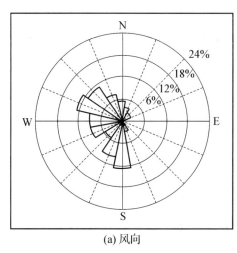
(a) 风向

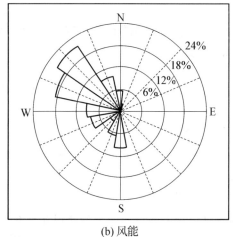
(b) 风能

图 1.19　风向与风能玫瑰图实例

（6）湍流强度

湍流是指风速、风向及其垂直分量的迅速扰动或不规则运动,是重要的风况特征。湍流在很大程度上取决于环境的粗糙度、地层的稳定性和障碍物。

大气湍流产生的原因主要有两个,一个是当气流流动时,气流会受到地面粗糙度的摩擦或者阻滞作用,另一个原因是空气密度差异和大气温度差异引起的气流垂直运动。通常情况下,上述两个原因往往同时导致湍流的产生。在中性大气中,空气会随着自身的上升而发生绝热冷却,并与周围环境温度达到热平衡,因此在中性大气中,湍流强度大小完全取决于地表粗糙度情况。

反映脉动风速的主要特征参数是湍流强度。风速的湍流强度反映的是风速变化强弱情况,湍流强度是脉动风速的均方差 σ 与平均风速 $\overline{V}$ 的比值,即

$$I_T = \frac{\sigma}{\overline{V}} \tag{1.7}$$

$$\sigma = \sqrt{\frac{1}{N-1} \sum_{i=1}^{n} (\overline{v_i} - \overline{v})^2} \tag{1.8}$$

式中，I_T——湍流强度；

σ——10 min 平均风速标准偏差值，m/s；

$\overline{v}$——10 min 平均风速，m/s。

I_T 值在 0.10 或以下时表示湍流较小，大于等于 0.25 时表明湍流过大。一般海上 I_T 范围在 0.08~0.10，陆地上范围为 0.12~0.15。湍流有两种不利的影响，即减少输出的功率和引起风能转换系统的振动与荷载的不均匀，最终使风力发电机组受到破坏。在风电机组的设计规范中，对风电机组所承受的不同湍流强度做了规定。一般情况下，可以通过增加风电机组的轮毂高度来减小由地面粗糙度引起的湍流强度的影响。

2. 风功率密度

(1) 风能

风能就是空气运动的能量，或者表述为每秒在面积 A 上以速度 v 自由流动的气流中所获得的能量，即

$$W = \frac{1}{2}\rho A v^3 \tag{1.9}$$

式中，W——风能，W；

ρ——空气密度，kg/m³，一般取 1.225 kg/m³；

v——风速，m/s；

A——面积，m²。

因为对于一个地点来说空气密度是一个常数，当面积一定时，风能由风速决定。因此风速取值的准确与否对风能的估计有决定性作用。

(2) 风功率密度

为了衡量一个地方风能的大小，评价一个地区的风能的潜力，风功率密度是最方便的一个量。风功率密度是指气流垂直流过单位面积(风轮面积)的风能，又称风能密度。

因此在与风能公式相同的情况下，将风轮面积定为 1 m² 时，即得到风功率密度为

$$w = \frac{1}{2}\rho v^3 \tag{1.10}$$

风功率密度的单位是 W/m²。由于风速是一个随机性很大的量，必须通过一段时间的观测来了解它的平均状况。因此在一段时间(如一年)内的平均风功率密度将式(1.10)对时间积分后求平均，即

$$\overline{w} = \frac{1}{T} \int_0^T \frac{1}{2}\rho v^3 \, \mathrm{d}t \tag{1.11}$$

式中，$\bar{w}$——平均风能，单位 W/m^2；

    T——总时数，单位 h。

而当知道了在 T 时间长度内风速 v 的概率分布 $p(v)$ 后，平均风功率密度就可以计算出来。在研究了风速的统计特性后，风速分布 $p(v)$ 可以用一定的概率分布形式来拟合，这样就大大简化了计算的过程。

① 空气密度

从风能的公式可知，ρ 的大小直接关系到风能的多少，特别是在高海拔的地区，影响更突出。所以计算一个地点的风功率密度，需要掌握所计算时间区间下的空气密度和风速。另一方面，由于我国地形复杂，空气密度的影响也必须要加以考虑。空气密度 ρ 是气压、气温和湿度的函数，其计算公式为

$$\rho = \frac{1.276}{1 + 0.003\,66t} \times \frac{p - 0.378p_w}{1\,000} \tag{1.12}$$

式中，p——气压，hPa；

    t——气温，℃；

    p_w——水气压，hPa。

② 风速的统计特性

风的随机性很大，因此在判断一个地方的风况时，必须依靠该地区风的统计特性。在风能利用中，反映风的统计特性的一个重要形式是风速的频率分布。根据长期观察的结构表明，年度风速频率分布曲线最有代表性。为此，应该具有风速的连续记录，并且资料应至少有 3 年以上的观测记录，一般要求能达到 5～10 年。

风速频率分布一般为正态分布，要想描述这样一个分布至少要有 3 个参数，即平均风速、频率离差系数和偏差系数。

③ 平均风功率密度

根据式(1.10)可知，w 为 ρ 和 v 两个随机变量的函数，对于同一个地方而言，空气密度 ρ 的变化可忽略不计，因此，w 的变化主要是由 v^3 随机变化所决定，这样 w 的概率密度分布只决定于风速的概率分布特征，即

$$E(w) = \frac{1}{2}\rho E(v^3) \tag{1.13}$$

经过数学分析可知，只要确定了风速的威布尔分布两个参数 c 和 k，v^3 的平均值便可以确定，平均风功率密度便可以求得，即

$$\bar{w} = \frac{1}{2}\rho c^3 E\left(\frac{3}{k} + 1\right) \tag{1.14}$$

④ 参数 c 和 k 的估计

估计风速的威布尔分布参数的方法有多种，根据可供使用的风速统计资料的不同情况可以作出不同的选择。通常可采用的方法有累积分布函数拟合威布尔曲线方法（即最小二乘法）、平均风速和标准差估计威布尔分布参数方法、平均风速和最大风速估计威布尔分布参数方法等。根据国内外大量验算结果，上述方法中最小二乘法误差最大。在具

体使用中,前两种方法需要有完整的风速观测资料,需要进行大量的统计工作,后一种方法中的平均风速和最大风速可以从常规气象资料中获得,因此,这种方法较前两种方法有优越性。

⑤ 有效风功率密度

统计风速在 3～25 m/s 内的风功率密度值,作为有效风功率密度值,蕴含风速、风速分布和空气密度的影响,是风场风能资源的综合指标。

⑥ 风能可利用时间

在确定了风速的威布尔分布两个参数 c 和 k 后,可以得出风能可利用时间。一般年风能可利用时间在 2 000 h 以上时,可视为风能可利用区。

由以上可知,只要给定了威布尔分布两个参数 c 和 k 后,平均风功率密度、有效风功率密度、风能可利用小时数都可以方便地求得。另外,知道了分布参数 c 和 k 后,风速分布形式便确定了,具体的风力发电机组设计的各个参数同样可以确定,而无需逐一查阅和重新统计所有的风速观测资料。它无疑给实际应用带来了许多方便。

3. 风功率密度等级表

风功率密度等级在国家标准 GB/T 8710—2002《风力发电场风能资源评估方法》中给出了 7 个级别,见表 1.6。一般来说,平均风速越大,风功率密度也越大,风能可利用小时数就越多。

表 1.6 风功率密度等级表

风功率密度等级	10 m 高度		30 m 高度		50 m 高度		用于并网风力发电
	风功率密度（W/m²）	年平均风速参考值（m/s）	风功率密度（W/m²）	年平均风速参考值（m/s）	风功率密度（W/m²）	年平均风速参考值（m/s）	
1	<100	4.4	<160	5.1	<200	5.6	
2	100～150	5.1	160～240	5.9	200～300	6.4	
3	150～200	5.6	240～320	6.5	300～400	7.0	较好
4	200～250	6.0	320～400	7.0	400～500	7.5	好
5	250～300	6.4	400～480	7.4	500～600	8.0	很好
6	300～400	7.0	480～640	8.2	600～800	8.8	很好
7	400～1 000	9.4	640～1 600	11.0	800～2 000	11.9	很好

注:1. 不同高度的年平均风速参考值是按风切变指数为 1/7 推算的。
　　2. 与风功率密度上限值对应的年平均风速参考值,按海平面标准气压并符合瑞利风速频率分布的情况推算。

4. 风能的区划指标体系

风能资源潜力的多少,是风能利用的关键。划分风能区划的目的是了解各地风能资源的差异,以便合理地开发利用。风能分布具有明显的地域性规律,这种规律反映了大型天气系统的活动和地形作用的综合影响。气象局发布的我国风能三级区划指标体系如下。

(1)第一级区划指标

第一级区划选用能反映风能资源多少的指标,即利用年有效风能密度和年平均风速 ≥3 m/s 风速的年累积小时数的多少将中国分为 4 个区,见表 1.7。

表 1.7　风能区划指标

风能指标	丰富区	较丰富区	可利用区	欠缺区
年有效风能密度（W/m²）	＞200	150～200	50～150	＜50
平均风速（m/s）	6.91	6.28～6.91	4.36～6.28	＜4.36
≥3 m/s 年累积小时数（h）	＞5 000	4 000～5 000	2 000～4 000	＜2 000

① 风能丰富区,考虑有效风能密度的大小和全年有效累积小时数,年平均有效风能密度大于 200 W/m²、3～20 m/s 风速的年累积小时数大于 5 000 h 的划为风能丰富区,用"Ⅰ"表示。

② 风能较丰富区,年平均有效风能密度 150～200 W/m²、3～20 m/s 风速的年累积小时数在 3 000～5 000 h 的划为风能较丰富区,用"Ⅱ"表示。

③ 风能可利用区,年平均有效风能密度 50～150 W/m²、3～20 m/s 风速的年累积小时数在 2 000～3 000 h 的划为风能可利用区,用"Ⅲ"表示。

④ 风能贫乏区,年平均有效风能密度 50 W/m² 以下、3～20 m/s 风速的年累积小时数在 2 000 h 以下的划为风能贫乏区,用"Ⅳ"表示。

（2）第二级区划指标

主要考虑一年四季中各季风能密度和有效风力出现小时数的分配情况。

（3）第三级区划指标

选用风力机最大设计风速时,一般取当地的最大风速。在此风速下,要求风力机能抵抗垂直于风的平面上所受到的压强,使风机保持稳定、安全,不致产生倾斜或被破坏。由于风力机寿命一般为 20～30 年,为了安全,取 30 年一遇的最大风速值作为最大设计风速。

5. 我国的风能资源分布

（1）我国风能资源分布概述

我国地域辽阔,独特的宏观地理位置和微观地形地貌决定了我国风能资源分布的特点。我国在宏观地理位置上属于世界上最大的大陆板块——欧亚大陆的东部,东临世界上最大的海洋——太平洋,海陆之间热力差异非常大,北方地区和南方地区分别受大陆性和海洋性气候相互影响,季风现象明显。北方具体表现为温带季风气候,冬季受来自大陆的干冷气流的影响,寒冷干燥,夏季温暖湿润;南方表现为亚热带季风气候,夏季受来自海洋的暖湿气流的影响,降水较多。

我国对风能资源的观测研究工作始于 20 世纪 70 年代,中国气象局先后于 20 世纪 70 年代末和 80 年代末进行了两次全国风能资源的调查,利用全国 900 多个气象台站的实测资料给出了全国离地面 10 m 高度层上的风能资源量。据资料介绍,当时我国的风能资源总储量为 32.26 亿千瓦,陆地实际可开发量为 2.53 亿千瓦,近海可开发和利用的风能储量有 7.5 亿千瓦。

根据中国气象局于 2004～2006 年组织完成的第三次全国风能资源调查,利用全国 2 000 多个气象台站近 30 年的观测资料,对原有的计算结果进行修正和重新计算,调查结果表明:我国可开发风能总储量约有 43.5 亿千瓦,其中可开发和利用的陆地上风能储量有 6 亿～10 亿千瓦,近海风能储量有 1 亿～2 亿千瓦,共计 7 亿～12 亿千瓦。

2009 年 12 月中国气象局正式公布全国风能资源详查阶段成果数字为陆上 50 m 高度潜在开发量约 23.8 亿千瓦,近海 5～25 m 水深线内可装机量约 2 亿千瓦。

(2) 我国主要的风能丰富区

① "三北"(东北、华北、西北)风能丰富带

该地区包括东北三省、河北、内蒙古、甘肃、青海、西藏、新疆等省区近 200 km 宽的地带,是风能丰富带。该地区可设风电场的区域地形平坦,交通方便,没有破坏性风速,是我国连成一片的最大风能资源区,适于大规模开发利用。

② 东南沿海地区风能丰富带

冬春季的冷空气、夏秋的台风,都能影响到该地区沿海及其岛屿,是我国风能最佳丰富带之一,年有效风功率密度在 200 W/m² 以上,如台山、平潭、东山、南鹿、大陈、嵊泗、南澳、马祖、马公、东沙等地区,年可利用小时数在 7 000～8 000 h。东南沿海由海岸向内陆丘陵连绵,风能丰富地区距海岸仅在 50 km 之内。

③ 内陆局部风能丰富地区

在两个风能丰富带之外,局部地区年有效风功率密度一般在 100 W/m² 以下,可利用小时数为 3 000 h 以下。但是在一些地区由于湖泊和特殊地形的影响,也可能成为风能丰富地区。

④ 海拔较高的风能可开发区

青藏高原腹地也属于风能资源相对丰富区之一。另外,我国西南地区的云贵高原海拔在 3 000 m 以上的高山地区,风力资源也比较丰富。但这些地区面临的主要问题是地形复杂,受道路和运输条件限制,施工难度大,再加上海拔高、空气密度小,能够满足高海拔地区风况特点的风电机组较少等,增加了风能开发的难度。

⑤ 海上风能丰富区

海上风速高,很少有静风期,可以有效利用风电机组发电。一般估计海上风速比平原沿岸高 20%,发电量增加 70%,在陆上设计寿命 20 年的风电机组在海上可达 25 年到 30 年。我国海上风能丰富地区主要集中在浙江南部沿海、福建沿海和广东东部沿海地区,这些地区海上风力资源丰富且距离电力负荷中心很近,与海上风电开发成本虽高,但具有高发电量的特点相适应。

(3) 影响我国风能资源分布的气象条件

① 冷空气活动能资源

冬季(12 月到次年 2 月)整个亚洲大陆完全受蒙古高压控制,其中心位置在蒙古国的西北部,从蒙古高压中不断有小股冷空气南下并进入我国,同时还有移动性的高压不时地南下,气温较低,形成大范围的大风降温天气。

影响我国的冷空气有 5 个源地,由这 5 个源地侵入我国的路线称为路径。第 1 条路径来自新地岛以东附近的北冰洋面,从西北方向进入蒙古国西部再东移南下影响我国;第 2 条是源于新地岛以西的北冰洋面,经俄罗斯、蒙古国进入我国;第 3 条源于地中海附近,东移到蒙古国西部再影响我国;第 4 条是源于太梅尔半岛附近洋面,向南移入蒙古国,然后再向东南影响我国;第 5 条源于贝加尔湖以东的东西伯利亚地区,进入我国东北及华北地区。

② 热带气旋活动

在我国东南沿海每年夏秋季节经常受到热带气旋的影响。台风是一种直径为 1 000 km

左右的圆形气旋,中心气压极低,台风中心 10～30 km 范围内是台风眼,台风眼中天气较好,风速很小。在台风眼外壁天气最为恶劣,最大破坏风速就出现在这个范围内。所以一般只要不是在台风正面直接登陆的地区,风速一般小于 10 级(26 m/s),它的影响平均有 800～1 000 km 的直径范围,每当台风登陆后我国沿海可以产生一次大风过程,而风速基本上在风电机组切出风速(25 m/s)范围之内,是一次发电的好机会。

在我国登陆台风每年平均有 7 次,而广东每年登陆台风最多为 3.5 次,海南次之,为 2.1 次,台湾 1.9 次,福建 1.6 次,广西、浙江、上海、江苏、山东、天津、辽宁合计仅 1.7 次,由此可见台风影响的地区由南向北递减。

(4) 影响风能利用的灾害性天气

① 台风

台风是影响我国的主要灾害性天气之一。台风移近海岸时,狂风可引起大范围巨大的海潮,使沿海地区受到猛烈冲击。登陆台风带来的狂风暴雨常使建筑物、输电线路等地面设施遭受严重破坏,对裸露在大气中,以自然风为动力的风电机组叶轮构成了很大的威胁,轻者引起发电机组部件损伤,重者造成叶片损坏甚至塔架倾覆。

② 低温

温度条件也是风电场建设要考虑的一个重要因素。低温下发电机组的运行状况、零部件的性能、机组的可维护性等方面将发生变化。例如,随着温度的降低,空气密度将增大,可能使风电机组出现过载现象。一般金属材料的疲劳极限随温度的降低而降低,许多主要零部件在高寒环境下存在低温疲劳问题,特别是焊缝处容易脆断破裂。电子电气器件功能受温度影响也较大。有些类型的风电机组在正常运行时,如温度低于 -20 ℃,风速超过额定值后,会产生无规律叶片瞬间振动现象,可导致机组振动迅速增加,影响机组正常发电,后者造成机组停机,同时也可能造成叶片损伤。另外,风电机组所使用的油品在低温时流动性变得很差,致使机组难以运转,进而危及设备安全运行。

③ 积冰

积冰是指地面树木、设施等物体表面产生的结冰现象,也称覆冰。积冰对风电场及导线线路有很大的危害,不仅增加了导线、杆件等的垂直载荷,而且使导线、杆件等的界面增大,从而增大机构的挡风面积,使风载荷增加,在积冰严重的地区有时会导致导线跳头、扭断甚至拉断或结构倒塌等事故。

④ 雷暴

雷暴是积雨云在强烈发展阶段产生的雷电现象。雷暴过境时,气象要素和天气变化都剧烈,常伴有大风、暴雨甚至冰雹和龙卷风,是一种局地性的但却很猛烈的灾害性天气。由于风电机组和电线线路多建在空旷地带,处于雷雨云形成的大气电场中,相对于周围环境,往往成为十分突出的目标,很容易发生尖端放电而被雷电击中,雷电释放的巨大能量会造成风电机组叶片损坏、发电机绝缘击穿、控制元件烧毁等,致使设备和线路遭受严重破坏,即使没有被雷电直接击中,也可能因静电和电磁感应引起高幅值的雷电压行波,并在终端产生一定的入地雷电流,造成不同程度的危害。

⑤ 沙尘暴

沙尘暴是指强风将地面大量沙尘卷入空中,使空气混浊,水平能见度小于 1 km 的天气现象。而强沙尘暴则是使空气非常混浊,水平能见度小于 500 m 的天气现象。

沙尘暴发生时,往往狂风大作,黄沙滚滚,遮天蔽日,天空呈土黄色,甚至红黄色,阳光昏暗,能见度非常低,严重时甚至伸手不见五指,强风可吹倒或拔起大树、电杆,刮断输电线路,毁坏建筑物和地面设施,造成人畜伤亡,破坏力极大。

对于风电场来说,沙尘暴的危害是多方面的。首先,沙尘暴都伴随有大风,强沙尘暴风力达 8 级以上,甚至有的可达 12 级,相当于台风登陆的风力,大风对风电场的破坏力已不言而喻。其次是大风夹带的沙粒及黄豆大小乃至核桃大的石块还会击打、磨蚀建筑物和其他裸露物体的表面,不仅会使风电机组叶片的表面受到严重磨损,而且还会使叶片表面出现凹凸不平的坑洞,影响风电机组出力,同时严重破坏叶片表面的强度和韧性及叶片整体的强度,对风电场仪器设备构成较大的危害。另外,沙尘暴在以排山倒海之势向前移动时,还驱动着下层的沙粒也随之一起前行,遇到迎风和隆起的地形,沙尘暴可对土壤造成不同程度的刮蚀,每次风蚀深度可达 1~10 cm;遇到背风凹洼的地形或障碍物时,随风而至的大量沙尘又会造成沙埋,严重的沙埋深度可达 1 m 以上。例如,风电场建在迎风坡或地势较高的地区,沙尘暴对土地的刮蚀会对塔基的牢固程度造成影响;在背风坡或地势低洼的地区,其沙埋作用又可使塔架的高度发生变化,影响风能吸收和转换。

三、风能资源测量方法

1. 测量位置和数量

1) 测量位置

【微信扫码】
风能资源的测量方法

(1) 所选测量位置的风况应基本代表该风力发电场的风况。

(2) 测量位置附近应无高大建筑物、树木等障碍物,与单个障碍物距离应大于障碍物高度的 3 倍,与成排障碍物距离应保持在障碍物最大高度的 10 倍以上。

(3) 测量位置应选择在风力发电场主风向的上风向位置。

2) 测量数量

测量位置数量依风力发电场地形复杂程度而定。对于地形较为平坦的风力发电场,可选择一处安装测量设备;对于地形较为复杂的风力发电场,应选择两处及以上安装测风设备。

2. 测量参数

1) 基本参数

测量项目的核心是收集风速、风向和气温数据。使用这些指定的参数,以获得评估风能开发可行性时所需要的与资源有关的基本资料。

(1) 风速。风速数据是评估场址风能资源的最重要的指标,推荐在多个高度测量,以确定场址中风的特性,进行风力发电机组在几个轮毂高度之间的性能模拟,同时在多个高度的测量数据可以互为备用。一般测量如下数据。

① 10 min 平均风速:每秒采样一次,自动计算和记录每 10 min 的平均风速(m/s)。

② 小时平均风速:通过 10 min 平均风速值获取每小时的平均风速(m/s)。

③ 极大风速:每 3 s 采样一次的风速的最大值(m/s)。

(2) 风向。

① 风向采集:与风速同步采集的该风速的风向。

② 风向区域:所记录的风向都是某一风速在该区域的瞬时采样值。风向区域分为 16 等分时,每个扇形区域含 22.5°,也可以采用多少度来表示风向。

(3) 气温。空气温度是风力发电场运行环境的一个重要表征,通常测量高度或者接近地面(2~3 m),或者接近轮毂高度。在很多地方,平均近地空气温度与轮毂高度处平均温度相差 1 ℃以内。

2) 可选参数

如要扩展测量范围,额外的测量参数有太阳辐射、垂直风速、温度变化和大气压。

(1) 太阳辐射。当太阳辐射与风速和每天发生时间结合应用时,太阳辐射也是大气稳定性的一个指标,用于风流动的数值模拟。推荐测量高度为地面上 3~4 m。利用风能测量系统来测量太阳能资源,也可用于以后的太阳能评估研究。

(2) 垂直风速。此参数提供了场内湍流参数的信息,是风力发电机组负载状况的一个良好预测因素。为了测量垂直风速风量,使之作为风湍流的指标之一,要在较高的基本风速测量高度附近安装一台风速计或超声波测风仪。

(3) 温度随高度的变化。该项测量也称为温差(AT),提供了湍流的信息。过去被用于指示大气稳定性。要在不干扰风测量的较高和较低的测量高度安装一套温度传感器。

(4) 大气压。大气压与空气温度用于确定空气密度。大风的环境难以精确测量,因为当风吹过仪器部件时,产生了压力波动,压力传感器最好安装在室内。因此,多数资源评估项目并不测量大气压,而以当地国家气象站取得的资料代之,再根据海拔高度进行调整。

3) 记录参数和采样间隔

上述参数应每 1 s 或 2 s 采样一次,并记录平均值、标准偏差、最大和最小值。数据记录应自然成系列,并注明相应的时间和日期标记。各记录参数列于下文并汇总在表 1.8 中。

表 1.8 基本参数和可选参数

项 目	测量参数	记录值
基本参数	风速(m/s)	平均值、标准偏差、最大、最小值
	风向(°)	平均值、标准偏差
	气温(℃)	平均值、最大、最小值
可选参数	太阳辐射(W/m²)	平均值、最大、最小值
	垂直风速(m/s)	平均值、标准偏差
	大气压(Pa)	平均值、最大、最小值
	温度变化(℃)	平均值、最大、最小值

(1) 平均值。应计算所有参数的 10 min 平均值,10 min 是风能测量的国际标准间隔。除风向外,平均值定义为所有样本的平均。风向的平均应为一个单位矢量(合成矢量)值。平均数据用于报告风速变化率级风速和风向的频率分布。

(2) 标准偏差。风速和风向的标准偏差定义为所有 1 s 和 2 s 样本在每个平均时段内的真实总量。风速和风向的标准偏差是湍流水平和大气稳定性的指标。标准偏差也在验证平均值时用于检验可疑或错误的数据。

(3) 最大值和最小值。至少要计算每天的风速和气温的最大值和最小值。最大(最小)值定义为所选时段内 1 s 或 2 s 读数的最高(最低)值。对应于最大(最小)风速的风向也应当记录。

3. 测量仪器

1)测风仪

测风仪在现场安装前应经法定计量部门检验合格,在有效期内使用。

(1)风速传感器。测量范围:0~60 m/s;误差范围:±0.5 m/s(3~30 m/s 范围内);工作环境气温:-40~+50 ℃;响应特性距离常数:5 m。

(2)风向传感器。测量范围:0°~360°;精度值:±2.5°;工作环境温度:-40~+50 ℃。

(3)数据采集器。应具有测量参数的采集、计算和记录的功能;应能在现场可直接从外部观察到采集的数据;应具有在现场或室内下载数据的功能;应能完整地保存不低于 3 个月采集的数据量;应能在现场工作环境温度下可靠运行。

2)大气温度计

测量范围:-40~+50 ℃;精确度:±1 ℃。

3)大气压力计

测量范围:60~108 kPa;精确度:±3%。

4. 测量设备安装

1)测风塔

(1)测风塔结构可选择桁架型或立杆拉线型等不同形式,并应便于其上安装的测风仪器的维修。在沿海地区,结构能承受当地 30 年 ·遇的最大风载的冲击,表面应防盐雾腐蚀。

(2)风力发电场在安装测风塔时,其高度不应低于拟安装的风力发电机组的轮毂中心高度。风力发电场多处安装测风塔时,其高度可按 10 m 的整数倍选择,但至少有一处测风塔的高度不应低于拟安装的风力发电机组的轮毂中心高度。

(3)测风塔顶部应有避雷装置,接地电阻不应大于 4 Ω。

(4)测风塔应悬挂有"请勿攀登"的明显安全标志。测风塔位于航线下方时,应根据航空部门的要求决定是否装航空信号灯。在有牲畜出没的地方,应设防护围栏。

2)测风仪

测风仪包括风速传感器、风向传感器和数据采集器三部分。

(1)测风仪数量

只在一处安装测风塔时,测风塔上应安装三层风速、风向传感器,其中两层应选择在 10 m 高度和拟安装的风力发电机组的轮毂中心高度处,另一层可选择 10 m 的整数倍高度安装。

若风力发电场安装两处及以上测风塔时,应有一套风速、风向传感器安装在 10 m 高度处,另一套风速、风向传感器应固定在拟安装的风力发电机组的轮毂中心高度处,其余的风速、风向传感器可固定在测风塔 10 m 的整数倍高度处。

(2)风速、风向传感器安装

① 风速、风向传感器应固定在桁架式结构测风塔直径的 3 倍以上、圆管型结构测风塔的直径的 6 倍以上的牢固横梁处,迎主风向安装(横梁与主风向成 90°),并进行水平校正。

② 应有一处迎主方向对称安装两套风速、风向传感器。

③ 风向标应根据当地磁偏角修正,按实际"北"定向安装。

（3）数据采集器

① 野外安装数据采集器时，安装盒应固定在测风塔上离地 1.5 m 处，也可安装在现场的临时建筑物内。

② 安装盒应防水、防冻、防腐和防沙尘。

③ 数据采集器安装在远离测风现场的建筑物内时，应保证传输数据的准确性。

3）大气温度计、大气压力计

大气温度计、压力计可随测风塔安装，也可安装在距测风塔中 30 m 以内、离地高度 1.2 m 的百叶箱内。

5. 测量数据收集

（1）现场测量应连续进行，不应少于 1 年。

（2）现场采集的测量数据完整率应在 98% 以上。

（3）采集测量数据可采用遥控、现场或室内下载的方法，数据采集器的芯片或存储器脱离现场不得超过 1 h。

（4）采集数据的时间间隔最长不宜超过 1 个月。

（5）下载的测量数据应作为原始资料正本保存，用复制件进行数据整理。

6. 测量数据整理

不得对现场采集的原始数据进行任何的删改或增减，应对原始数据进行初判，看其是否在合理的范围内，对下载数据应及时进行复制和整理。数据合理性范围见表 1.9，数据相关性见表 1.10，数据变化趋势见表 1.11。

表 1.9　数据合理范围参考值

主要参数	合理范围
平均风速	$0 \leqslant$ 小时平均值 < 40 m/s
湍流强度	$0 \leqslant$ 小时平均值 < 1
风向	$0° \leqslant$ 小时平均值 $\leqslant 360°$
平均气压（海平面）	94 kPa $<$ 小时平均值 < 106 kPa

表 1.10　数据相关性参考值

主要参数	合理相关性
50 m/30 m 高度小时平均风速差值	2 m/s
50 m/10 m 高度小时平均风速差值	< 4 m/s
50 m/30 m 高度风向差值	$< 20°$

表 1.11　数据变化趋势参考值

主要参数	合理变化趋势
平均风速的 1 h 变化	< 5 m/s
平均温度的 1 h 变化	< 5 ℃
平均气压的 3 h 变化	< 1 kPa

在数据整理过程中,发现数据缺漏和失真时,应立即与现场测风人员联系,认真检查测风设备,及时进行设备检修或更换,对缺漏和失真数据应说明原因。

整理数据时序依:每日 0 时～23 时;每月 1 日～28 日(或 29、30、31 日);每年为 1 月～12 月(也可由实际测风起始月、日、时起记录)。

风速标准偏差(σ)以 10 min 为基准进行计算与记录,其计算公式如下。

$$\sigma = \sqrt{\frac{1}{600} \sum_{i=1}^{600} (V_i - V)^2} \tag{1.15}$$

式中,V_i——10 min 内每一秒的采样风速(m/s);

V——10 min 的平均风速(m/s)。

风速风向仪的测试

一、风速风向仪的工作原理

风速风向仪是专为各种大型机械设备研制开发的大型智能风速传感报警设备,其内部采用了先进的微处理器作为控制核心,外围采用了先进的数字通信技术。系统稳定性高、抗干扰能力强、检测精度高,风杯采用特殊材料制成,机械强度高、抗风能力强,显示器机箱设计新颖独特,坚固耐用,安装使用方便,如图 1.20 所示。

图 1.20　风速风向仪

1. 风向部分

由风向标、风向轴及风向度盘(磁罗盘)等组成,装在风向度盘上的磁棒与风向度盘组成磁罗盘用来确定风向方位。风向度盘外盘下方具有锁定旋钮,当下拉锁定旋钮并向右旋转定位时,回弹顶杆将风向度盘放下,使得锥形宝石轴承于轴尖接触,此时风向度盘将自动定北,风向指示值由风向指针在风向盘上稳定位置来确定。

2. 风速部分

风速部分采用传统的三环旋转架结构,仪器内的单片机对风速传感器的输出频率进行采样、计算,最后仪器输出瞬时风速、1 min 平均风速、瞬时风级、1 min 平均风级、平均风速及对应的浪高。测得的参数在液晶显示器上用数字直接显示出来。风速传感器的感应元件是三杯风组件,由3个碳纤维风杯和杯架组成。转换器为多齿转杯和狭缝光耦。当风杯受水平风力作用而旋转时,通过轴转杯在狭缝光耦中的转动,输出频率的信号。

二、安装风速风向仪

如图 1.21 所示,将风速仪、风向仪安装在风力发电机机身上,并将电源线与信号线引出。

图 1.21　风速风向仪安装

1. 风速测量

旋下手柄(电池仓)下侧端盖,取出内部电池架,按电池架上标示电池方向装上 3 节 AAA7 号电池后将电池架装于电池仓内,电池架安装时注意正极朝向内侧(电池架装反时按电源开关仪器无显示),旋上电池仓盖,按下底部电源开关,仪器初始化显示"16025",随后即显示风速及风级数据,进行风速及风级的测量时仪器左侧显示 2 位数据为风级(单位:级),右侧显示 3 位为风速(单位:m/s),风级显示精度为级,风速显示精度为 0.1 m/s。

2. 风向测量

在测量前应先检查风向部分是否垂直牢固地连接在风速仪风杯的回弹顶杆上,下拉锁定旋钮并向右旋转定位时,回弹顶杆将风向度盘放下,使锥形宝石轴承与轴尖相接。观测时应在风向指针稳定时进行读取方位读数。测量完成后为了保护轴尖与锥形宝石轴承,应及时左旋转锁定旋钮并使其向上回弹复位,使回弹顶杆将风向度盘顶起并定位在仪器上部,并使锥形宝石轴承与轴尖相分离。

实践训练

1. 阐述风速风向仪的结构。

序号	组成部分	主要结构	功能
1	风向部分		
2	风速部分		

2.调节风力发电系统的变频器模拟风力发电场风速,观察风速仪数据,并记录下频率与风速的关系,绘制出风速-频率曲线图。

序号	频率(Hz)	风速(m/s)	风速—频率曲线图
1	10		
2	20		
3	30		
4	40		
5	50		

3.调节风力发电场方向,观察风向仪变化情况,记录下屏幕上对应的风向数据。

序号	风场方向	风向仪方向
1		
2		
3		
4		
5		

知识拓展

我国风力发电的发展趋势

1986年山东荣成风电场的成功并网代表着我国风电开发建设的开始,至今我国风力发电开展技术的开发与应用研究已经过了38年,实现了从无到有、由弱变强质的飞跃。在技术研究之初主要由相关高等院校及科研机构进行理论、原理样机方面的研究,之后出现了一批风力发电技术企业,在国家政策的引导、扶持下,通过技术引进与创新加快了我国风力发电的速度,完善了风力发电相关产业链,技术创新方面取得了新的突破。2018年风电发电3 660亿千瓦·时,2019年中国风电发电大幅增长到4 057亿千瓦·时,同比增长10.85%;2020年上半年全国风电发电量为2 379亿千瓦·时,同比增长10.91%。自2010年起弃风现象开始显现。此后的2011年和2012年全国平均弃风率逐年上升。进入2015年弃风限电问题再次上演"疯狂"一幕,国家能源局公布的数字显示全国平均弃风率达到15%,全年的弃风电量达到339亿千瓦·时,直接电费损失超过180亿元。2019年国家积极推进风电无补贴平价上网项目建设,全面推行风电项目竞争配置工作机制,建立健全可再生能源电力消纳新机制,结合电力改革推动分布式可再生能源电力市场化交易等,全面促进可再生能源高质量发展。截至2019年弃风电量166亿千瓦·时,全国弃风率下降至4%;而新疆下降至14%,甘肃下降至8%,均创历史新低。

总体来说,在风电装备的制造领域我国技术不断创新,2009年我国的新增风电装机国产化率已达85%以上,国产的0.15万千瓦、0.2万千瓦机组已经成为应用的主流机组。2010

年之后研发了海上 0.4 万千瓦等机型，并在应用中取得良好效果。当前我国已经形成了涵盖技术研发、整机制造、开发建设、标准和检测认证体系以及市场运维的完整的风电产业链体系，在叶片设计、塔筒结构、控制系统等方面研发了新技术，我国陆地主流机型由 1.5 兆瓦向 2~2.5 兆瓦发展，适用于海上的 7 兆瓦风电机组也已经有了实验样机。全球风能理事会（GWEC）发布的《全球风电市场供应侧报告 2019》显示，2019 年全球共安装了来自 33 个制造商的 22 893 台风机，新增装机量超过 63 吉瓦，创造了风电行业供应侧的历史新高。在全球风机制造商前十五强中有八家中国公司。

我国风力发电技术发展过程中还存在诸多问题，如变速恒频运行技术、风电机组的大型化技术、变桨距控制技术等还未取得重大的突破，风电机组欠佳的低电压穿越、高电压穿越、阻尼控制等特性导致电机在应用中水土不服，脱网事故频发。仍需针对相应的问题进行创新，加强技术研发。此外，国产机组的风电场与国外机组相比可利用率较低，一些国产机组在运行中主轴问题、电机故障、齿轮箱故障等发生的频率较高，风电机组的整机设计软件与我国的资源条件不相匹配；与先进的欧洲国家相比，海上风力资源的风电场选址技术、风力资源测量分析技术落后。与风电场相关的输送、消纳配套产业发展滞后，存在风电入网送出难问题。

我国风力发电的发展趋势有以下几个方面。

继续研发大容量机组，提升机组单机容量。风电机组的单机容量升高可降低机组运行中的成本，提升机组运行的规模效应。为了适应大容量的风电机组，需要实现机组结构设计的轻盈化、柔性和紧凑性，如设计直驱动系统、采用高新复合材料加长风机叶片等。2020 年7 月 12 日，国内首台 10 兆瓦海上风电机组在三峡集团福建福清兴化湾二期海上风电场成功并网发电。这是目前我国自主研发的单机容量亚太地区最大、全球第二大的海上风电机组，刷新了我国海上风电单机容量历史纪录。

风电技术发展趋势。针对我国风电技术中存在的问题，风电技术的未来发展趋势主要集中在双馈异步发电技术，直驱式、全功率变流技术，低电压穿越技术，全功率变流技术，提升大型机组关键部件性能，加大大容量直驱风电机组的研发。在机组运行将引入智能控制技术，如研究改进的神经网络最佳功率跟踪控制策略，整机设计中融入智能控制技术。通过风电技术的研发及创新应用，确保我国风电系统和电网的稳定、安全运行。

加快海上风电发展速度。海上风速大且稳定，海上风电场年平均利用时间可达 3 000 h以上，年发电量可比陆上高出 50%，但是我国海上风电的发展相对落后，主要原因有以下四个方面：一是我国企业不具备发展海上风电的核心技术；二是我国的海上风电的运维成本比较高，需要投入大量的资金建设海上风电项目；三是海上风电的并网送出机制并不完善；四是海上风电在运行管理中需要涉及海洋管理部门、渔业部门等多个领域，协调管理机制不完善。但是由于海上风电具有风能资源丰富、利用时间长、不占用土地、消纳方便等优点，还需要发展海上风电技术。

近年来，由于我国陆上风电的建设技术已日趋成熟，国家风电发展政策逐渐向海上发电倾斜，此外海上风电资源更为广阔。在我国东部沿海的海上，其可开发风能资源约达 7.5 亿千瓦，不仅资源潜力巨大且开发利用市场条件良好。据国家能源局统计数据显示，2013 年以来我国海上风电市场份额稳步提升，2013 年海上风电累计装机容量为 45 万千瓦，仅占总体的 0.58%，到 2020 年上半年增长至 699 万千瓦，占总体的 3.22%。预计未来，海上风电市场份额将进一步提升。近几年我国海上风电发展速度有所提升，发展速度需进一步加快。

任务三　风能资源的评估

任务描述

　　丰富的风能资源是大规模发展风电的前提条件。风能资源评估是风电资源开发的前提，是风电场建设的关键。评估的目的主要是摸清风能资源，确定风电场的装机容量和为风力发电机组选型及布置提供依据，以便于对整个项目进行经济技术评价。风能资源评估的水平直接影响到风电场选址以及发电量预测，最终反映为风电场建成后的实际发电量。通过本任务的学习，掌握风能资源的评估方法。

知识链接

一、风能资源评估步骤

　　对某一地区进行风能资源评估，是风电场建设项目前期必须进行的重要工作。风能资源评估分如下几个阶段。

【微信扫码】
风能资源的评估步骤

1. 资料收集、整理分析

　　从地方各级气象台、站及有关部门收集有关气象、地理及地质数据资料，对其进行分析和归类，从中筛选出具有代表性的完整数据资料。能反映某地风资源状况的多年（10年以上，最好30年以上）平均值和极值，如平均风速和极端风速，平均气温和极端（最低和最高）气温，平均气压，雷电时间以及地形地貌等。

2. 风能资源普查分区

　　对收集到的资料进行进一步分析，按标准划分风能区域及其风功率密度等级，初步确定风能可利用区。有关风功率密度级及风能可利用区的划分方法见本项目任务二的相关内容。

3. 风力发电场宏观选址

　　风力发电场宏观选址遵循的一般原则：根据风能资源调查与分区的结果，选择最有利的场址，以求增大风力发电机组的出力，提高供电的经济性、稳定性和可靠性；最大限度地减少各种因素对风能利用、风力发电机组使用寿命和安全的影响；全方位考虑场址所在地对电力的需求及交通、电网、土地使用、环境等因素。

4. 风力发电场风况观测

　　一般来说，气象台、站提供的数据只是反映较大区域内的风气候，由于仪器本身精度等问题，不能完全满足风力发电场精确选址及风力发电机组微观选址的要求。因此，为正确评价风力发电场的风能资源情况，取得具有代表性的风速风向资料，有必要对现场进行实地测风,为风力发电场的选址及风力发电机组微观选址提供最有效的数据。

现场测风应连续进行,时间至少1年以上,有效数据不得少于90%,内容包括风速、风向的统计值和温度、气压等。

5. 测风塔安装

为进行精确的风力发电机组微观选址,现场所安装测风塔的数量一般不能少于2座。若条件许可,对于地形相对复杂的地区应增至4～8座。测风塔应尽量设立在最能代表并反映风力发电场风能资源的位置。测风应在空旷地进行,尽量远离高大树木和建筑物,选择位置时应充分考虑地形和障碍物的影响。如果测风塔必须位于障碍物附近,则在盛行风向的下风向与障碍物的水平距离不应少于该障碍物高度的10倍处安置;如果测风塔必须设立在树木密集的地方,则至少应高出树木顶端10 m。

为确定风速随高度的变化,得到不同高度处可靠的风速值,一座测风塔上应安装多层测风仪,而测量气压和温度时,每个风电场场址只需安装一套气压传感器和温度传感器,塔上的安装高度为2～3 m。

6. 风力发电场风力发电机组微观选址

场址选定后,根据地形地质情况、外部因素和现场实测风能资源的分析结果,在场区内对风力发电机组进行定位排布。

二、风能资源资料的获得

现有测风数据是最有价值的资料,中国气象研究工作院和部分省区的有关部门绘制了全国或地区的风能资源分布图,按照风功率密度和有效风速出现的时间进行风能资源区域的划分,标明了风能丰富的区域,可用于指导宏观选址。有些省区已进行过风能资源的调查,可以向有关部门咨询,尽

【微信扫码】
风能资源资料获得
办法及评估指标

量收集候选场址已有的测风数据或已建风电场的运行记录,对场址的风能资源进行评估。某些地区完全没有或者只有极少的现成测风数据,还有些区域地形复杂,即使有现成资料用来推算测站附近的风况,其可靠性也受到限制。在风力发电场场址选择时可采用以下定性的方法初步判断风能资源是否丰富。

1. 地形地貌特征判别法

对缺少测风数据的丘陵和山地,可利用地形地貌特征进行风能资源评估。地形图是表明地形地貌特征的主要工具,采用1∶50 000的地形图,能够较详细地反映出地形特征。从地形图上(图1.22)可以判别发生较高平均风速的典型特征有:

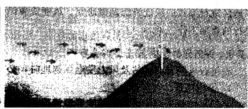

图1.22　发生较高平均风速的典型特征

（1）经常发生强烈气压梯度的区域内的隘口和峡谷；

（2）从山脉向下延伸的长峡谷；

（3）高原和盆地；

（4）强烈高空区域内暴露的山脊和山峰；

（5）强烈高空风或温度、压力梯度区域内暴露的海岸；

（6）岛屿的迎风和侧风角。

从地形图上可以判断发生较低平均风速的典型特征有：

（1）垂直于高处盛行风向的峡谷；

（2）盆地；

（3）表面粗糙度大的区域，例如森林覆盖的平地等。

2. 植物变形判别法

植物因长期被风吹而导致永久变形的程度可以反映该地区风力特性的一般情况。特别是树的高度和形状能够作为记录多年持续的风力强度和主风向的证据。树的变形受多种因素影响，包括树的种类、高度、暴露在风中的程度、生长季节和非生长季节的平均风速、年平均风速和持续的风向等。已经得到证明，年平均风速是与树的变形程度最相关的特性。

3. 风成地貌判别法

地表物质会因风吹而移动和沉积，形成干盐湖、沙丘和其他风成地貌，从而表明附近存在固定方向的强风，如在山的迎风坡岩石裸露，背风坡砂堆积。在缺少风速数据的地方，研究风成地貌有助于初步了解当地风况。

4. 当地居民调查判别法

有些地区由于气候的特殊性，各种风况特征不明显，可通过对当地长期居住居民的询问调查，定性了解该地区风能资源的情况。

三、风能资源评估

在收集现场实测风资料后，应进行数据验证、数据修正和数据处理，对风能资源作出评估。

1. 数据验证

数据验证是检查风力发电场测风获得的原始数据，对其完整性和合理性进行判断，检验出不合理的数据和缺测的数据。经过处理，整理出至少连续一年完整的风力发电场逐个小时测风数据。

1）数据检验

（1）完整性检验

① 数量。数据数量应等于预期记录的数据数量。

② 时间顺序。数据的时间顺序应符合预期的开始和结束时间，中间应连续。

（2）合理性检验

① 范围检验。主要数据的合理范围参考值见表1.9。

② 相关性检验。主要数据的合理相关性参考值见表1.10。

③ 趋势检验。主要数据的合理变化趋势参考值见表1.11。

2）不合理数据和缺测数据的处理

（1）检验后列出所有不合理的数据和缺测的数据及其发生的时间。

（2）对不合理数据再次进行判别，挑出符合实际情况的有效数据，回归原始数据组。

（3）将备用的或可供参考的传感器同期记录数据，替换已经确认无效的数据或填补缺测的数据，如果没有同期记录的数据，应向有经验的专家咨询。

（4）编写数据验证报告，对确认无效数据的原因要注明，替换的数值要注明来源。

3）计算测风数据的完整率

$$数据完整率 = \frac{应测数目 - 缺测数目 - 无效数据数目}{应测数目} \times 100\% \qquad (1.16)$$

式中，应测数目——测量期间的时间平均值；

　　缺测数目——没有记录到的时间平均值；

　　无效数据数目——确认为不合理的时间平均值，数据完整率应达到 90%。

4）验证结果

经过各种检验，剔掉无效数据，替换上有效数据，整理出一套至少连续一年的风力发电场实测逐个小时风速、风向数据，注明这套数据的完整率。数据还应包括实测的逐个小时平均气温（可选）、逐个小时平均气压（可选）和按实测数据计算的逐个小时湍流强度。

2. 数据修正

根据风力发电场附近气象站，海洋站等长期测站的观测数据，用相关分析方法将验证后的风力发电场测风数据修正为一套反映风力发电场长期平均水平的代表性数据，即风力发电场代表年的逐个小时风速风向数据。

3. 数据处理

数据处理的目的是将修正后的数据处理成评估风力发电场风能资源所需要的各种参数，包括不同时段的平均风速和风功率密度、风速和风能的频率分布、风速和风能密度的方向分布、风切变指数等。

（1）平均风速和风功率密度。计算风速和风功率密度的月平均值、年平均值；各月同一时间（每日 0 点至 23 点）平均值、全年同一时间平均值。

（2）风速和风能频率分布。以 1 m/s 为一个风速区间，统计每个风速区间内风速和风能出现的频率（次数）。

（3）风向频率及风能密度的方向分布。算出在代表 16 个方位的扇区内风向出现的频率和风能密度的方向分布。

（4）风切变指数。反映风速随高度变化的参数，根据风切变指数和仪器安装高度测得的风速可以推算出近地层任意高度的风速。

（5）编制风况图。将处理好的各种风况参数绘制成曲线图形，主要分为年风况图和月风况图。

4. 风能资源评估

根据数据处理形成的各种参数，对风力发电场风能资源进行评估，以判断风力发电场是否具有开发价值。

（1）风功率密度。风功率密度蕴含风速、风速频率分布和空气密度的影响，是风力发电场风能资源的综合指标。风功率密度等级见表1.6，达到表中3级风况的风力发电场才有开发价值。

（2）风向频率及风能密度方向分布。风力发电场内机组位置的排列取决于风能密度方向分布和地形的影响。在风能玫瑰图上，最好有一个明显的主导风向或两个方向接近相反的主风向。山区主风向与山脊走向垂直为最好。

（3）风速的日变化和年变化。对比各月的风速（或风功率密度）日变化曲线图和全年的风速（或风功率密度）日变化曲线图与同期的电网日负荷曲线；对比风速（或风功率密度）年变化曲线与同期的电网年负荷曲线，两者相一致或接近的部分越多越好。

（4）湍流强度。湍流强度 I_T 值不大于0.10，表示湍流相对较小。中等程度湍流的 I_T 值为0.10～0.25，更高的 I_T 值表明湍流过大。

（5）其他气象因素。特殊的天气条件，如最大风速超过40 m/s或极大风速超过60 m/s、气温低于零下20 ℃、积雪、结冰、雷暴、盐雾或沙尘多发等情况，要对风力发电机组提出特殊的要求，会增加成本和运行的困难。

任务实施

江苏省风能资源的评估

一、观测资料分析

江苏省地处北纬32°～35°之间，位于江淮下游，黄海、东海之滨，属温带和亚热带湿润气候区，区内具有南北气候特征，受海洋、大陆性气候的双重影响。夏季盛行东南风、冬季盛行东偏北风。

【微信扫码】
江苏省风能资源
评估案例

江苏省风能资源评估采用的现场观测资料包括：

（1）江苏省风能资源专业观测网14座测风塔2009年6～8月份观测资料；

（2）江苏省发改委和气象局提供的5座测风塔原始观测资料；

（3）江苏省发改委和气象局提供的2座测风塔的70 m高度年平均风速和年平均风功率密度统计数据，另有2座40 m高度测风塔的统计计算结果。

1. 风能资源专业观测网资料分析

江苏省沿海岸线风能资源专业观测网共有14座测风塔现场观测资料已满3个月，经过数据质量检验，满足阶段评估分析要求。

结果表明：2009年6～8月，江苏省沿海地区70 m高度处的平均风速在南北方向分布不同，北部地区平均风速在4.8～5.9 m/s之间，中部地区平均风速在6.3～6.5 m/s之间，而南部地区（除圆陀角为6.5 m/s之外）均在5.8～6.1 m/s之间。50 m高度处的平均风速在4.6～6.3 m/s之间，江苏省沿海北部地区风速较小，在5.7～5.8 m/s之间（除圆陀角测风塔风速为6.2 m/s外）。江苏沿海地区6～8月70 m高度处的平均风功率密度则在105.7～260.7 W/m²，最大值在东川垦区3测风塔区域，最小值在最北部的九里测风塔区域。50 m高度处的平

均风功率密度在 $96\sim246$ W/m² 之间,最大值和最小值出现的区域与 70 m 高度处是一致的。

2. 具备一年观测期的测风塔原始资料分析

江苏省评估区域有 5 座测风塔,其中 3 座塔高度为 70 m,2 座塔 40 m,各测风塔设置信息见表 1.12。

表 1.12　江苏省千万千瓦级风电基地测风塔设置一览表

测风塔名称	风速/风向层次(m)	观测时段 (年月日—年月日)	仪器类型
川东	40,30,10/40,10	2006.02.20—2006.12.03	NRG
竹港 1#	40,30,10/40,10	2006.02.21—2006.12.03	NRG
竹港 2#	70,50,30,10/70,10	2006.01.01—2006.12.03	NRG
东陵	70,60,50,40,25,10/70,10	2005.01.01—2005.12.31	NOMAD2
洋口港	70,60,50,40,25,10/70,10	2005.01.01—2005.12.31	NOMAD2

根据资料完整率要求,检验各测风塔数据有效完整率,其中川东 2006 年 2 月 20 日至 2006 年 12 月 3 日现场观测期间测风塔各高度的有效数据完整率为 91.6%;竹港 1# 2006 年 2 月 21 日至 2006 年 12 月 3 日现场观测期间测风塔各高度的有效数据完整率为 97.1%;竹港 2# 2006 年 1 月 1 日至 2005 年 12 月 31 日现场观测期间测风塔各高度(除洋口港 10 m 高度的)的有效数据完整率为 93.3%;其余高度的有效数据完整率在 98.3% 以上。

测风塔观测年度各项风能参数见表 1.13。川东、竹港 1# 40 m 高度年平均风速均为 6.0 m/s,平均风功率密度为 230.0 W/m² 左右;竹港 2# 70 m 高度年平均风速均为 6.5 m/s,平均风功率密度为 325 W/m² 左右;洋口港 70 m 高度年平均风速均为 6.5 m/s,平均风功率密度为 282.0 W/m² 左右。观测期间各测风塔最大风速小于 27.4 m/s,极大风速值小于 34.0 m/s。

表 1.13　江苏省各测风塔观测年度风能参数表

测风塔名称	观测高度(m)	3~25 m/s时数百分率(%)	平均风速(m/s)	最大风速(m/s)	极大风速(m/s)	平均风功率密度(W/m²)	有效风功率密度(W/m²)	风能密度(kW·h/m²)	风能资源等级
川东	10	72	4.5	19.0	32.6	105.5	144.8	923.4	
	30	85	5.7	22.3	31.9	206.7	241.1	1 809.7	2
	40	86	6.0	23.2	30.7	234.1	269.7	2 049.7	
竹港 1#	10	72	4.5	18.2	24.6	106.3	145.5	930.4	
	30	85	5.7	21.9	27.1	200.6	235.2	1 756.1	2
	40	87	6.0	23.0	28.1	232.8	267.6	2 038.1	
竹港 2#	10	70	4.3	16.9	24.0	93.7	132	820.8	
	30	84	5.5	21.2	26.3	180.9	213.7	1 583.9	2
	50	87	6.2	23.1	27.5	248.8	283.6	2 178.4	
	70	88	6.5	23.9	27.5	296.4	334.5	2 595.7	

续　表

测风塔名称	观测高度 (m)	3～25 m/s 时数百分率(%)	平均风速 (m/s)	最大风速 (m/s)	极大风速 (m/s)	平均风功率密度 (W/m²)	有效风功率密度 (W/m²)	风能密度 (kW·h/m²)	风能资源等级
东陵	10	71	4.9	23.2	28.7	167.8	235.5	1 470.0	3
	25	87	5.9	25.4	31.7	232.3	267.3	2 035.2	
	40	91	6.6	26.3	32.1	290.9	318.7	2 548.7	
	50	91	6.7	26.7	32.9	310.1	338.8	2 716.4	
	60	92	6.8	27.4	34	325.3	353.5	2 849.9	
洋口港	10	71	4.5	21	28.7	130.1	182.0	1 139.7	2
	25	85	5.5	23.5	30.2	188.2	219.7	1 648.9	
	40	88	5.9	24.7	31.3	218.8	246.9	1 917.1	
	50	90	6.2	25.3	30.6	245.0	271.0	2 145.8	
	70	90	6.5	26.5	33.6	282.0	312.5	2 470.4	

各测风塔风能密度方向分布和风向频率分布具有很好的一致性。川东测风塔 40 m 风能密度大致分布在北到东南扇区内;竹港 2♯ 测风塔 70 m 风能密度大致分布在北到东南偏东扇区内;东陵测风塔 70 m 风能密度集中分布在偏北方向上。

3. 测风塔统计数据

江苏省发改委和气象局提供的 2 座测风塔 70 m 高度年平均风速和年平均风功率密度统计数据见表 1.14。由于没有测风塔原始数据,只作为数值模拟结果可靠性判断依据。

表 1.14　江苏省已有测风塔平均风速和年平均风功率密度统计数据

测风塔		平均风速 (m/s)	平均风功率密度 (W/m²)	观测时段 (年月日—年月日)
名称	观测高度(m)			
响水 1♯	70	6.8	323.0	2004.10.20—2005.10.19
东台 1♯	70	6.5	242.8	2003.06.23—2004.06.01

4. 选取参证站和资料分析

利用风能观测网 14 座塔和现有的其他测风塔资料与其周边气象站同期测风数据进行相关检验,选择与江苏省各测风塔同期观测资料相关效果最佳的气象站为参证站,结果显示,如东气象站与各测风塔的相关最好,各高度层相关系数在 0.48～0.70 之间,均通过 0.05 显著性检验。故选择如东气象站为参证站。

如东气象站建于 1959 年 1 月,历史观测资料规范、齐全。该站多年平均风速 3.2 m/s,月平均风速最大的 3 月份和 4 月份为 3.5 m/s,最小的 10 月份为 2.8 m/s。

5. 测风塔资料的长年代订正

如东气象站近 20 年年平均风速一般在 2.9～3.8 m/s 之间。根据台站沿革信息记载,该站 1998 年有台站迁址记录,2004 年有仪器更换记录,且测风仪高度一般在 16.6～24.8 m,资料需要订正。订正后的风速如图 1.23 所示。

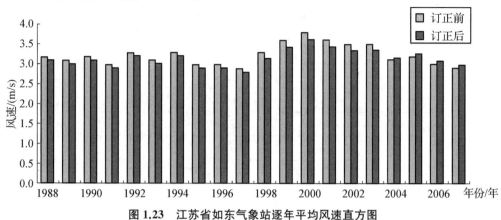

图 1.23 江苏省如东气象站逐年平均风速直方图

结果显示,如东气象站 2005 年平均风速比近 20 年平均风速偏大 3.1%,表明川东、竹港 1♯、竹港 2♯ 3 个测风塔观测年度平均风速不能代表长年代平均风速,需要订正。2006 年平均风速比近 20 年平均风速偏小 3.2%,表明东陵、洋口港 2 个测风塔观测年度平均风速不能代表长年代平均风速,需要订正。

根据表 1.15 给出的江苏省参证站观测年度风速年景参数,计算得到各测风塔各高度常年平均风能参数,估算结果见表 1.16。计算结果显示,常年平均状况下,江苏省沿海地区风能资源等级一般为 2 级。

表 1.15 江苏省参证站观测年度风速年景

参证站名称	累年年平均风速(m/s)	观测年年平均风速(m/s)	百分率 η(%)
如东气象站(2005)	3.2	3.3	3.1
如东气象站(2006)	3.2	3.1	−3.2

表 1.16 江苏省各测风塔长年代平均风能参数估算结果

测风塔名称	观测高度(m)	年平均风速(m/s)	年平均风功率密度(W/m²)	风能密度(kW·h/m²)	风能资源等级
川东	10	4.6	115.3	1 009.0	2
	30	5.9	225.9	1 977.5	
	40	6.2	255.8	2 239.8	
竹港 1♯	10	4.6	116.2	1 016.7	2
	30	5.9	219.2	1 918.9	
	40	6.2	254.4	2 227.1	
竹港 2♯	10	4.4	102.4	896.9	2
	40	5.7	197.7	1 730.8	
	50	6.4	271.9	2 380.4	
	70	6.7	323.9	2 836.4	

续　表

测风塔名称	观测高度（m）	年平均风速（m/s）	年平均风功率密度（W/m²）	风能密度（kW·h/m²）	风能资源等级
东陵	10	4.8	153.6	1 345.8	2
	25	5.7	212.7	1 863.2	
	40	6.4	266.3	2 333.3	
	50	6.5	283.9	2 486.9	
	60	6.6	297.8	2 609.1	
洋口港	10	4.4	119.1	1 043.4	2
	25	5.3	172.3	1 509.6	
	40	5.7	200.3	1 755.1	
	50	6.0	224.3	1 964.5	
	70	6.3	258.2	2 261.6	

二、江苏省风能资源综合评价

江苏省风能资源评估结果见表 1.17。

表 1.17　江苏省风能资源评估结果

江苏省	项目	风能资源3级风功率密度 300～400 W/m²	风能资源2.5级风功率密度 250～300 W/m²	风能资源≥3级风功率密度 ≥300 W/m²
海上5～25 m水深线内	面积（km²）	46 200	/	46 200
	可装机容量（×10⁷kW）	1 390	/	1 390
陆上	面积（km²）	—	1 300	—
	可装机容量（×10⁷kW）	—	0.340	—

江苏省沿海地区海拔高度基本接近海平面，空气密度在 1.225 kg/m³ 左右，与标准大气状况相当接近，在年平均风功率密度等级时，平均风功率密度较大，70 m 高年均风速在6.6～7.0 m/s 之间，年功率密度在 260～340 W/m² 之间，湍流强度属于中等偏弱水平，低于 IECB 类（0.16），对风力发电机组不会造成破坏。50 m 高度层达到 3 级风能资源等级的区域主要分布在近海，在近海 5～25 m 水深线内，风能资源等级为 3～4 级，潜在开发面积为 46 200 km²，海岸陆地风能资源在 2.5～3 级之间，潜在开发面积为 1 300 km²。

根据风资源评估标准判定，江苏省风资源属于较丰富区；风能储量较丰富，风资源主要集中在沿海和近海区域；风况稳定且规律性强，有待于进一步的开发利用。

实践训练

根据风能资源的评估方法，分析你家乡的风能资源情况。

序号	评估参数	具体数据
1	地区名称	
2	经纬度(°)	
3	空气密度(kg/m³)	
4	70 m 高度处的平均风速(m/s)	
5	70 m 高度处的平均风功率密度(W/m²)	
6	湍流强度	
结论		

知识拓展

世界风能资源分布

地球上的风能资源十分丰富,根据相关资料统计,每年来自外层空间的辐射能为 1.5×10^{18} kW·h,其中的 2.5%,即 3.8×10^{16} kW·h 的能量被大气吸收,产生大约 4.3×10^{12} kW·h 的风能。

风能资源受地形的影响较大,世界风能资源多集中在沿海和开阔大陆的收缩地带,如美国的加利福尼亚州沿岸和北欧一些国家。世界气象组织发表了全世界范围风能资源估计分布图,按平均风能密度和相应的年平均风速将全世界风能资源分为 10 个等级。8 级以上的风能高值区主要分布于南半球中高纬度洋面和北半球的北大西洋、北太平洋以及北冰洋的中高纬度部分洋面上,大陆上风能则一般不超过 7 级,其中以美国西部、西北欧沿海、乌拉尔山顶部和黑海地区等多风地带较大。

全球陆上风速分布呈现如下普遍规律:赤道地区风速普遍较小,基本处于 3 m/s 以下;南、北回归线附近是全球风资源丰富地区,该区域风速普遍较高,基本处于 6 m/s 以上或 7 m/s 以上;沿海风速高于内陆。全球风资源较为丰富的地区主要集中在以下几个区域:全球各个大陆沿海地区、整个欧洲大陆、东亚、中亚以及西亚阿拉伯半岛地区、北非撒哈拉沙漠地区以及南非、澳大利亚及新西兰岛屿、北美(特别是美国大陆)、南美的南部、中美的加勒比海地区。

欧洲是世界风能利用最发达的地区,其风资源非常丰富。沿海地区是欧洲风资源最为丰富的地区,主要包括英国和冰岛沿海、西班牙、法国、德国和挪威的大西洋沿海,以及波罗的海沿海地区,其年平均风速可达 9 m/s 以上。其次,欧洲的陆上风资源也很丰富。整个欧洲大陆,除了伊比利亚半岛中部、意大利北部、罗马尼亚和保加利亚等部分东南欧地区以及土耳其地区以外(该区域风速较小,在 4 m/s 以下或 5 m/s 以下),其他大部分地区的风速都较大,基本在 6 m/s 以上或 7 m/s 以上,其中英国、冰岛、爱尔兰、法国、荷兰、德国、丹麦、挪威南部、波兰以及俄罗斯东部部分地区等都是风资源集中的地区。另外,地中海沿海地区的风速也较大,均在 6 m/s 以上。

亚洲大陆面积广袤,地形复杂,气候多变,风资源也很丰富,其主要分布于以下几个区域:中亚地区(主要是哈萨克斯坦及其周边地区)、阿拉伯半岛及其沿海、蒙古高原、南亚次大陆沿海以及亚洲东部及其沿海地区,中亚地区和蒙古高原以草原为主,阿拉伯半岛地处沙漠,这些地区的共同特点是地势平坦,地形简单,故风速较大,大部分地区都在 6~7 m/s,蕴含的风能十分丰富。亚洲东部及其沿海地区风资源很丰富,其风速均在 6 m/s 以上或 7 m/s 以上,部分区域的风速甚至达到 8~9 m/s。但是该地区沿西太平洋的海域较深,而且气候复杂多变,地震、台风、海啸等自然灾害较多,故不利于风能开发。另外,青藏高原虽然风速很大,能达到 9 m/s,但是由于其地势太高,空气密度太低,反而风功率密度很低,风资源比较贫乏。而俄罗斯沿北冰洋海岸的风速较大,在 6 m/s 左右,但是气温太低,环境太恶劣,无法进行风能开发。

非洲风能集中区域主要分为两大块:撒哈拉沙漠及其以北地区以及南部沿海地区。撒哈拉沙漠及其以北地区,由于大部分是沙漠地形,地势平坦开阔,故而其风速也较大,基本在 6 m/s 以上或 7 m/s 以上。撒哈拉沙漠以南的陆上地区风资源较为贫乏,风速较低,大部分地区均在 5 m/s 以下,部分地区甚至不到 3 m/s,只有南非陆上风资源较好,其风速能达到 7 m/s 以上。非洲南部沿海风速很大,达到 8 m/s 以上或 9 m/s 以上,中东部沿海风速也较大,达到 6~7 m/s,具有较大风资源储量。

北美洲由于其独特的地理位置,及其开阔平坦的地形特征,其风资源十分丰富,主要分布于北美大陆中东部及其东西部沿海以及加勒比海地区。北美大陆风资源的特点是风速大、分布广泛,其分布范围几乎涵盖了大半个北美大陆,特别是美国中部地区,地处广袤的北美大草原,地势平坦开阔,其年平均风速均在 7 m/s 以上,风资源蕴藏量巨大,开发价值很大。北美洲东西部沿海风速可达到 9 m/s,加勒比海地区岛屿众多,大部分沿海风速均在 7 m/s 以上,风能储量也十分大。

南美洲陆上风资源丰富地区主要集中在阿根廷、巴西东南部的高原地区以及安第斯山脉。阿根廷全境均处于风资源丰富区,风速均在 6 m/s 以上,其南部地区的风速甚至达到 8~9 m/s,而且地势平坦、海拔不高,风能储量极其丰富。巴西东南部的高原地区风速在 7 m/s 以上,安第斯山脉地区海拔很高,其风速达到 9 m/s 以上。南美洲沿海地区风速最大的区域几乎遍布了其整个大陆的东部沿海以及南部沿海,这部分地区的风速普遍达到 8~9 m/s。其次,其东部沿海的风速也达到了 7 m/s。

澳大利亚的风资源蕴藏量极其丰富。整个澳大利亚大陆几乎就是一个超大型的天然风场,其整个陆地区域的风速均在 7 m/s 以上,而且环绕整个海岸线的沿海地区风速都在 8~9 m/s。另外,新西兰岛的风资源也很丰富,主要分布于其环岛屿的沿海地区,风速达到 8~9 m/s。

任务四　风力发电的基本原理和基本理论

风电机组通过叶轮吸收空气中的动能并将其转化为机械能进而转化为电能。通过本任

务的学习,掌握与风力发电有关的空气动力学基本概念和理论,包括贝茨理论、叶素理论,并探讨其中的能量转换规律,掌握水平轴风力发电机组的结构和安装。

1.风力发电的工作过程

风力发电机组的工作过程比较简单,最简单的风力发电机组可由风轮和发电机构成,风轮在风力的作用下旋转,把风的动能转变为风轮轴的机械能,如果将风轮的转轴与发电机的转轴相连,发电机在风轮轴的带动下旋转发电。现代风力发电的原理是空气流动的动能作用在风力机风轮上,推动风轮旋转,将空气的动力能转变成风轮旋转的机械能,风轮的轮毂固定在风力机轴上,通过传动系统驱动风力发电机轴及转子旋转,风力发电机将机械能转变成电能送给负荷或者电力系统,这就是风力发电的工作过程,如图 1.24 所示。

图 1.24 风力发电的工作过程

2.风力机设计基础

1) 风力机空气动力学的几何定义

风力机空气动力学主要研究空气流过风力机时的运动规律。

(1) 风轮的几何参数

有关风轮的几何参数如图 1.25 所示。

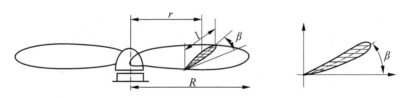

图 1.25 风轮的几何参数

① 风轮轴线:风轮旋转运动的轴线。

② 旋转平面:与风轮轴垂直,叶片在旋转时的平面。

③ 风轮直径:风轮在旋转平面上的投影圆的垂直距离,如图 1.26 所示。

④ 风轮中心高:风轮旋转中心到基础平面的垂直距离,如图 1.26 所示。

⑤ 风轮扫掠面积:风轮在旋转平面上的投影圆面积。

⑥ 风轮锥角:叶片相对于和旋转轴垂直的平面的倾斜角,如图 1.27 所示。

⑦ 风轮仰角:风轮的旋转轴线和水平面的夹角,如图 1.27 所示。

⑧ 叶片轴线:叶片纵向轴线,绕其可以改变叶片相对于旋转平面的偏转角(安装角)

⑨ 风轮翼型(在半径 r 处的叶片截面):叶片与半径为 r 并以风轮轴为轴线的圆柱相交的截面。

⑩ 安装角(桨矩角):在叶片径向位置叶片翼型弦线与风轮旋转间的夹角 β。

图 1.26 风轮直径和中心高

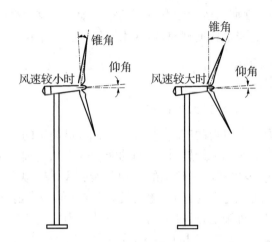

图 1.27 风轮的仰角锥角

（2）翼形的几何参数

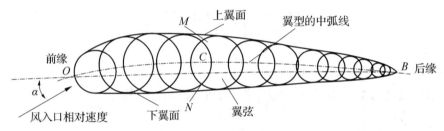

图 1.28 叶片翼型几何参数

① 前缘与后缘：翼型的尖尾点 B 称为后缘，圆头上的 O 点称为前缘。

② 翼弦：连接前后缘的直线 OB 称为翼弦。OB 的长度称为弦长，记为 C。

③ 翼形上表面（上翼面）：凸出的翼形表面 OMB。

④ 翼形下表面（下翼面）：平缓的翼形表面 ONB。

⑤ 翼形的中弧线：翼形内切圆圆心的连线，对称翼形的中弧线与翼弦重合。

⑥ 厚度：翼弦垂直方向上下翼面间的距离。

⑦ 弯度：翼形中弧线与翼弦间的距离。

⑧ 攻角：气流相对速度与翼弦间所夹的角度，记作 α，又称迎角、冲角。

2）流线概念

（1）气体质点：体积无限小的具有质量和速度的流体微团。

（2）流线：在某一瞬间沿着流场中各气体质点的速度方向连成的平滑曲线。流线描述了该时刻各气体质点的运动方向，一般情况下，各个流线彼此不会相交。

（3）流线簇：流场中众多流线的集合称为流线簇，如图 1.29 所示。

当流体绕过障碍物时，流线形状会改变，其形状取决于所绕过的障碍物的形状。不同形状的物体对气流的阻碍效果各不相同。

3）阻力与升力

（1）升力和阻力的实验。把一块板子从行驶的车中伸出，只抓住板子的一端，板子迎风

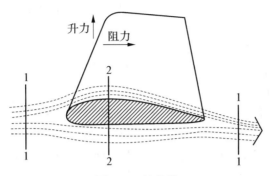

图 1.29　流线簇

边称为前缘。把前缘稍稍朝上,会感到一种向上的升力,如果把前缘朝下,就会感到一个向下的力,在向上和向下的力之间有一个角度,不产生升力,称为零升力角。在零升力角时,会产生很小的阻力。而升力和阻力是同时产生的,将板子的前缘从零升力角开始慢慢地向上转动,开始时升力增加,阻力也增加,但升力比阻力增加得快得多,到某一个角度后,升力突然下降、但阻力继续增加,这时的攻角大约为 20°,板子已经失速。如图 1.30 所示。

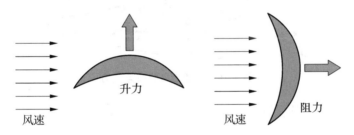

图 1.30　升力和阻力试验

(2) 升力和阻力产生的原理。当气流与机翼有相对运动时,气体对机翼有垂直于气流方向的作用力——升力,以及平行于气流方向的作用力——阻力,如图 1.30 所示。当机翼相对气流保持图示的方向与方位时,在机翼上下面流线簇的疏密程度是不尽相同的。

① 根据流体运动的质量守恒定律,有连续性方程:

$$A_1 v_1 = A_2 v_2 + A_3 v_3 \tag{1.17}$$

式中,A,v 分别表示机翼的截面积和气流的速度。下角标 1,2,3 分别代表远前方或远后方,上表面和下表面处。如图 1.29 所示。

② 根据流体运动的伯努利方程,有

$$P_0 = P + \frac{1}{2}\rho v^2 = 常数 \tag{1.18}$$

式中,P_0——气体总压力;

P——气体静压力。

下翼面处流场横截面面积 A_3 变化较小,空气流速 $v_3 \approx v_1$,因此,静压力 $P_3 \approx P_1$。

上翼面突出,流场横截面面积减小,空气流速增大,$v_2 > v_1$,使得 $P_2 < P_1$,即压力减小。

机翼运动时,机表面气流方向有所变化,在其上表面形成低压区,下表面形成高压区,合力向上并垂直于气流方向。

在产生升力的同时也产生阻力,风速因此下降。

4) 翼型的空气动力特性

(1) 作用在机翼上的气动力

风力机的风轮一般由 2～3 个叶片组成。下面先考虑一个不动的翼型受到风吹的情况。

设风的速度为矢量 v,风吹过叶片时在翼型面上产生压力如图 1.31 所示。上翼面压力为负,下翼面压力为正。它们的差实际上指向上翼面的合力,记为 F,F 在翼弦上的投影称为阻力,记为 F_D,而在垂直于翼弦方向上投影称为升力,记为 F_L,合力 F 对其他点的力矩,记为气动力矩 M,又称为扭转力矩。

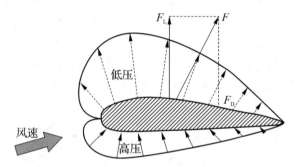

图 1.31 翼型压力分布与受力

合力 F 可用式(1.19)表示:

$$F = \frac{1}{2}\rho C S v^2 \tag{1.19}$$

式中,ρ——空气密度;

S——叶片面积;

C——总的气动力系数。

升力 F_L 为

$$F_L = \frac{1}{2}\rho C_L S v^2 \tag{1.20}$$

阻力 F_D 为

$$F_D = \frac{1}{2}\rho C_D S v^2 \tag{1.21}$$

$$F^2 = F_L^2 + F_D^2 \tag{1.22}$$

(2) 翼型剖面的升力和阻力特性

为方便使用,通常用无量纲数值表示翼剖面的启动特性,故定义几个气动力系数。

升力系数:

$$C_L = \frac{2F_L}{\rho S v^2} \tag{1.23}$$

阻力系数：

$$C_D = \frac{2F_D}{\rho S v^2} \tag{1.24}$$

翼型剖面的升力特性用升力系数 C_L 随攻角 α 变化的曲线（升力特性曲线）来描述,如图 1.32(a)所示。

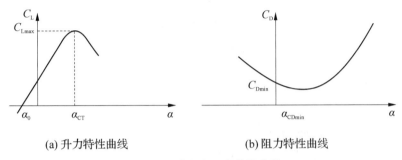

(a) 升力特性曲线　　　　　　(b) 阻力特性曲线

图 1.32　升力和阻力特性曲线

当 $\alpha = 0°$ 时,$C_L > 0$,气流为层流。

当 $\alpha_0 = \alpha_{CT}(15°)$ 左右,C_L 与 α 呈近似的线性关系,即随着 α 的增加,升力 F_L 逐渐加大,气流仍为层流。

当 $\alpha = \alpha_{CT}$ 时,C_L 达到最大值 C_{Lmax},α_{CT} 称为临界攻角或失速攻角。$\alpha > \alpha_{CT}$ 时,C_L 将下降,气流变为紊流。

当 $\alpha = \alpha_0$ 时($< 0°$) 时,$C_L = 0$,表明无升力。α_0 称为零升力角,对应零升力线。

翼型剖面的阻力特性用阻力系数 C_D 随攻角 α 变化的曲线（阻力特性曲线）来描述,如图 1.32(b)所示。

当 $\alpha > \alpha_{CDmin}$ 时,C_D 随攻角 α 的增加而逐渐增大。

当 $\alpha = \alpha_{CDmin}$ 时,C_D 达到最小值 C_{Dmin}。

3. 风力机基本理论

1) 贝茨理论

(1) 贝茨理论的假设

贝茨理论是世界上第一个关于风力机风轮叶片接受风能的完整理论,也是第一个关于风能利用效率的一个基本理论。它是 1919 年由贝茨建立的。贝茨理论的建立,首先假定风轮是"理想"的。"理想风轮"是指风轮全部接受风能,假设没有轮毂,叶片无限多,气流通过风轮时没有阻力,空气流是连续的、均匀的、不可压缩的,气流速度的方向无论在叶片前或流经叶片后都是垂直叶片扫掠面的,具体条件如下。

① 风轮没有锥角、倾角和偏角,风轮叶片全部接受风能,叶片无限多,对空气流没有阻力。

② 空气流是连续的,不可压缩的,气流在整个叶轮扫掠面上是均匀的。

③ 叶轮处在单元流管模型中,气流速度的方向不论在叶片前或流经叶片后都是垂直叶片扫掠面的。

假设风轮前方的风速为 v_1,实际通过风轮的风速为 v,叶片扫掠后的风速为 v_2,通过风轮叶片前风速面积为 S_1,叶片扫掠面的风速面积为 S 及扫掠后风速面积为 S_2。风吹到叶片上所做的功等于将风的动能转化为叶片转动的机械能,则必有 $v_1 > v_2$,$S_2 > S_1$,如图 1.33 所示。

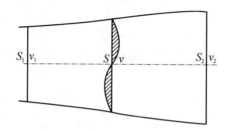

图 1.33　贝茨理论简图

由流体连续性条件可得

$$S_1 v_1 = Sv = S_2 v_2 \tag{1.25}$$

(2) 风轮受力及风轮吸收功率

应用气流冲量原理,风轮所受到的轴向推力:

$$F = m(v_1 - v_2) \tag{1.26}$$

式中,$m = \rho Sv$ 为单位时间内通过风轮的气流质量,ρ 为空气密度,取决于温度、气压、湿度,一般可取 $1.225\ \text{kg/m}^3$。

风轮吸收的功率为

$$P = Fv = \rho Sv^2(v_1 - v_2) \tag{1.27}$$

(3) 动能定理的应用

应用动能定理,可得气流所具有的动能为

$$E = \frac{1}{2}mv^2 \tag{1.28}$$

则风功率(单位时间内气流所做的功)为

$$P' = \frac{1}{2}mv^2 = \frac{1}{2}\rho Sv^3 \tag{1.29}$$

在叶轮前后,单位时间内气流动能的改变量为

$$\Delta P' = \frac{1}{2}mv^2 = \frac{1}{2}\rho Sv(v_1^2 - v_2^2) \tag{1.30}$$

此即气流穿越风轮时,被风轮吸收的功率。

因此

$$\rho Sv^2(v_1 - v_2) = \frac{1}{2}\rho Sv(v_1^2 - v_2^2) \tag{1.31}$$

整理得

$$v = \frac{(v_1 + v_2)}{2} \tag{1.32}$$

即穿越风轮的扫风面的风速等于风轮远前方与远后方风速和的一半。

（4）贝茨极限

下面引入轴向干扰因子进一步进行讨论。

令
$$v = v_1(1-a) = v_1 - U$$

则有

$$v_2 = v_1(1-2a) \tag{1.33}$$

式中，a——轴向干扰因子，又称入流因子；

U——轴向诱导速度，$U = v_1 a$。

讨论 a 的范围：

当 $a = \dfrac{1}{2}$ 时，$v_2 = 0$，因此 $a < \dfrac{1}{2}$。

又 $v < v_1$，有 $1 > a > 0$。

所以，a 的范围为 $\dfrac{1}{2} > a > 0$

由于风轮吸收的功率为

$$P = \Delta P' = \frac{1}{2}\rho S v(v_1^2 - v_2^2) = 2\rho S v^3 a\,(1-a)^2 \tag{1.34}$$

令 $\mathrm{d}P/\mathrm{d}a = 0$，可得吸收功率最大时的入流因子。

解得 $a = 1$ 和 $a = \dfrac{1}{3}$，取 $a = \dfrac{1}{3}$，得

$$P_{\max} = \frac{16}{27}\left(\frac{1}{2}\rho S v_1^3\right) \tag{1.35}$$

这里 $\dfrac{1}{2}\rho S v_1^3$ 是远前方单位时间内气流的功率，并定义风能利用系数 C_P 为

$$C_P = P / \left(\frac{1}{2}\rho S v_1^3\right) \tag{1.36}$$

于是最大风能利用系数 $C_{P\max}$ 为

$$C_{P\max} = P_{\max} / \left(\frac{1}{2}\rho S v_1^3\right) = \frac{16}{27} \approx 0.593 \tag{1.37}$$

此乃贝茨极限，它表示理想风力机的风能利用系数 C_P 的最大值为 0.593。对于实际使用的风力机来说，二叶片高性能风力机效率可达 0.47，达里厄风力机效率可达 0.35。C_P 值越大，则风力机能够从自然风中获得的百分比也越大，风力机效率也越高，即风力机对风能利用率也越高。

2）叶素理论

（1）叶素理论的基本思想

① 将叶片沿展向分成若干微段叶片元素，即叶素。

② 把叶素视为二元翼型，即不考虑叶素在展向的变化。

③ 假设作用在每个叶素上的力互不干扰。

④ 将作用在叶素上的气动力元沿展向积分,求得作用在叶轮上的气动扭矩与轴向推力。

（2）叶素模型

① 叶素模型的端面:在桨叶的径向距离 r 处取微段,展向长度 dr,在旋转平面上的线速度:$U = r\omega$。

② 叶素模型的翼型剖面:翼型剖面的弦长 C,安装角 θ。

假设 v 为来流的风速,由于 U 的影响,气流相对于桨叶的速度应是旋转平面内的线速度 U 与来流的风速 v 的合成,记为 W。W 与叶轮旋转平面的夹角为入流角,记为 φ,则有叶片翼型的攻角为 $\alpha = \varphi - \theta$。

③ 叶素上的受力分析,如图 1.34 所示。在 W 的作用下,叶素受到一个气动合力 dR,可分解为平行于 W 的阻力元 dD 和垂直于 W 的升力 dL。

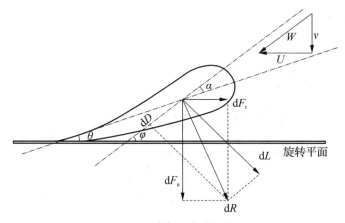

图 1.34　叶素理论分析简图

另一方面,dR 又可以分解为轴向推力元 dF_n 和旋转切向力元 dF_t,由几何关系可得

$$dF_n = dL\cos\varphi + dD\sin\varphi \tag{1.38}$$

$$dF_t = dL\sin\varphi + dD\cos\varphi \tag{1.39}$$

扭矩元 dT 为

$$dT = rdF_t = r(dL\sin\varphi - dD\cos\varphi) \tag{1.40}$$

由于可利用阻力系数 C_D 和升力系数 C_L 分别求得 dD 和 dL:

$$dL = \frac{1}{2}\rho C_L W^2 C dr \tag{1.41}$$

$$dD = \frac{1}{2}\rho C_D W^2 C dr \tag{1.42}$$

故 dR 和 dT 可求。

将叶素上的力元沿展向积分,得

作用在叶轮上的推力为：$R = \int dR$

作用在叶轮上的扭矩：$T = \int dT$

叶轮上的输出功率：$P = \int dT\omega = \omega T$

小型风力发电机组的安装

一、小型风力发电机组的结构

风力发电机组是一种将风能转换为电能的能量转换装置，由风力机和发电机两个部分组成。空气流动的动能作用在风力机风轮叶片上，推动风轮转速，将空气流动的动能转变为风轮旋转的机械能，再通过传动机构驱动发电机轴及转子的旋转，发电机将机械能转变为电能。

小型风力发电机结构简单（如图 1.35 所示），一般由导流罩、风轮（包括叶片和轮毂）、发电机、尾翼、塔架等组成。

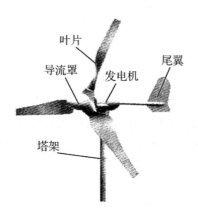

图 1.35　小型风力发电机组结构

① 导流罩。起到减小风的阻力的作用。

② 风轮一般由 2～3 个叶片和轮毂组成，叶片接受风能，转化为机械能。叶片多为玻璃纤维增强复合材料；轮毂是叶片根部与主轴的连接件，从叶片传来的力通过轮毂传到驱动的对象。轮毂有刚性轮毂和铰链式轮毂，刚性轮毂制造成本低、维护少、没有磨损，三叶片风轮一般采用刚性轮毂，是使用广泛的一种形式。

③ 发电机主要由定子和转子组成，通过切割磁力线将机械能转化为电能。在小型风力发电机组中，风轮和发电机之间多采用直接连接，省去了增速装置，从而降低制造成本。发电机一般采用交流永磁发电机、感应式发电机和直流发电机。

④ 尾翼的作用使风轮能随风向的变化而作相应的转动，以保持风轮始终和风向垂直。在小型风力发电机组中多采用尾翼达到对风的目的，因为尾翼结构简单、调向可靠。

⑤ 塔架是用来支撑风力发电机的重量,并使风轮回转中心据地面有一定的高度,以便风轮更好地捕捉风能。

二、安装小型风力发电机组

安装前要清理组装现场;熟悉风力发电机组的结构及组装技术要求;准备好组装工具和设备;将风轮叶片、轮毂、发电机、尾舵、尾舵梁、测风偏航机构、塔架和基础组装成水平轴永磁同步风力发电机组。操作步骤:

① 将发电机安装在机舱内。

② 安装轮毂和风轮叶片。在安装叶片时要注意风叶平衡,首先不要把螺栓拧得过紧,待全部拧上后调整两叶尖距离相等(允许误差为±5 mm),调整后,再按顺序依次拧紧螺栓。

③ 将基本成形的风力发电机安装在塔架上。

④ 将测风偏航机构装在尾舵梁上,尾舵梁上另一端固定在机舱上并装上尾舵。

实践训练

1. 请说出以下部件的功能及作用。

序号	部件	功能作用
1	导流罩	
2	风轮	
3	发电机	
4	尾翼	

2. 结合小型风电机组的示意图,阐述风电机组的安装步骤、使用的工具材料。

序号	工作内容	工具材料
1		
2		
3		
4		

3. 测试三相输出电压以及输出电流,并记录有关数据。

第一相电压	第二相电压	第三相电压

4. 安装过程记录,如有故障,请在下表中填写故障现象、故障原因及处理方法。

故障现象	故障原因	处理办法

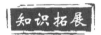

风能的其他用途

一、风力提水

风力提水是人类有效利用风能的主要方式之一,开发和应用风力提水机械对于节省常规能源,解决偏远地区提水动力不足的问题和促进农业的发展有着重要的现实意义。

风力提水是古老的风能利用,至少在1 000多年前中国就有了风力提水装置。据史书记载,我国曾先后发明过"走马灯式"和"斜杆式"等多种风力提水机,并在江苏、浙江、福建一带普遍用于农田排灌和延长提水,直到20世纪50年代我国还拥有几十万台各式风力提水机。

欧洲的风车发展据说是从中东传入的,16世纪荷兰大量使用风车排水,围海造田,成为举世闻名的人工"沧海变良田"。

18～19世纪,全世界风力提水机曾发展到数百万台,几乎遍及全球。在美洲西部大平原的开发中,风力提水作出了重大贡献,地中海沿岸也是当时技术文化进步的象征。风力提水之所以能在世界各地,特别是发展中国家得到较广泛的应用,其主要原因有以下几点。

① 风力提水机结构可靠,制造容易,成本较低,操作维护简单。

② 储水问题容易解决。

③ 风力提水机在低风速下工作性能好,对风速要求不严格。

④ 风力提水效益明显。

二、风力制热

随着社会发展对热能需要的增长,开发风力致热技术应用于生活采暖及农业生产等,具有广阔的发展前景。一方面,风力致热的能量利用率高,对风质要求低,风况变化的适应性强,储能问题也便于解决;另一方面,风力致热装置结构比较简单,且容易满足风力机对负荷的最佳匹配要求。

将风能转换为热能,一般通过三种途径:第一种是经过电能再转换为热能,即风能→机械能→电能→热能。第二种是通过热泵产生热能,即风能→机械能→空气压缩能→热能。第三种是直接热转换,即风能→机械能→热能。前两种是三级能量转换,而后一种只需二级能量转换。三种方式比较起来,第三种直接热转换方式无论在转换次数上还是能量流向上都具有优势。与风力发电和风力提水相比,风力直接致热有如下三个优点。

① 系统总效率高。风力发电和风力提水系统的总效率一般不超过15%～20%,而风热直接转换系统的总效率可达30%。

② 风轮工作特性与致热器工作特性匹配较理想。致热器的功率—转换特性曲线可呈2次或3次方关系变化,这与风轮工作特性的变化曲线比较相近,容易实现合理配套。

③ 该系统对风况质量要求不高,对不同的风速变化频率、不同的风速范围适应性较强。

复习思考题

一、填空题

1. 大气的真实运动是_____和_____综合影响的结果。

2. 季风环流的形成主要原因是由于_____、_____以及_____等综合形成的。

3. 愈靠近热带气旋中心,气压愈_____,风力愈_____。

4. 风的测量包括_____和_____。

5. 影响风能利用的灾害性天气包括_____、_____、_____、_____和_____。

6. 评估的目的主要是摸清_____,确定风电场的_____和为风力发电机组_____提供依据,以便于对整个项目进行_____。

7. 根据风向或风能在各扇区的频率分布,以相应的比例长度绘制的形如玫瑰花朵的概率分布图称为_____。

8. _____是评估场址风能资源的最重要的指标。

二、选择题

1. 风能的大小与风速的( )成正比。

A. 平方   B. 立方   C. 四次方   D. 五次方

2. 风力风电机组风轮吸收能量的多少主要取决于空气( )的变化。

A. 密度   B. 速度   C. 湿度   D. 温度

3. 风力发电机达到额定功率输出时规定的风速叫( )。

A. 平均风速   B. 额定风速   C. 最大风速   D. 启动风速

4. 风力发电机组开始发电时,轮毂高度处最低风速叫( )。

A. 平均风速   B. 额定风速   C. 切入风速   D. 切出风速

5. 叶片弦线与风轮旋转面间的夹角叫( )。

A. 攻角   B. 冲角   C. 桨距角   D. 扭角

6. 风能利用系数 C_P 的最大值为( )。

A. 0.4   B. 0.5   C. 0.593   D. 0.6

三、简答题

1. 自然界的风是如何形成的?

2. 简述"大气环流"模型。

3. 风能具有哪些特点?

4. 简述海陆风的形成的原因及其特点。

5. 简述山谷风的形成的原因及其特点。

6. 通常以何种分布来描述平均风速的统计分布特征?

7. 什么是风向玫瑰图?

8. 什么是湍流强度?

9. 测风系统由哪几个部分组成?

10. 风速随高度变化的规律是什么?

项目二 风力发电机组的认知

项目目标

知识目标 ▶▶▶▶▶

(1) 熟悉风力发电机组的结构。

(2) 熟悉风力发电机组中的传动系统。

(3) 熟悉风力发电机组中的偏航系统。

(4) 熟悉风力发电机组中的变桨系统。

(5) 熟悉风力发电机组中的发电机。

能力目标 ▶▶▶▶▶

(1) 能独立认知风力发电机组的结构。

(2) 能独立认知风力发电机组中的传动系统。

(3) 能独立认知风力发电机组中的偏航系统。

(4) 能独立认知风力发电机组中的变桨系统。

(5) 能独立认知风力发电机组中的发电机。

思政目标 ▶▶▶▶▶

(1) 通过感受中国制造下的魅力,培养风电专业自豪感,树立制度自信、道路自信。

(2) 通过了解双碳目标,熟悉绿色理念下的可持续发展战略。

(3) 通过千乡万村驭风计划,了解分散式风电建设助力乡村振兴。

(4) 通过感受风电安装维护领域平凡岗位中的不平凡,树立学以致用、劳动光荣的价值观。

(5) 通过了解走向世界的中国风电,培养国际视野。

项目设计

本项目通过针对风力发电机组的认知,使学生熟悉风力发电机组及其不同子系统的原理结构和功能,能分辨识别风力发电机组中的主要子系统。

任务一　风力发电机组结构的认知

任务描述

从能量转换的角度来看,风力发电机组将风能转换为电能不是一蹴而就的,而是通过由风能至机械能再至电能的过程,风力发电机组的结构也要与之匹配。因此,对风力发电机组的结构进行了解和认知,将有助于针对风力发电机组实施安装和维护。

知识链接

从能量角度来看,万物生长靠太阳,事实上风能最终的能量来源也离不开太阳辐射的热能。地球上凹凸多变的地形(盆地、平原、山川等)和不同的植被及海陆分布(荒漠、苔原、草原、森林及湿地、河流、湖泊、海洋等)对热能的吸收各不相同,空间区域的冷热不均产生了大气流动,一定风速下即具备了可被利用的风能。在从蒸汽时代进入电气时代后,只有将不同类型的非电能量转化为电能,才能被更广泛地利用,这其中当然也包括风能。

一、风力发电的现状

1. 陆上风力发电的现状

(1) 陆上风力发电的先天环境

【微信扫码】
风力发电的现状

① 我国陆上风能资源丰富或较为丰富的地区多分布在西北和西南地区,如云南、贵州、内蒙古、青海、新疆等,这些地区经济体量及人口数量不及东部沿海省份,且距离遥远,风电输送代价较高,由此产生了陆上风电资源丰沛地区与用电规模需求巨大地区的空间差异。

② 陆上风能资源季节差异明显,如来自东南沿海的季风很难影响到西北地区,西北地区多受来自西伯利亚的寒冷空气影响,即冬季风能大,夏季风能小,从人们的生产生活来说,夏季对电能的需求要高于冬季,由此产生了陆上风电资源冬季大但用电需求小与陆上风电资源夏季小但用电需求大的时间差异。

(2) 陆上风力发电的现有特点

风是自然的产物,几乎不受人为因素的干扰,因此风电具有明显的间歇不稳定性,在大规模储能技术还未取得根本性进展的现今,风力发电在向国家电网并网输送的过程中,不可避免地会对现有电网产生冲击,使输电品质下降。

陆上风力发电的技术趋势,陆上风电在由西部地区向东部地区输送的过程中,不可避免地会产生损耗(如电流的热效应等),随着输送距离的不断加大,损耗也随之越来越多。针对这一现象,采用的最常见的技术手段是提高输送电压,面对东西部动辄上千米以上的超远距离输电,需要采用特高压输电以减少输电损耗,这对包括输电线缆等电器件提出了更高要求。

2.海上风力发电的现状

（1）海上风力发电的先天环境

我国海上风能资源丰富或较为丰富的地区多分布在东南沿海地区,如江苏、浙江、福建等省份,受台湾海峡峡管效应的影响,不论东南季风或是西北寒流,均能在此产生较为可观的风能。以江苏为例,在风力发电上,江苏海陆并举、以海为主,在国家级的新能源产业振兴规划中,江苏省是唯一一个以海上为主的风电基地,被称为"海上三峡"。同时,东南沿海地区人口稠密,制造业发达,不同季节对于用电需求差异不明显。因此,海上风力发电相较于陆上风力发电不存在明显的时空差异矛盾。

（2）海上风力发电的现有特点

海上风力发电除去有类似于陆上风力发电的间歇不稳定性问题之外,还有着其特殊之处,即安装地点和环境要比陆上风力发电复杂,作业更为困难。除此之外,不论近海远海,海洋存在的盐雾等腐蚀性因素和台风等不安全因素,会使得海上风力发电维护代价更高。

（3）海上风力发电的技术趋势

东南沿海地区海上风力发电输送对象为沿海众多制造业企业,因此提高电网的稳定性和智能性是最为迫切的需求,由 IGBT 等大功率电子器件、新型电缆等硬件结合智能控制算法等软件下的海上风电柔性直流输电技术应运而生,作为电网中的"动态水坝",可实时控制电能在发电端与用电端间的流向与分配,正得到越来越广泛的应用。

近年来我国风能产业相关企业的数量及注册资金呈现大幅攀升态势,其中具有代表性的企业有三峡能源、节能风电、金风科技、中国海装等,建造及运营着数量可观的陆上及海上风电场。

二、风力发电的原理

风力发电的原理是利用风力带动风车叶片旋转,此时由于叶片庞大的体积,叶片旋转速度较低,叶片带动的低速转轴无法驱动发电机正常发电。需通过增速机(具有不同转数比的机械装置)将旋转的转速提升至可观数值,来驱动发电机感应发电。具体而言,最简单的风力发电机可由旋转叶片和发电机两部分构成。由于风机叶片正反面弧度不一致,导致风力驱动下流过叶片正反面的空气密度存在差异,产生作用力,推动叶片旋转,从而将风能转变为机械能。将叶片的转轴与发电机的转轴相连,即会带动发电机中的转子旋转切割定子磁力线,在电磁感应的作用下,机械能转化为电能输出,从而对外发电,如图 2.1 所示。

【微信扫码】
风力发电的原理

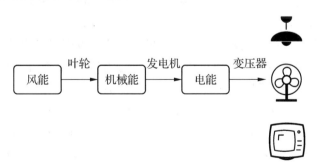

图 2.1　风力发电机组的能量转换

定量来看,风力驱动下的质量为 m 的空气气流以速度 V 流经扫风面积为 A 的风机叶片,单位时间内风机叶片捕获的气流动能 $E = \dfrac{1}{2}\rho A V^3$,其中,$\rho$ 为空气密度。可见,影响捕获气流动能的因素为风速、空气密度和风机叶片扫风面积,三者中风速对捕获气流动能的影响最为显著。

三、风力发电机组的运行方式

1. 恒频恒速运行方式

在风力发电机组向恒频电网送电时,电网频率将强迫控制风轮的转速,发电机组在不同风速下维持或近似维持同一转速,这就是风电机组的恒频恒速运行方式。

定桨距失速恒频恒速异步发电机组在无法生产高电压大功率电子变流器件的一段时间内曾是主流机型。我国在 2000 年前进口的风力发电机组及引进技术生产的风力发电机组都是这种机型,因此这种机型目前在我国仍有一定的保有量。

定桨距是指桨叶与轮毂的连接是固定的,即当风速变化时,桨叶的迎风角度固定不变。失速是指桨叶本身所具有的失速特性,当风速高于额定风速时,气流将在桨叶的表面产生涡流,使效率降低,产生失速,来限制发电机的功率输出。由于风速变化引起的输出功率的变化只通过桨叶的被动失速调节,而控制系统不作任何控制,使控制系统大为简化。但是在输入变化的情况下,风力发电机组只有很少的机会能够运行在最佳状态下,因此机组的整体效率较低,兆瓦级以上的大型风力发电机组已淘汰此种机型。

为了提高风力发电机组在低风速时的效率,恒频恒速运行方式通常采用双速发电机(即大/小发电机)。在低风速段采用小型发电机运行,高风速段采用大型发电机运行,使桨叶具有较高的气动效率,提高了发电机的整体运行效率。定桨距恒频恒速异步发电机组只能在低于最佳效率的状态下运行,但其结构简单,工作可靠,并网时必须进行无功补偿。

2. 变速恒频运行方式

如果风轮转速可以连续进行调节,则叶尖速比可以保持在最大常值,风力发电机组的效率将显著增加。在调节转速的过程中,需要主动进行桨距角的控制来保持叶尖速比恒定,桨距角需要总是控制在最佳位置。在额定风速以上的运行状态,要保持转速恒定也需要进行变桨距控制调节。

只要在发电机和电网之间加入变流器,发电机转速就可以与电网频率解耦,并允许风轮速度有变化,也能控制发电机的气隙转矩。变速运行有如下优点。

(1)在额定风速以下,风轮速度可以随风速变化以保持最大空气动力学效率。

(2)风轮可以作为飞轮,在传动链之前去除空气动力学转矩波动。

(3)对气隙转矩的直接控制实际上控制了风轮转速及发电机输出功率。

(4)可控的有功功率和无功功率可以提高风力发电功率因数,同时通过无功功率源来补偿电网中其他用户不良的功率因数,降低电网的电力波动。

变速恒频的优点是大范围内调节运行转速,来适应因风速变化而引起的风力发电机组功率的变化,可以最大限度地吸收风能,因而效率较高。同时,在控制方式上也很灵活,可以较好地调节系统的有功功率、无功功率,但控制系统较为复杂。变速恒频这种调节方式是目前公认的最优调节方式,是风电技术的主要发展方向。当前生产的兆瓦级以上风力发电机组都是采用变速恒频运行,代表机型是变桨距变速恒频双馈机组和变桨距变速恒频永磁直驱机组。

在满足电网频率要求的条件下,通过连接在发电机与电网间的变流器,可以很方便地控制发电机的气隙转矩,通过控制气隙转矩可以很方便地使发电机的转差率在±10%的范围内调节,可以使双馈型机组的转速在±30%同步转速范围内连续可调,使永磁直驱型机组的转速在±50%同步转速范围内连续可调,满足了机组调速范围宽的要求。双馈型机组电网通过变流器连接转子的称为"窄带"变速,双馈型机组属于"窄带"变速;通过变流器连接定子的称为"宽带"变速,永磁直驱型机组属于"宽带"变速。

【微信扫码】
风力发电机组的分类

风力发电机组的分类与构件认知

一、风力发电机组的分类

1. 按风力发电机主轴走向和位置分

风力发电机主轴走向和位置一般可为横向布置或纵向布置,即风力发电机主轴呈水平放置或呈垂直放置,如图 2.2 所示。不同的主轴放置方向会造成旋转叶片的结构及其与气流的作用随之变化。常见的类型为水平轴风力发电机组和垂直轴风力发电机组。水平轴风力发电机组的叶片围绕一个水平轴旋转,工作时叶片的旋转平面与风向垂直。垂直轴风力发电机组的叶片围绕一个垂直轴旋转,工作时叶片的旋转平面与来风方向没有限制。

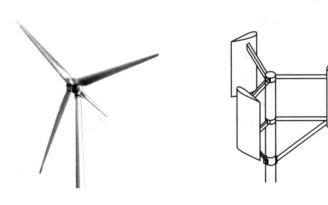

(a) 水平轴风力发电机　　　　　　(b) 垂直轴风力发电机

图 2.2　不同轴向的风力发电机组示意图

从风力发电机组安装与维护的角度来看,水平轴风力发电机组的大质量构件如齿轮箱、发电机等需放置在高空机舱内部,需登高作业,安装维护时操作不便;反之,垂直轴风力发电机组可以将齿轮箱、发电机等构件放置在地面,便于日常安装维护,降低安装维护成本。

2. 按风力发电机叶片数量与形状分

(1) 按风力发电机组叶片数量分,水平轴风力发电机组用于风力发电时一般叶片数为

1～4 片(大多为 2 片或 3 片),用于风力汲水时一般叶片数为 12～24 片。

(2) 按风力发电机组叶片形状分,垂直轴风力发电机组叶片外形如图 2.3 所示,可以有 H 型、◇型、O 型、正三角形和倒三角形等不同形状。

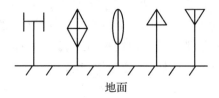

地面

图 2.3　风力发电机组叶片的不同形状

3. 按风力发电机组叶片旋转快慢分

叶片数多的风力发电机组通常称为低速风力机组,它在低速运行时,风能利用系数较高,起动风速低,适用于汲水等,如图 2.4(a)图所示。

叶片数少的风力发电机组通常称为高速风力机组,它在高速运行时风能利用系数较高,但起动风速较高,适用于发电等,如图 2.4(b)图所示。

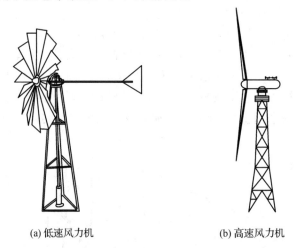

(a) 低速风力机　　　　　　　　　(b) 高速风力机

图 2.4　低速和高速风力机示意图

除此之外,根据机械传动方式不同,分为有齿轮箱型风力机组和无齿轮箱直驱型风力机组;根据风力发电机桨叶是否可以调节,分为定桨距风力发电机组和变桨距风力发电机组;根据风力发电机组的发电机类型不同,分为异步发电机型和同步发电机型;根据风力机的额定功率不同,分为大型、中型、小型、微型风力机组等。

二、风力发电机组的整体结构

【微信扫码】
风力发电机组的结构

从整体上看,风力发电机组的基本构成包括风机叶轮、传动系统、偏航系统、制动系统、液压系统、刹车机构、机舱、塔架等,如图 2.5 所示。

(1) 风机叶轮:风机叶轮大多由 2～3 个叶片和轮毂所组成,其功能是将风能转换为机械能。风机叶轮的叶尖速度能达到 60 m/s 左右,3 片叶轮的设置通常能够提供最佳能量转换效率。叶片中空,以减少自身重量,

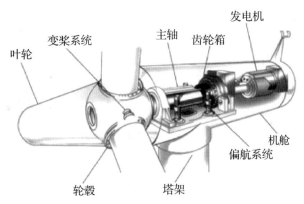

图 2.5　风力发电机组基本结构

多用如加强玻璃钢等特殊高分子复合材料制成,坚硬与柔韧兼顾,材料抗疲劳性好,大温差情形下收缩变形小。轮毂是连接风轮和机舱的枢纽,也是叶片根部与传动轴的连接件,所有从叶片捕获的风能,最终都通过轮毂传递到机舱里的传动系统,风力发电机组中大多采用高强度球墨铸铁作为轮毂的材料。轮毂连接叶片的形态有铰链型和固定型,铰链型轮毂连接的叶片非固定,可小幅摆动,固定型轮毂连接的叶片固定,不可摆动。

（2）传动系统:叶轮产生的机械能由机舱里的传动系统传递给发电机。风力机的传动系统一般包括低速轴、高速轴、齿轮箱、联轴器和刹车机构等。

（3）偏航系统:风力发电机组的偏航系统也称为对风装置。偏航系统的主要作用有两个:一是与风力发电机组的控制系统相连,使风力发电机组的风轮始终处于迎风状态,最大效率利用风能,提高风力发电机组的发电效率;二是提供特殊情况下必要的锁紧力矩,以便在风机遭遇超过可承受风速的情形时,使风机失速,从而保障风力发电机组的安全。

（4）液压系统:风力发电机组中的液压系统主要作用是为风机刹车提供动力,例如高、低速转动轴和偏航系统刹车。在定桨距风力发电机组中,液压系统的主要作用是提供风力发电机组气动刹车和机械刹车的压力,以实现风力发电机组的启停机。在变桨距风力发电机组中,液压系统主要为变桨距机构随风速改变提供动力,从而变化叶片转速和风力发电机组输出功率,同时也提供风力发电机组刹车时的压力。

（5）刹车机构:风力发电机组中的刹车机构分为气动刹车机构和机械刹车机构两种。气动刹车是通过叶片上的空气阻力装置,降低叶片转速,一般不至于使叶片完全停转;机械刹车是通过不旋转的部件摩擦阻碍旋转部件运动,从而实现刹车制动,直至叶片停转。

① 气动刹车机构是由安装在叶尖的气动扰流器通过叶尖轴与叶片根部液压油缸的活塞杆相连接构成的。当风力发电机组正常运行时,在液压力的作用下,叶尖扰流器与叶片主体部分紧密的合为一体,组成完整的叶片,气流不产生针对叶片的扰流。当风力发电机组需要刹车时,调节液压力的作用,使叶尖扰流器与叶片主体部分旋转错位,类似飞机着陆时打开机翼上的扰流板降速刹车,如图 2.6 所示。

(a) 风机叶尖扰流器　　　　　　　(b) 飞机机翼扰流板

图 2.6　扰流器与扰流板

② 机械刹车机构由安装在风机主轴低速轴或高速轴上的制动盘与设置在制动盘附近的液压钳构成。液压钳固定不旋转,制动圆盘随轴转动。通过液压刹车钳的打开或合拢,实现针对风力发电组传动轴系的启停机。

(6) 机舱:机舱由底盘和机舱罩组成,底盘上安装除了塔架以外的主要部件,因此,底盘又称为主机架。机舱罩后部的上方装有风速和风向传感器,舱壁上有隔音和通风装置等,底部与塔架连接。

① 底盘的功能是固定风轮轴、齿轮箱、发电机、机舱、偏航驱动装置及相关零部件,并承载其重量。

② 机舱罩的作用是保护底盘及底盘上所安装的零部件,使其免受风、霜、雨、雪、冰雹、沙石、粉尘及腐蚀性气体的侵害,延长其使用寿命,使风力发电机组更加美观漂亮。机舱罩和底盘就像一间房屋,零部件活动于其中。机舱内部应有消声设施,并具有良好的通风条件;机舱内部应照明设备齐全,亮度满足工作要求;机舱应满足防盐雾腐蚀、防沙尘暴的要求;机舱应有防止小动物进入的措施。

(7) 塔架:塔架的作用是支撑风轮和整个机舱的重量,并使风轮和机舱保持在合理的高度,使风轮旋转部分与地面保持在合理的安全距离。

塔架支撑机舱达到所需要的高度,其上安置发电机和控制柜之间的动力电缆、控制电缆和通信电缆,还装有供操作人员上下机舱的扶梯,大型机组还设有电梯。对于塔架的攀登设施,其中间应设休息平台,还要有可靠的防止坠落的保护措施,以保证人身安全。塔架内部照明设备应齐全,亮度满足工作要求。塔架应满足防盐雾腐蚀、防沙尘暴的要求。

实践训练

风力发电机组的铭牌数据如下。

【微信扫码】
风力发电机组的铭牌数据

(1) 风力发电机组的制造商和所属国家。
(2) 风力发电机组的系列号、型号和产品编号。
(3) 风力发电机组生产日期。
(4) 风力发电机组正常运转参考风速。
(5) 轮毂高度处风力发电机组的运转风速范围。
(6) 风力发电机组工作环境温度范围。

（7）风力发电机组输出端额定电压和频率范围。

根据给出的任务实施单，填写某风力发电机组铭牌参数值所对应的参数名称，同时说明一般风力发电机组输出端额定电压和频率范围是多少。

风力发电机组铭牌基本参数识别任务实施单

参数值	单位	参数名称	参数识别是否准确
WT—Ⅷ	无		
双馈异步型	无		
2 000	kW		
100	m		
3	m/s		
20	m/s		
10	m/s		
55	m/s		
70	m		
−25～+60	℃		
−15～+45	℃		

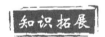

海上三峡下的海装风电

江苏沿江滨海，位于东南季风区的影响范围，是我国海上风力资源较为丰富的地区之一。同时，江苏经济发达，人口稠密，GDP 总量常年位于全国前列，用电需求量大。因此，充分利用江苏海上风力发电，既可以避免"西电东输"时的长距离输电损耗，又可以避免占用宝贵的陆地资源，更可以为沿海地区的发展输送清洁能源，因此，自长江出海口北岸一路向北的启东、通州、如东、东台、大丰、射阳、滨海、响水及赣榆地区，分布着大规模的海上风力发电机组群，被称为"海上三峡"。

其中，具有代表性的为央企中国三峡集团建造的多座海上风力发电机组群，创造了多项第一，体现了中国制造的魅力和央企的核心竞争力。

（1）江苏响水 21.45 万千瓦海上风电场（图 2.7），为当期国内单体最大的海上风电项目，项目建成国内首座 220 千伏海上升压站，敷设国内首条 220 千伏海缆，孵化和应用复合筒型基础，为我国风电进军深蓝海域起到积极示范作用。

（2）江苏大丰 H8 - 230 万千瓦海上风电场（图 2.8），国内离岸距离最远的海上风电项目，项目为我国海上风电开发远海化、关键技术国产化、施工作业体系化等方面起到积极推动作用。

图 2.7　江苏响水海上风电场

图 2.8　江苏大丰海上风电场

（3）江苏如东 80 万千瓦海上风电场（图 2.9），国内首个±400 千伏柔性直流输电海上风电项目，正在建设目前国内输送容量最大、输送距离最长的柔性直流输电海缆，对我国远海大容量海上风电开发建设具有重要示范意义。

图 2.9　江苏如东海上风电场

海上风电与陆上风电最大的区别在于安装环境的不同，即需要面对复杂的海洋条件。海洋条件包括波浪、海流、水位、海冰、海生物、海床运动和冲刷、温湿度、太阳辐射、雨雪冰雹、盐雾腐蚀、雷暴袭击等。其中，又以盐雾腐蚀最为常见。防盐雾腐蚀的主要措施如下。

（1）海上风力发电机组结构上应采用密封设计，裸露或与外部环境有直接接触的塔架、机舱、轮毂，对水分敏感的发电机内部均应采用防腐蚀控制措施以保持空气干燥洁净。

① 塔架应采用密闭塔筒结构，安装装配时法兰连接面应采用密封圈或密封胶等手段进行密封处理。塔架上的开口，如门、孔等也应采用密封设计，为提高密封效果，亦可以设置缓冲隔间，减少门、孔开关过程中外部盐雾的入侵。

② 机舱和轮毂宜应使用由耐腐蚀材料制成的外壳，并尽可能设计为无棱角的密闭形状。

③ 机舱内对水分敏感的发电机外壳也应使用由耐腐蚀材料制成的外壳和底座，发电机本体和散热系统密封壳内。

（2）海上风力发电机组主要结构体及关键部件，按照所处区域盐雾的腐蚀性等级进行防腐蚀保护，可融合多种防腐手段，如涂料保护、热喷涂金属保护、金属涂层与涂料涂层联合保护等综合防腐蚀措施。

（3）海上风力发电机组零件及构件应采取以下防腐措施。

① 根据零件及构件所处盐雾腐蚀环境，合理选用不同等级的耐腐蚀材料和表面保护。

② 用外表光滑圆润的无缝管型构件代替其他形状的构件,构件形式无棱角。

③ 在可能产生积水和雾气驻留的空间里开设排水孔和排气孔,不给水雾集聚的空间。

④ 尽量多地采用焊接构件,工艺为连续焊缝,并进行焊缝表面密封处理,不留盐雾入侵的缝隙。

⑤ 零件或构件需改变外形时,应采用圆弧状过渡,例如棱角和边缘采用圆角过渡,并提高防腐表面镀涂的工艺性。

⑥ 同一结构体中尽量选用同一类型的金属材质,防止在具有导电性的盐雾影响下,不同金属间产生电偶腐蚀。

任务二　风力发电机组中传动系统的认知

任务描述

风机叶轮将捕捉到的风能,转化为旋转叶片所蕴含的机械能。旋转叶片所蕴含的机械能需要中间装置作为桥梁传递至发电机,并且叶片旋转的圆周运动恰好契合发电机转子旋转切割磁力线的要求,因此,对风力发电机组中的传动系统有一个全面的了解和认知,将有助于针对风力发电机组中传动系统实施的安装维护。

知识链接

【微信扫码】
传动系统的工作特点

一、传动系统的定义

将风机叶轮捕捉吸收到的风能转化为机械能后,传送到发电机的中间装置。

二、传动系统的构成

风力发电机组中的传动系统主要包括主轴、轴承、联轴器、齿轮箱、制动器和安全保护装置等,如图 2.10 所示。

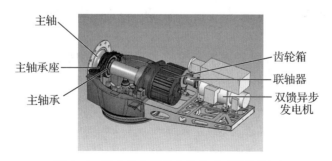

图 2.10　风力发电机组中的传动系统结构图

1. 主轴

主轴(图 2.11)是连接风轮轮毂和齿轮箱的部件。传统的风力发电机组采用齿轮增速装置,按主轴轴承支撑方式的不同,风力发电机组传动的形式可以分为"两点式""三点式""四点式""半直驱式"和"直驱式"等。"两点式""三点式""四点式"即针对主轴轴承、齿轮箱支架以及传动链中其他轴承的不同组合方式,实现传动系统在机舱中的不同布置形式。

图 2.11 主轴

以"两点式"为例:主轴由两个轴承构成,靠近轮毂的轴承作为固定端,远离轮毂的轴承作为浮动端,优点:① 通过主轴轴承受风机叶轮的大部分载荷,减少风机叶轮载荷的突变对齿轮箱的不利影响;② 减少其他载荷传递至齿轮箱,齿轮箱结构设计简单,稳定性好。缺点:① 主轴及联轴器长度增加,需增大机舱的体积和重量;② 随着风力发电机组功率的增大,主轴及联轴器尺寸需相应增大,安装维护难度也随之增加。

2. 齿轮箱

齿轮箱(图 2.12)是风力发电机组的主要传动部件,需要承受来自风轮的载荷,同时要承受齿轮传动过程中产生的各种载荷。齿轮箱的作用为调整与之相连的转轴旋转速度,即转轴变速,可分为增速齿轮箱和减速齿轮箱两种。如图 2.13 所示,风力发电机组传动系统中与轮毂相连的主转轴为输入轴,转速低;与发电机转子端相连的转轴为输出轴,转速高。

图 2.12 齿轮箱

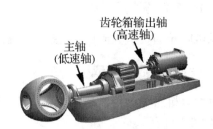

图 2.13 风力发电机中的低速轴与高速轴

根据有无齿轮箱结构,可以分为半直驱式和直驱式传动系统,两者的主要优缺点如表 2.1所示。

表 2.1　半直驱式和直驱式传动系统比较

主要机组形式	主要优点	主要缺点
直驱永磁同步	① 结构简单，维护工作量小。 ② 无齿轮箱结构，机械传动效率提升。 ③ 采用全功率变流器，使发电机与电网分离。	① 发电机体积与重量大，不利于安装运输。 ② 发电机轴承载载荷大，对发电机轴承制造要求高。 ③ 振动冲击、高温辐射和冷热交替下，发电机中磁性物质容易发生失磁现象。 ④ 发电机发热明显，冷却要求高。
半直驱永磁同步	① 相对直驱，发电机压力减小，发电机的体积与重量减少，降低发电机成本和发电机轴承故障率。 ② 采用全功率变流器，使发电机与电网分离。	① 有齿轮箱，传动系统结构相对直驱复杂，维护难度增大。 ② 振动冲击、高温辐射和冷热交替下，发电机中磁性物质较容易发生失磁现象。 ③ 发电机发热较明显，冷却要求较高。 ④ 相对直驱传动系统效率有所降低。

3. 联轴器

联轴器(图 2.14)能把不同部件的两根轴连接起来，以传递运动和转矩的机械装置。在风力发电机组中，联轴器连接齿轮箱高速轴与发电机主轴，为柔性连接，可以在发电机中心产生一定位移时仍能安全运行。当传动链受到过大的冲击载荷时，联轴器会发生打滑，以防传动链受到过大的载荷。

4. 制动器

制动器(图 2.15)又称为刹车装置，为了增加机组的制动能力，常常在齿轮箱的输出轴设置制动器，配合叶尖制动(定桨距风轮)或变桨距制动装置共同对机组传动系统进行联合制动。

图 2.14　联轴器

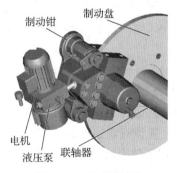

图 2.15　制动器结构

风力发电机组中的齿轮箱认知

【微信扫码】
齿轮箱的技术要求

一、齿轮箱的技术要求

齿轮箱是风力发电机组传动系统中的重要一环，作为传递动力和改变转速的构件，在风力发电机运行期间需同时承受静载荷和动载荷。风力发电机组上的载荷类型主要包括空气气流载荷、重力载荷、惯性载荷(包括离心力等)、操控载荷、其他载荷(如温度载荷和结冰载荷等)。

(1) 齿轮箱基本技术条件

① 运行环境:包括风力发电机组所处区域的风资源情况和周边其他自然条件等。

② 面对载荷:包括风力发电机组的静态载荷,风力发电机组处于起动、正常运转和制动等不同工况下的动态载荷,以及特殊情形下的极限载荷等。

③ 监控方式:包括在齿轮箱设置传感器,测量齿轮箱转速、温度等数据,进行齿轮箱数据采集。

(2) 齿轮箱通用技术要求

① 旋转方向:风机叶片大多为顺时针方向旋转,带动齿轮箱齿轮随之旋转。

② 机械效率:在额定风速的工况下,机械传动效率应不低于96%。

③ 环境温度:齿轮箱正常工作环境温度为 $-30\sim+40\ ℃$,生存环境温度范围为 $-40\sim+50\ ℃$。

④ 工作温度:齿轮箱油池兼顾润滑和吸热,齿轮箱油池最高温度不高于85 ℃,在连续运转时轴承外圈温度不得超过95 ℃。

⑤ 噪声:齿轮箱正常工作时应平稳运转,运转过程中不出现异常噪声。

⑥ 机械振动:在齿轮箱正常工作时,传动系统中各个构件不可避免会产生振动,但不应发生破坏性的共振。

⑦ 设计寿命:在正常维护的前提下,齿轮箱的设计使用寿命应不少于20年。

(3) 齿轮箱主要零部件的设计要求

① 齿轮箱的重要零部件,如齿轮、轴承、箱体及其紧固件,应能承受风力发电机组的极限载荷而不会产生不可恢复性的永久形变或破坏性的后果,并能满足预定设计使用寿命。同时齿轮箱的设计应结构简单,易于加工,便于使用和维护。

② 齿轮箱在风霜雨雪的侵袭下,应具有良好的密封性能,能避免水分、灰尘、异物等外部杂质进入箱体内部。

③ 齿轮箱的全部裸露表面应作防护处理,避免锈蚀,防护处理效果应不留死区,必要时还应作接地屏蔽处理。

④ 齿轮箱应能进行一定程度的散热,设置一定的被动或主动散热装置或措施。

⑤ 齿轮箱上应设有观察窗口、内窥镜检查孔、润滑油标和油位报警装置等安全保障装置,在润滑油作用下单次维护间隔的时长内应保持齿轮箱内一定的清洁度。

二、齿轮箱的结构

(1) 齿轮箱的位置

齿轮箱安装于主机架内,位于机舱中部靠近叶轮部分。如图2.16所示,由于主轴为低转速,故齿轮箱近轮毂处与主轴通过刚性联轴器相连。齿轮箱输出轴为高转速,故齿轮箱后端与发电机转子转轴通过挠性联轴器相连。

【微信扫码】
齿轮箱的结构

图2.16 叶轮、齿轮箱和发电机转速关系

（2）齿轮箱的结构

齿轮箱结构如图 2.17 所示，图 2.18 所示为齿轮箱的行星齿轮系结构，行星架为圆盘状，其作用为承载行星齿轮，行星架的转轴连接叶轮主轴，为低速转轴。行星轮既有自转又有公转，即行星轮的外齿与太阳轮的外齿和齿圈分别啮合。太阳轮位于若干行星轮中心位置，太阳轮的外齿与其外围所有行星轮的外齿啮合，太阳轮转轴为高速转轴，太阳轮仅有自转。太阳轮、行星轮和齿圈均可旋转，三者均可通过不同组合作为静止轮、从动轮或主动轮，从而实现转速变速，在汽车变速箱中也可以看到齿轮箱行星齿轮系结构。

齿圈　行星架
行星轮　太阳轮

图 2.17　齿轮箱示意图　　　　图 2.18　齿轮箱行星齿轮系结构

三、齿轮箱的主要零部件

如图 2.19 所示，齿轮箱的主要零部件包括齿轮、转轴、轴承和箱体。

【微信扫码】
齿轮箱的主要零部件

（1）齿轮：齿轮要求齿面硬度高、齿轮心部韧性大、传动噪声小，对齿轮的材料、结构、加工工艺都有严格的要求。

（2）转轴：传递转矩，包括齿轮箱转轴和叶轮转轴。

（3）轴承：起到支撑机械旋转体的作用，在旋转过程中，降低旋转摩擦系数，保证旋转时的回转精度。例如行星架和行星齿轮箱体通过轴承连接。

（4）箱体（图 2.20）：齿轮箱的重要部件，它们承受风轮的作用力和齿轮传动过程产生的各种载荷，因此为保证传动质量，必须具有足够的强度和刚度。为了降低齿轮箱的噪声和保证主轴、齿轮箱、发电机的同轴度，多数齿轮箱在机架上采用浮动安装。如为了减小齿轮箱传递到机舱机座的振动，将齿轮箱安装在弹性减振器上。最简单的弹性减振器是用高强度橡胶和钢结构制成的弹性支座块和弹簧。

图 2.19　齿轮、转轴和轴承示意图　　　　图 2.20　齿轮箱箱体

四、齿轮箱上的附件

齿轮箱上的附件包括润滑系统（油泵、滤网、油位采集指示）、加热及冷却系统（加热器、冷却器、管路阀门、温度采集指示）、屏蔽接地装置、叶轮锁、空气过滤器等，如图 2.21 所示。

图 2.21　油位指示器、液位指示器、空气过滤器和检查孔示意图

实践训练

如图 2.22 所示，风力发电机组工作环境与工作要求：① 自然环境恶劣：高温、严寒、风砂、冰雹、盐雾等；② 工况条件复杂：高空风速风向多变、极端天气难以避免；③ 风机运行时要求高稳定性、高安全性和长工作寿命。

【微信扫码】
齿轮箱的润滑

(a) 陆上风力发电机组　　　　　　　(b) 海上风力发电机组

图 2.22　风力发电机组所处自然环境示意图

齿轮箱润滑系统作用：齿轮箱作为风力发电机中重要机械构件之一，运行过程中齿轮啮合频繁，润滑对其特别重要，因此良好的润滑能够对齿轮及其轴承起到有效的保护作用，延长齿轮及其轴承的使用寿命。具体而言，包括：① 减小摩擦，减缓磨损，提高齿轮承载能力；② 削弱齿轮疲劳点蚀，如图 2.23 所示；③ 一定程度吸收外部冲击和振动；④ 齿轮冷却、防锈和抗腐蚀。

图 2.23　疲劳点蚀引起轴承零件工作表面的金属剥离脱落

齿轮箱润滑油种类,实际应用中应多选用合成润滑油,低温工况下保持良好的流动性,高温工况下保持稳定的化学特性。

齿轮箱的常见润滑方式:① 飞溅润滑(图 2.24),利用齿轮箱工作时旋转运动零件飞溅起来的油滴或油雾,实现润滑摩擦表面的润滑方式,是最简单的润滑方式;② 强制润滑(图 2.25),通过油泵等外力强制增加润滑油的压力,引导润滑油进入齿轮及其轴承之间接触表面,建立润滑膜的润滑方式,风力发电机组的齿轮箱大多采用强制润滑系统,润滑连续性好,润滑覆盖面广,可有效延长齿轮箱零部件的使用寿命;③ 组合润滑系统,同时采用飞溅和强制两种润滑方式。

图 2.24　飞溅润滑示意图　　　　图 2.25　强制润滑示意图

齿轮箱润滑系统监控:齿轮箱润滑系统主要监控齿轮箱内部温度,高温下齿轮箱处于机舱内闷晒状态,叠加齿轮频繁啮合及轴承旋转摩擦产生大量的热量。极端气候下温度大幅骤降,可采用加热器来控制齿轮箱内的温度,齿轮箱的润滑管路上装备温度传感器,以监控确保齿轮箱处于正常运转时的温度范围。

根据给出的任务实施单:

(1) 选取合适的润滑油,对齿轮箱进行飞溅润滑,观察测量润滑效果并记录。

(2) 选取合适的润滑油及油泵、管材,对齿轮箱进行强制润滑,观察测量润滑效果并记录。

风力发电机齿轮箱飞溅润滑和强制润滑任务实施单

质量指标 / 实践项目			黏度等级								
			150			220			320		
			No.1	No.2	No.3	No.1	No.2	No.3	No.1	No.2	No.3
飞溅润滑	运动黏度	40℃									
		80℃									
	黏度指数(不小于)										
强制润滑	运动黏度	40℃									
		80℃									
	黏度指数(不小于)										

注:No.1—No.3 为实践次数序号,运动黏度的单位为 mm²/s。

世界屋脊上的高原风电

青藏高原苍茫广袤,横亘西南,其面积约占我国领土面积的四分之一,被誉为世界屋脊、世界第三极,其地理位置极其重要。随着我国综合国力的不断提升,人民物质和精神生活水平的不断提高,西藏的铁路交通不断发展,2006 年青藏铁路通车,2014 年拉日铁路通车,2018 年川藏铁路成雅段通车,2021 年川藏铁路拉林段通车,2020 年川藏铁路雅林段开工建设。地域的发展与便捷的交通也迎来了清洁的新能源——风力发电。央企中国三峡集团 2021 年首批 10 台风机于西藏措美县哲古风电场安装装配完成,投入使用,如图 2.26 所示。

图 2.26 西藏哲古风电场

哲古风电场位于喜马拉雅山脉北麓西藏自治区山南市措美县哲古镇,风力资源丰富,海拔 5 000 米左右,是目前世界海拔最高的风电场,也是西藏自治区首个分散式风电项目。哲古风电场总装机 22 兆瓦,年等效满负荷利用时间可达 2 600 小时左右,年上网电量可达 6 000万千瓦·时左右,相当于减少使用 1.8 万吨左右标准煤,减排二氧化碳 4.5 万吨左右,还可以通过与当地哲古湖旅游景区开发建设深度融合,成为哲古湖旅游景区的地标性设施,在有效改善当地能源结构的同时,为振兴乡村经济、实现"双碳"目标("双碳",即"碳达峰"与"碳中和",2020 年 9 月我国明确提出力争 2030 年前实现"碳达峰",2060 年前实现"碳中和")和促进高海拔地区社会经济的发展提供动力。同年国家能源局在《关于 2021 年风电、光伏发电开发建设有关事项的通知(征求意见稿)》中提出,积极推进分散式风电建设,启动"千乡万村驭风计划",为乡村创造良好的经济效益添砖加瓦。

高海拔地区辐射强烈、空气稀薄、植被稀少、昼夜温差大,自然环境与低海拔地区存在明显不同。参与安装装配的工作人员身体状况应适应高海拔地区的作业环境,尤其是针对高原反应,应备足够的应急物资。高海拔涉及的机电设备应选用抗辐射、耐严寒、冷热交替下收缩膨胀系数小的材质。安装装配时应注意以下事项。

(1)针对裸露在外的塔架、机舱和叶片表面,应刷涂具有抗辐射和抗老化功能的涂料。

(2)如果所处区域存在凝露凝冻现象,塔架、机舱和叶片均需采用抗凝露凝冻措施,包括特殊情形下给予人工干预除露除冻,降低对叶片气动性能和塔架、机舱强度的不利影响。

(3)所有针对机械零件及构件的润滑油脂均需具有良好的低温流动性,可采用防冻型润滑油脂。风机塔架基础如位于冻土地带上,应将基础深入至永冻层,确保基础牢固。

（4）由于高原地区生态较之平原低海拔地区脆弱，润滑废油和电气碳粉均应及时收集，避免造成环境污染。

（5）高海拔地区雷电活动频繁，细长的叶片极易成为雷击对象，应在叶片表面安装接闪装置，设置冗余地线，保护高海拔风机免收雷电袭击。

任务三　风力发电机组中偏航系统的认知

任务描述

常见陆上或海上风力发电机组均为水平轴风力发电机组，水平轴风力发电机组对风向要求较之垂直轴风力发电机组更高，面对高空时常变化的风向，需要通过偏航及时调整机舱迎风角度和姿态，提高发电效率，获得更多的发电收益或在极端风速情形下保护风机叶轮，因此，对风力发电机组中的偏航系统进行了解和认知，将有助于针对风力发电机组中偏航系统实施安装和维护。

知识链接

一、偏航系统的定义

偏航系统，又称对风装置，位于风力发电机组机舱内，当风向发生变化时，能够调整机舱姿态实现重新对准风向或在极端情形下保护风机叶轮，以便风机叶轮持续捕获最大风能，是风力发电机高效利用风能的重要机构。

二、偏航系统的作用

风力发电机组偏航系统最主要的作用是自动对风、自动解缆和叶轮保护。一是与风电机组的控制系统相互配合，使风电机组的风轮始终处于迎风状态，充分利用风能，提高风电机组的发电效率，同时在风向相对固定时提供必要的锁紧力矩，以保障风电机组的安全运行。二是偏航过程中，机舱会顺时针或逆时针旋转摆动以对准风向，但是由于机舱内布置了电缆，如图 2.27 所示，当旋转摆动到达一定程度时，为防止电缆拉扯断裂，需要反向旋转摆动从而释放拉力，实现解缆。在极端情形下，偏航系统可以触发风机叶轮停止旋转，从而起到叶轮保护作用。

偏航系统的主要作用总结如下。

（1）当风速小于额定风速时，与风力发电机组的控制系统相互配合，使风力发电机的风轮始终处于迎风状态，充分捕获风能，提高风力发电机组的发电效率。

（2）当风速超过额定风速后，使风力发电机的风轮偏离迎风状态，降低风轮转速，提供调速功能。

（3）当风速超过风力发电机的切出风速时，使风轮平面顺风，降低风轮转速，提供安全

图 2.27　机舱里的线缆

保障功能。

（4）提供必要的阻尼力矩和锁紧力矩，以保障风力发电机组的稳定安全运行。

三、偏航系统的分类

偏航系统可分为被动偏航系统和主动偏航系统两种。被动偏航系统是当风轮偏离风向时，利用风压产生绕塔架的转矩使风轮对准风向，若是上风向，则必须有尾舵；若是下风向，则利用风轮偏离后推力产生的恢复力矩对风。但对大型风电机组很少采用被动偏航系统，被动偏航系统不能实现电缆自动解扭，易发生电缆过扭故障。主动偏航则是采用电力或液压驱动的方式让机舱通过齿轮传动使风轮对准风向来完成对风动作。

四、偏航系统的工作原理

以江苏为例，冬季盛行西北风，夏季盛行东南风，春季和秋季则在西北风和东南风之间交换（交替变化北风、东风、东北风等），风向不稳定。这就需要风机叶轮逐步调整角度和姿态，从冬季对准西北方向逐渐转变为夏季对准东南方向，风向信号由风向仪测量获取，风机叶轮旋转摆动由受风尾舵或偏航电动提供动力，实现偏航对风动作。

（1）小型风力发电机组主要选择被动偏航，例如风光互补型路灯中的风力发电机组选择利用尾舵进行被动偏航对准风向，如图 2.28 所示。尾舵迎风时，当风向行进平面与尾舵所在平面不平行，即存在夹角时，如图 2.29(a) 所示，风力将作用于尾舵，使其旋转摆动；当尾舵旋转摆动至如图 2.29(b) 所示，即风向行进平面与尾舵所在平面平行，不再存在夹角，则风力不再作用于尾舵，尾舵对准风向，被动偏航完成。

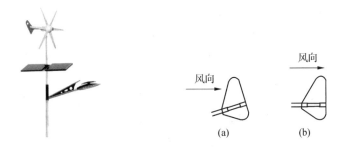

图 2.28　被动偏航的风光互补型路灯　　图 2.29　尾舵迎风示意图

（2）大型风力发电机组主要选择主动偏航，不设置尾舵。如图 2.30 所示，通过将风向仪测量获取的风向信号传送至风力发电机中的偏航控制系统，控制偏航电动驱动机舱旋转摆动对准风向，实现主动偏航。

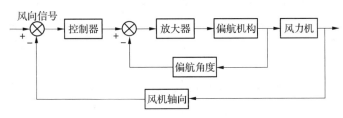

图 2.30　偏航控制原理图

五、偏航系统的技术要求

偏航系统应能在−40 ～50 ℃的环境温度下正常工作，其工作寿命应大于 20 年。

应根据典型值或可变条件的限制，确定设计用的气候条件。选择设计值时，应考虑几种气候条件同时出现的可能性。在正常限制范围内，气候条件的变化应不影响所设计的风力发电机组偏航系统的正常运行。

六、偏航系统的设计要求

偏航系统的设计应符合《风力发电机组设计要求》（GB/T 18451.1—2012）的有关规定，且应采用失效安全设计。

（1）检测装置。风力发电机组的偏航系统应设有地理方位检测装置、偏航计数器和风向仪。

（2）偏航转速。偏航过程中，应有合适的阻尼力矩，以保证偏航平稳、定位准确。

对于并网型风力发电机组的运行状态来说，风轮轴和叶片轴在机组的正常运行时不可避免地产生陀螺力矩，这个力矩过大将对风力发电机组的寿命和安全造成影响。为减少这个力矩对风力发电机组的影响，偏航系统的偏航转速应根据风力发电机组功率的大小通过偏航系统力学分析来确定。根据实际生产和目前国内已安装的机型的实际状况，偏航系统的偏航转速的推荐值见表 2.2。

表 2.2　并网型风力发电机组偏航转速推荐值

风力发电机组功率(kW)	100～200	250～350	500～700	800～1 000	1 200～1 500
偏航转速(r/min)	≤0.3	≤0.18	≤0.1	≤0.092	≤0.085

偏航系统必须设置润滑装置,一般采用润滑脂和润滑油相结合的润滑方式。应定期更换润滑油和润滑脂,以保证驱动齿轮和偏航齿圈的润滑。

偏航系统必须采取密封措施,并对各组成部件进行表面处理,以适应风力发电机组的工作环境。特殊工况应采取特别的措施。

(3)解缆和扭缆保护。解缆和扭缆保护是风力发电机组偏航系统所必须具有的主要功能。偏航系统的偏航动作会导致机舱和塔架之间的连接电缆发生扭绞,所以在偏航系统中应设置与方向有关的计数装置或类似的程序对电缆的扭绞程度进行检测。

一般对于主动偏航系统来说,检测装置或类似的程序应在电缆达到规定的扭绞角度之前发出解缆信号;对于被动偏航系统检测装置或类似的程序,应在电缆达到危险的扭绞角度之前禁止机舱继续同向旋转,并进行人工解缆。

偏航系统的解缆一般分为初级解缆和终级解缆。初级解缆是在一定的条件下进行的,一般与偏航圈数和风速相关。纽缆保护装置是风力发电机组偏航系统必须具有的装置,此装置的控制逻辑应具有最高级别的权限,一旦此装置被触发,则风力发电机组必须进行紧急停机。

(4)密封。偏航系统必须采取密封措施,以保证系统内的清洁和相邻部件之间的运动不会产生有害的影响。

(5)表面防腐处理。偏航系统各组成部件的表面处理必须适应风力发电机组的工作环境。风力发电机组比较典型的工作环境除风况之外,其他环境(气候)条件,如热、光、腐蚀、机械、电或其他物理作用应加以考虑。

任务实施

风力发电机组中的偏航系统认知

一、偏航系统的构成

【微信扫码】
偏航系统的组成与结构

偏航系统由偏航轴承、偏航驱动装置、偏航制动装置、偏航计数器、接近开关、风速风向仪等部分构成。

(1)偏航轴承。多为双圈构造,如图 2.31 所示,其中一圈固定不旋转,一圈活动旋转。偏航轴承上内圈或外圈位置带有齿轮,内圈带有齿轮的偏航轴承其外圈放置偏航电机,外圈带有齿轮的偏航轴承其内圈放置偏航电机,偏航电机数量为 4 个,均匀分布在偏航轴承外侧。

图 2.31 外圈和内圈带有齿轮的偏航轴承示意图

(2)偏航驱动装置。偏航驱动装置用于提供偏航运动的动力,在对风和解缆时,偏航驱动装置驱动机舱相对于塔架旋转。驱动装置的结构如图 2.32 所示,由电动机、减速器、传动齿轮、轮齿闸整机构等组成。一般驱动电动机安置在机舱中,通过减速器驱动输出轴上的小齿轮,与属于固定塔架上的偏航大齿圈啮合,驱动机舱偏航对风或解缆。由于偏航速度低,驱动装减速器一般采用立式行星减速器。传动齿轮一般采用渐开线圆柱齿轮。

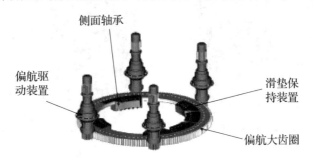

图 2.32　偏航驱动装置结构

偏航电机即偏航电动机,按照供电类型的不同可分为交流电机和直流电机,交流电机结构简单,体积较大;直流电机结构复杂,体积较小,调速性能比交流电机更好。同时风力发电机组内部空间有限,故偏航电机多选择直流电机。如图 2.33 所示,偏航电机通过带动与之相连的偏航齿轮箱小齿轮啮合偏航轴承上的大齿轮,偏航轴承上的大齿轮与机舱通过法兰相连,从而机舱随大齿轮旋转摆动对准风向或进行解缆。

图 2.33　偏航电机位置示意图

(3) 偏航制动装置。主要用于风电机组不偏航时,避免机舱因偏航干扰力矩而做偏航振荡运动,防止损伤偏航驱动装置。

偏航制动装置由制动盘和偏航制动器组成。制动盘通常位于塔架或塔架与机舱的适配器上,一般为环状,制动盘的材质应具有足够的强度和韧性,如果采用焊接连接,材质还应具有比较好的可焊性,此外,在机组寿命期内制动盘不应出现疲劳损坏。制动盘的连接、固定必须可靠牢固。偏航制动器是偏航系统中的重要部件,在机组偏航过程中,制动器提供的阻尼力矩应保持平稳。一般采用液压拖动的钳盘式制动器,如图 2.34 所示。

图 2.34　偏航制动器

(4) 偏航计数器。偏航系统中都设有偏航计数器,如图 2.35 所示。偏航计数器是记录偏航系统旋转圈数的装置,当偏航系统的偏航圈数达到设计所规定的初级解缆和终级解缆圈数时,计数器给控制系统发信号使机组自动进行解缆。计数器的设定条件是根据机组悬垂部分的电缆不至于产生过度扭绞使电缆断裂来确定的,其原则是要小于电缆所允许扭转的角度。

图 2.35　偏航计数器

图 2.36　接近开关

　　偏航计数器是一个带控制开关的涡轮蜗杆装置,一般有两种类型:一类是机械式,带有一套齿轮减速系统,当位移到达设定位置时,传感器即接通触点(或行程开关)启动解缆程序解缆;另一类是电子式,由控制器检测两个在偏航齿环(或与其啮合的齿轮)近旁的接近开关发出的脉冲,识别并累积机舱在每个方向上转过的净齿数(位置),当达到设定值时,控制器即启动解缆程序解缆。

　　(5)接近开关。接近开关是一个光传感器,利用偏航齿圈齿的高低不同而使得光信号不同的原理进行工作,采集光信号并计数。通过一左一右 2 个接近开关采集的信号,控制系统控制机组偏航不超过设定角度,防止线缆缠绕。

图 2.37　风速风向仪

　　接近开关是安装到支架上的,如图 2.36 所示,调整背紧螺母可以调整接近开关和偏航齿圈齿顶之间的距离,为准确采集光信号,两者距离应保持在 2.0~4.0 mm。

　　(6)风向仪。风向仪也称为风向标(图 2.37),其功能是采集实时风向。风向仪的接线包括 6 根线,分别是 2 根电源线、2 根信号线和 2 根加热线。目前每台机组上有两个风向仪,风向仪的 N 指向机尾,偏航时取 1 min 平均风向。

二、偏航系统的控制要求

【微信扫码】
偏航系统的控制

　　偏航系统的控制要求是围绕偏航系统的主要作用来进行的,要求响应迅速、运转稳定,考虑到高空风速风向频繁变化及偏航系统自身的惯性,偏航角度允许存在一定误差,误差控制在 ±10° 内为宜,控制系统大多通过工控机 PLC 结合变频器来实现对偏航电机的变频调速。

　　1. 自动偏航

　　当风速在风力发电机组工作风速范围之内时,应根据偏航轴承、偏航齿轮箱精密度、偏航电机旋转灵敏度来确定每次偏航的调整角度,尽量使得风机叶轮扫掠面与风向垂直。相应的偏航控制可以通过偏航计数器,即通过偏航齿轮箱上轮齿旋转过的数量进行计数,从而计算出机舱偏航角度。

2. 测风控制

当风速超出风力发电机组工作风速范围时,应立即启动侧风偏航,即尽量使得风机叶轮扫掠面与风向平行,将风机叶轮迎风面积和受风作用力降到最小。与风向垂直的风机叶轮扫掠面角度定义为 0°,则与风向平行的风机叶轮扫掠面角度为 90°,即所谓的 90°侧风偏航,保护风机叶轮不被极端情形下的大风损毁。

3. 人工偏航控制

人工偏航是指在自动偏航失败、人工解缆或者在需要维修时,通过人工指令来进行的风力发电机偏航措施。

人工偏航控制过程如下。首先检测人工偏航起停信号。若此时有人工偏航信号,再检测此时系统是否正在进行偏航操作。若此时系统无偏航操作,则封锁自动偏航操作;若系统此时正在进行偏航,则清除自动偏航控制标志。然后,读取人工偏航方向信号,判断与上次人工偏航方向是否一致。若一致,松偏航闸,控制偏航电动机运转,执行人工偏航;若不一致,停止偏航电动机工作,保持偏航闸为松闸状态,向相反方向进行运转并记录转向,直到检测到相应的人工偏航停止信号出现,停止偏航电动机工作,抱闸,清除人工偏航标志。

4. 自动解缆

偏航系统控制机舱随风旋转摆动时,与机舱相连的电缆也随之旋转,容易像拧麻花一样发生缠绕,旋转量过大时,容易扭断电缆,因此当机舱随风旋转摆动到一定角度或圈数时,需要进行解缆操作。解缆应尽量在风机叶轮停机时进行,如在风力发电机正常运行期间触发解缆请求,则应强制停机进行解缆。

不同的风力发电机需要解缆时的缠绕圈数都有其规定。当达到其规定的解缆圈数时,系统应自动解缆,此时起动偏航电动机向相反方向转动缠绕圈数解缆,将机舱返回电缆无缠绕位置。若因故障,自动解缆未起作用,风力发电机也规定了一个极值圈数,在扭缆达到极值圈数左右时,扭缆开关动作,报扭缆故障,停机等待人工解缆。在自动解缆过程中,必须屏蔽自动偏航动作。

5. 阻尼制动

为了保证制动过程的稳定性,风力发电机组偏航系统中的阻尼制动装置都是成对对称分布的,至少由 2 组 4 个制动盘组成。

阻尼制动的工作过程:当风力发电机收到偏航指令时,制动机构动作,根据风速、风向及偏航系统调向的速度,来确定阻尼力矩的大小。阻尼力矩大小的调节是通过调节比例阀的开度的大小,来调节液压流量的大小和液压力的大小。液压力大小改变的同时也改变了制动力矩的大小,制动力矩大小的变化也就反映了阻尼力矩大小的变化。

实践训练

针对电机的控制通常从控制电机的转向、转速和旋转时长 3 个方面来实现针对电机工作过程的控制,针对特定功能的电机控制(如多段速控制)可以通过变频器内置 PLC 功能来实现,针对较为复杂的过程控制,则需要 PLC 联合变频器共同进行控制,请根据给出的任务实施单,利用 PLC 联合变频器及变频器内置 PLC 功能实现偏航电机紧急停机、解缆及正常工作下的调速。

风力发电机偏航电机偏航控制任务实施单

实践项目实现功能			正常工作	解缆	紧急停机
PLC 联合变频器	硬件连接	主电路接线			
		控制电路接线			
	软件编程	绘制 PLC 梯形图			
		选择变频器功能码			
		设置变频器功能码参数			
变频器内置 PLC	硬件连接	主电路接线			
		控制电路接线			
	软件编程	选择变频器功能码			
		设置变频器功能码参数			

知识拓展

冰雪天地中的低温风电

中国三峡集团庄河海上风电项目位于辽宁省大连市庄河附近海域,如图 2.38 所示,是东北地区首个海上风电项目,同时也是我国北方地区已建成的最大海上风电项目,也是我国境内目前纬度最高最寒冷的海上风电场,为适应东北地区的冰雪气候,庄河海上风电场中的风机为具有低温特点的风力发电机组。风电场南北长 8.6 千米,东西长 7.7 千米,涉海面积约 47.7 平方千米,场址中心距离岸线约 22.2 千米,平均水深约 20 米。项目总装机容量 300 兆瓦,与同等规模的燃煤电厂相比,年可节约标准煤约 23 万吨,减少灰渣约 5.53 万吨,减排二氧化硫约 0.6 万吨,减排二氧化碳约 63.7 万吨,具有显著的经济效益、社会效益和生态效益。

图 2.38　辽宁庄河海上风电场

庄河海上风电项目自 2017 年海上主体工程正式开工建设以来,克服了恶劣天气突发、海域地形复杂、水深跨度较大等施工难点,攻克了海上风电抗冰难题,实现了国内首座寒冷海域海上升压站的吊装。以国产 GW171-6.45MW 机组为例,单座风机轮毂中心高度超过 106 米,重量超过 400 吨,距离海面约 30 多层楼高,是名副其实的海上"巨无霸"。风机单支叶片长度逾80 米,超过波音 747 的翼展,叶轮扫风面积超过 22 000 平方米,接近 3 个足球场的大小,充分诠释了中国制造的实力与安装建设人员的精湛技艺。

北方低温风电与东部或南方的非低温风电最大的区别在于环境温度的不同。低温风电场的极端生存温度为迄今向前追溯至少 10 年以上的时间跨度内,风电场所处环境温度极小值的平均值。低温型风力发电机组通常的运行温度范围为 −30～+40 ℃,生存温度为 −40～+50 ℃。低温型风力发电机组中的机械构件应特别注意在极端低温下,锻件、铸铁件、铸钢件不应有金属低温冷脆现象发生。同时,密封件(密封圈、密封胶等)和润滑油脂均应能适应低温环境,必要时可配备加热装置。

低温型风力发电机组在进行安装时,应充分考虑风机组表面覆冰情况的处理和温度传感器的安装。庄河海上风电项目所处的渤海与黄海北部,在年末的 12 月至来年的 3 月为海冰期,期间海面上为海水海冰混合状态,日照时间短,海雾明显,低温的水气冻结在风机裸露的叶片、机舱和塔架表面,形成附着的积冰,严重影响风力发电机组的运行效力,极端情形下甚至导致叶片损毁或塔架坍塌。针对积冰的去除,通常有被动去冰和主动去冰两种类型的方法。被动去冰可以通过在叶片表面刷涂超疏水涂层,阻止海雾附着或者增加叶片表面颜色深度,利用深色吸热原理借助白天太阳辐射的热量进行去冰。主动去冰为在叶片表面敷设电加热带或通过提升叶片内部空间温度或通过外力进行去冰作业,使表面积冰融化或脱落,如图 2.39 所示。

图 2.39　直升机去冰

为避免单个温度传感器失效,造成加热装置失能,对于重要的机械构件应在不同位置安装多个温度传感器,获取不同区域的温度信息,掌握温度的动态变化。

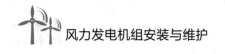
任务四　风力发电机组中变桨系统的认知

任务描述

偏航系统是从调整机舱,即风机叶轮整体入手来调整迎风角度和姿态。为了进一步提高发电效率,获得更多的发电收益或在极端风速情形下更好地保护风机叶轮,需要通过变桨系统对风机叶轮中的叶片迎风角度和姿态进行局部再调节,因此,对风力发电机组中的变桨系统进行了解和认知,将有助于针对风力发电机组中变桨系统实施安装和维护。

知识链接

一、变桨系统的定义

变桨系统,控制并调整风力发电机组叶片桨距角的装置,位于风机叶轮中的叶片根部,当风向发生变化时,变桨系统驱使叶片旋转,在顺桨与开桨姿态间调整,对准风向或在极端情形下保护风机叶轮,以便进一步提升风机叶轮捕获的风能,亦是风力发电机高效利用风能的重要机构。

顺桨即风轮叶片的几何攻角改变到风轮叶片趋近零升力的状态。开桨即风轮叶片的几何攻角改变到风轮叶片在允许范围内最大升力的状态。变桨距系统在风力发电机组控制系统控制下进行的顺桨过程为正常顺桨,变桨距系统不受风力发电机组控制系统控制自主进行的顺桨过程为紧急顺桨。

二、变桨系统的作用

风机叶轮中的叶片如果为固定不可调整状态,即为定桨情形;如果为不固定可调整状态,即为变桨情形。

轮毂结构如图 2.40 所示,定桨时风机叶轮中的叶片与轮毂为固定非活动连接,叶片的桨距角不变,桨距角是指风机叶片与风轮平面的夹角。由于定桨时桨距角,无法根据风向变化对风,但仍可在极端风速情形下通过被动失速保护风机叶轮。

图 2.40　轮毂示意图

变桨时风机叶轮中的叶片与轮毂为活动非固定连接,叶片的桨距角随风向风速变化,调整风力发电机为额定功率输出。当输出功率小于额定功率时,桨距角保持在迎风开桨姿态;当输出功率达到额定功率后,桨距角根据风向风速变化在开桨与顺桨姿态间调整,使风力发电机保持稳定的额定功率输出。

三、变桨系统的工作原理

风机叶轮中的叶片上下表面从形状上看为非对称状态,即凹凸性不一致。空气气流经过凸面时,流速大压强小;空气气流经过凹面时,流速小压强大。因此,会产生由凹面指向凸面的升力,推动叶片旋转运动,这与飞机机翼获取的升力类似。

定桨情形下,随着风速的不断增加,升力并不会无限制增大,而是先增大,达到一定风速后,空气气流流经叶片后在叶片后面形成尾流,即尾部涡流或湍流会增大继而影响叶片凹凸面升力,致其迅速减小,叶片旋转丧失推动力,形成定桨下的叶片被动失速,这与飞机失控下坠情况下因速度过快而丧失爬升力的失速情形是类似的。

变桨系统通过改变大型风力发电机组轮毂上叶片的桨距角大小,从而改变叶片迎角,由此控制叶片的升力,以达到控制作用在风轮叶片上的扭矩和功率的目的。机组启动过程中,叶片桨距角从 90°快速调节到 0°,然后实现并网。风力发电机组正常运行时,变桨角度范围为 0°～90°。正常工作时,叶片桨距角在 0°附近,当高于额定风速进行功率控制时,桨距角调节范围为 0°～25°,调节速度一般为 1°/s 左右,随着桨距角的开大,减小了翼型的升力,达到减小作用在风轮叶片上的扭矩和功率的目的,维持机组发出的功率为额定功率。制动停机过程中,桨距角可由 0°迅速调整到 90°左右,即顺桨位置,一般要求调节速度较高,紧急停机时可达 15°/s 左右。采用变桨距调节的大型现代风力发电机组,启动性好,刹车机构简单,叶片顺桨后风轮转速可以逐渐下降,额定点之前的功率输出饱满,额定点之后的输出功率平滑,风轮叶根承受的动、静载荷小。变桨系统作为基本制动系统,可以在额定功率范围内对风力发电机组转速进行有效控制。

某变桨风电机组在不同风速条件下的桨距角见表 2.3。从表中的数据可见,通过改变桨距角,在风速大幅度增加时,风轮转速被有效地控制在额定转速以下。

表 2.3　不同风速条件下的桨距角

风速(m/s)	6	8	10	12	14	16	18	20	22	24	26
风轮转速(t/min)	5	8	17	19	22	25	28	21	23	25	27
桨距角(°)	0	0	10	10	10	10	10	20	20	20	20

四、变桨系统的分类

风力发电机组变桨系统是通过改变桨距角实现功率变化来进行调节的。根据驱动动力,变桨系统可分为液压变桨和电动变桨两种。

液压变桨系统以液体压力驱动执行机构实现变桨控制;电动变桨系统以伺服电机驱动齿轮实现变桨调节功能。液压变桨系统具有可靠性高、桨叶同调性能好、调节精度高、对大惯性负载的响应速度快、便于集中布置等优点,但其也具有控制环节多、比较复杂、成本高、存在渗油、维护成本高的缺点。国外如 VESTAS 采用液压控制技术,液压变桨由液压设备提供驱动。电动变桨机构不存在漏油、卡塞等现象,结构简单、可靠,可充分利用有限的空间分散布置,更加灵活,易于控制,应用较为广泛,国外如 Enercon、Repower、Siemens、GE 等风力发电机组生产厂商均采用伺服电机驱动的电动变桨控制技术。

两种变桨方式各有优缺点,如表 2.4 所示。

表 2.4　电动变桨与液压变桨的优缺点对比

变桨方式	电动变桨	液压变桨
桨距调节性能	基本无差别,电路的响应速度比油路略快	基本无差别,油缸的执行(动作)速度比齿轮略快,响应频率快、转矩大
紧急情况下的保护	在低温下,蓄电池储存的能量下降较大;蓄电池储存的能量不容易实现监控	在低温下,蓄能器储存的能量下降较小,蓄能器储存的能量通过压力容易实现监控
主要部件寿命	主要耗件蓄电池使用寿命约 3 年	主要耗件蓄能器使用寿命约 6 年
外部配套需求	占用空间相对较大;需对齿轮进行集中润滑	占用空间小,轮毂及轴承相对较小;无需对齿轮进行润滑,减少集中润滑的润滑点
对工作环境的影响	机舱及轮毂内部清洁	容易存在漏油,造成机舱及轮毂内部油污
维护要点	蓄电池的更换	定期对液压油、滤清器进行更换

五、变桨系统的任务

变桨系统有四个主要任务,具体如下。

(1)使风力发电机组具有更好的启动性能和制动性能。机组启动和停机过程中,通过合理变桨调整桨距角,避开共振转速,使动、静载荷冲击最小化。变桨距风力发电机组在低风速启动时,叶片桨距角可以转动到合适的角度,改变风轮的启动力矩,从而使变桨距风力发电机组比定桨距机组更容易启动。当风力发电机组需要脱离电网时,变桨距系统先转动叶片桨距角使之减小功率,在发电机与电网断开之前,功率减小到 0,也就是当发电机与电网脱开时,没有转矩作用到机组,避免了定桨距风力发电机组脱网时所经历的突甩负载的过程。

(2)额定风速以上,通过调整桨距角把风力发电机组转速控制在规定的额定转速附近,使发电机的功率稳定输出。当风速超过额定风速后,机组进入保持额定功率状态。通过变桨距机构动作,增大桨距角,减小风能利用系数,从而减少风轮捕获的风能,使发电机的输出功率维持在额定值。

(3)当安全链被打开时,变桨机构作为空气动力制动装置把叶片转回到停机位置。

(4)变桨距技术使桨叶和整机的受力状况大为改善,通过衰减风轮交互作用引起的振动使风力发电机组上的机械载荷极小化。

六、变桨系统的工作状态

变桨距风电机组根据变桨系统所起的作用可分为三种运行状态,即风电机组的起动状态(转速控制)、欠功率状态(不控制)和额定功率状态(功率控制)。

（1）起动状态。变桨距风轮的桨叶在静止时其桨距角为 90°（图 2.41），此时气流对桨叶不产生转矩，整个桨叶相当于一块阻尼板。当风速达到起动风速时，桨叶向 0°方向转动，直到气流对桨叶产生一定的攻角，风轮开始转动。为了使控制过程比较简单，早期的变桨距风力发电机组在转速达到发电机同步转速前对桨距角并不加以控制。在这种情况下，桨距只是按所设定的变距速度将桨距角向 0°方向打开，直到发电机转速上升到同步转速附近，变桨系统才开始投入工作。转速控制的给定值是恒定的，即同步转速。转速反馈信号与给定值进行比较，当转速超过同步转速时，桨距就向迎风面积减小的方向转动若干角度，反之则向迎风面面积增大的方向转动若干角度。当转速在同步转速附近保持一定时间达到稳定后发电机即并入电网。

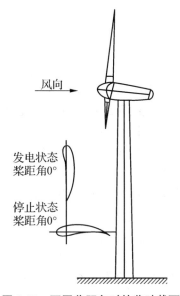

风向

发电状态
桨距角0°

停止状态
桨距角0°

图 2.41　不同桨距角时的桨叶截面

（2）欠功率状态。欠功率状态是指发电机并入电网后，由于风速低于额定风速，发电机在额定功率以下的低功率状态运行。在早期的变桨距风力发电机组中，对欠功率状态不加控制。这时的变桨距风力发电机组与定桨距风力发电机组相同，其功率输出完全取决于桨叶的气动性能，而目前的变桨距风力发电机组会自动调节桨距角的变化使风机运行在最佳状态。

（3）额定功率状态。当风速达到或超过额定风速后，风力发电机组进入额定功率状态。在传统的变桨距控制方式下，将转速控制切换到功率控制，变桨系统开始根据发电机的功率信号进行控制。当控制信号的给定值是恒定的，即额定功率时，功率反馈信号与给定值进行比较，当功率超过额定功率时，桨叶节距就向迎风面积减小的方向转动若干角度，反之则向迎风面积增大的方向转动若干角度。由于变桨系统的响应速度受到惯性限制，对快速变化的风速，通过改变桨距无法达到较好控制输出功率的效果。为了优化功率曲线，变桨距风力发电机组在进行功率控制的过程中，不再选取功率反馈作为直接控制桨距的变量。变桨系统由风速的低频分量和发电机转速控制，风速的高频分量产生的机械能波动，通过迅速改变发电机的转速来进行平衡，即通过转子电流控制器对发电机转差率进行控制。当风速高于额定风速时，允许发电机转速升高，将瞬变的风能以风轮动能的形式储存起来，转速降低，再

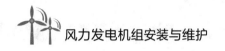
将动能释放出来,使功率控制达到理想的状态。

七、变桨距控制的特点

(1)输出功率特性好。变桨距风力发电机组与定桨距风力发电机组相比,具有在额定功率以上输出功率平稳的特点。变桨距风力发电机组的功率调节不完全依靠桨叶的气动性能。当功率在额定功率以下时,控制器将桨距角置于0°附近,不作变化,可以认为等同于定桨距风力发电机组,发电机的功率根据桨叶的气动性能随风速的变化而变化。当功率超过额定功率时,变桨距机构开始工作,调整桨距角,将发电机的输出功率限定在额定值附近。

(2)风能利用率高。变桨距风力发电机组与定桨距风力发电机组相比,在相同的额定功率点,额定风速比定桨距风力发电机组要低。对于变桨距风力发电机组,由于桨距可以控制,无须担心风速超过额定点后的功率控制问题,从而使额定功率点仍然具有较高的功率系数。

(3)额定功率时间长。由于变桨距风力发电机组的桨距角是根据风力发电机组输出功率的反馈信号来控制的,它不受气流密度变化的影响。故无论是由于温度变化还是由于海拔引起的空气密度的变化,变桨系统都能够通过调节桨距角,使之获得额定功率输出。这对于功率输出完全依靠桨叶气动性能的定桨距风力发电机组来说,大大扩大了风力发电机组的使用区域,延长了使用时间,具有明显的优越性。

(4)起动与制动性能好。变桨距风力发电机组在低风速时,桨距角可以调节到合适的角度,使桨叶具有最大的起动力矩,从而使变桨距风力发电机组比定桨距风力发电机组更容易起动。在风速很高或者风力发电机组出现故障时,一般需要紧急停机,这时一般先使桨叶顺桨,这样风力发电机组受力最小,大大降低了制动力矩。

(5)机械部件的寿命长。定桨距风力发电机组桨叶的桨距角是固定的,即桨叶按照桨距角固定地安装在轮毂上。在风速高于额定风速时,它根据桨叶的失速特性或者使用叶尖扰流器来使风力发电机组的输出功率限定在额定功率附近。这种情况下,噪声常常会突然增加,引起风力发电机组的振动和机械部件的受力增大,并且导致运行不稳定等现象。而使用变桨距风力发电机组可以通过调节桨距角,从而改变风力发电机组的受力情况,以达到减少机械部件的损耗和振动。

任务实施

风力发电机组中的变桨系统认知

一、变桨系统的构成

【微信扫码】
变桨装置的结构

现代大型风力发电机组一般采用三叶片,分别装有独立的电动变桨系统。三叶片独立变桨的电动变桨距系统一般由3套相同系统组成,包括变桨距伺服电动机、伺服驱动器、减速器、叶片变桨距轴承、独立的轴控制箱和一套轮毂主控系统、蓄电池、传感器部分等。其中传感器部分包括桨叶角位置传感器(叶片编码器和电机编码器)和2个限位开关。伺服电动机连接减速器,通过主动齿轮与变桨距轴承内齿圈相啮合,带动桨叶进行转动,实现对叶片桨距角的控制。图 2.42 所示为轮毂中的变桨系统结构示意图。图 2.43 所示为电动变桨距机械传动示意图。

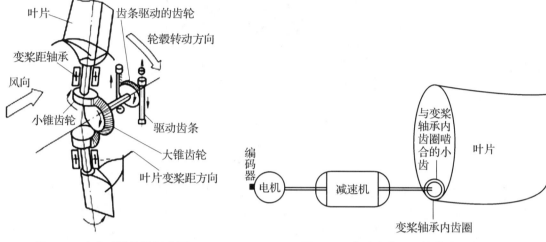

图 2.42　变桨系统结构示意图　　　　图 2.43　电动变桨距机械传动示意图

1. 轮毂

轮毂(图 2.44)为风机叶片根部和风机机舱头部的连接件,将叶轮的旋转传动给机舱里的主轴,带动主轴随之旋转。轮毂有 4 处开孔,3 个孔相互间隔 120° 为连接叶片,第 4 个孔为连接机舱。轮毂与机舱始终为非活动固定连接,变桨情形下轮毂与叶片为活动非固定连接。

【微信扫码】
轮毂的技术要求与结构

图 2.44　轮毂形状实物图

2. 变桨轴承

变桨轴承为变桨执行装置(图 2.45)组成部分,变桨情形下轮毂与叶片为活动非固定连接,两者之间通过变桨轴承相连。变桨轴承为双圈构造,外圈与轮毂外壳相连,内圈带有齿轮。

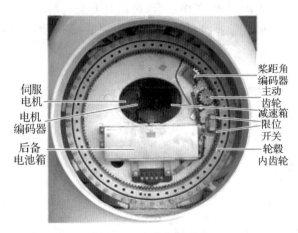

图 2.45　变浆执行装置

变浆轴承与偏航轴承的区别：偏航时由于风向时常变化且机舱内设备较多,故偏航轴承在工作时需要频繁启停并承载较大惯性,传递扭矩较大,因此偏航轴承要求游隙较小,游隙即轴承滚动体与轴承内外圈壳体之间的间隙;变浆时由于风机叶片为直接承载捕捉风力的构件,故与叶片相连的变浆轴承也接收着从叶片传递过来的风力冲击载荷和振动,因此变浆轴承要求零游隙,以减少轴承内滚动体的磨损。

3. 变浆距驱动装置

变浆距驱动装置是用于驱动变浆执行装置动作的装置。电动变浆系统中的变浆驱动器为变浆伺服驱动器(或变频器)和电动机;液压变浆系统中的变浆驱动器为液压站和阀组。变浆电机多选择直流电机,如图 2.46 所示,变浆电机为变浆系统提供扭矩,变浆电机通过带动与之相连的变浆齿轮箱小齿轮啮合变浆轴承上的大齿轮,变浆轴承上的大齿轮与叶片通过法兰相连,从而叶片随大齿轮旋转摆动调整迎风角度及姿态。

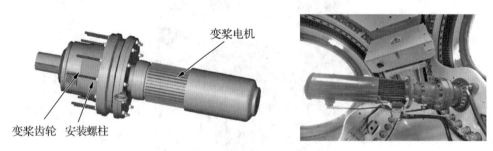

图 2.46　变浆驱动装置

4. 变浆距执行装置

变浆距执行装置是驱动风力发电机组叶片旋转,调节叶片浆距角的装置。电动变浆系统中变浆执行装置为减速器和变浆轴承;液压变浆系统中变浆执行装置为液压缸(或其他液压执行机构)、机械传动机构和变浆轴承。

5. 变浆检测装置

如图 2.47 所示,变浆检测装置主要由变浆缓冲器和限位开关组成,为防止变浆时浆距角超过极限值,分别在极限位置前和极限位置处放置了缓冲器和限位开关。当变桨轴承齿轮经过缓冲器仍继续旋转撞击到限位开关时,会触发变桨电控系统对变桨电机进行制动直至抱闸停转。

图 2.47 变桨缓冲器和限位开关示意图

6. 后备动力装置

如图 2.48 所示,后备动力装置包括铅酸蓄电池或锂电池,在风力发电机组电源失效或脱网的情形下,短时维持机电设备运转。

图 2.48 后备动力电池

(1)后备铅酸蓄电池

① 选用全密封免维护的铅酸蓄电池,无需定期测量电解液比重,实施蒸馏水添加等维护措施,将铅酸蓄电池反复充放电过程中出现的氢气和氧气重新合成为水,保证电解液体积不会在电池的使用过程中产生减少。

② 铅酸蓄电池的容量应满足变桨电机工作在规定载荷情况下在整个变桨距角范围内,完成至少三次顺桨工作。

③ 为铅酸蓄电池组配备独立空间,由于电流热效应,同时设置蓄电池温控系统保证装置在工作过程中,蓄电池本体在正常工作温度范围内。

④ 铅酸蓄电池具备防爆功能,防止极端情形下损伤周边设施。

⑤ 随着铅酸蓄电池本体化学反应的进行,检测电池温度变化自动调整蓄电池浮充电压和放电电流,保证蓄电池不过充不过放。

(2)后备锂离子电池

① 容量满足变桨电机工作在规定载荷情况下在整个变桨距角范围内完成至少两次顺

桨动作。

② 为锂离子电池组配备独立空间,由于电流热效应,同时设置电池温控系统保证装置在工作过程中,电池本体在正常工作温度范围内,防止出现过热。

③ 锂离子电池较之铅酸蓄电池体积更小,能量密度更高,因此需检测电池内部电参数,防止出现电池过充电、过放电、过压、过流或短接情形。

④ 锂离子电池能承受一定的物理振动或冲击,不起火,不爆燃。

7. 雷电保护装置

雷电保护装置在变桨系统中的具体位置如图 2.42 所示,在大齿圈下方偏左一个螺栓孔的位置装第一个雷电保护爪,然后 120°等分安装另外两个雷电保护爪。雷电保护爪主要由三部分组成,按照安装顺序,从上到下依次是垫片压板、碳纤维刷和集电爪,如图 2.49 所示。

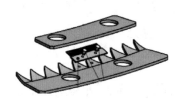

图 2.49　雷电保护装置

雷电保护装置可以有效地将作用在轮毂和叶片上的电流通过集电爪导到地面,避免雷击使风机线路损坏。碳纤维刷是为了补偿静电的不平衡,雷击通过风机的金属部分传导。在旋转和非旋转部分的过渡处采用火花放电器。

兆瓦级并网型风力发电机组的雷电保护装置都设置有额外的电刷来保护轴承及保持静电平衡。

8. 撞块装置

变桨系统的撞块装置包括变桨限位撞块和顺桨接近撞块。变桨限位撞块安装在变桨轴承内圈内侧,与缓冲块配合使用。当叶片变桨趋于最大角度时,变桨限位撞块会运行到缓冲块上起到变桨缓冲作用,以保护变桨系统,保证系统正常运行。变桨限位撞块外形如图 2.50(a)所示。

(a) 变桨限位撞块　　　　　　　　　(b) 顺桨接近撞块

图 2.50　变桨撞块装置

顺桨接近撞块安装在变桨限位撞块上,与顺桨感光装置配合使用,外形如图 2.50(b)所示。当叶片变桨趋于顺桨位置时,顺桨接近撞块就会运行到顺桨感光装置上方,顺桨感光装置接收信号后会传递给变桨系统,提示叶片已经处于顺桨位置。

二、变桨系统的控制要求

【微信扫码】
变桨控制系统的技术
要求及控制方式

变桨系统控制时应满足在风力发电机组安全链触发及其他非安全链触发故障情形下,顺利自动执行叶片顺桨,保证风力发电机组的安全。

1. 变桨系统的控制方式

（1）按照是否有桨距角信号反馈调整,可分为如下两类。

① 开环变桨控制,即在 PLC 及变频器的程控下,将桨距角由顺桨状态按照一定的顺控流程,逐步开桨至设定迎风角度,整个过程无桨距角信号反馈调节。

② 闭环变桨控制,即通过桨距角信号的不断反馈,通过 PLC 及变频器构成的程控系统进行桨距角实时调节,调节过程比开环控制下更平稳连贯。

（2）变桨系统的控制方式按照与电网的连接方式综合是否变桨可分为四类,这里的速度是指风机叶轮的转速。

① 定速定桨控制

风力发电机直接与恒频电网相连,桨距角固定无变化。

② 定速变桨控制

风力发电机直接与恒频电网相连,桨距角根据风速风向调节变化。

③ 变速定桨控制

风力发电机不与恒频电网直接相连,利用变频器作为中间体耦合体连接发电机与电网,桨距角固定无变化。

④ 变速变桨控制

风力发电机不与恒频电网直接相连,利用变频器作为中间体耦合体连接发电机与电网,桨距角根据风速风向调节变化。

2. 从功能上看

由于叶片为直接受风构件,自身尺寸大惯性大,正常运转时为无人值守模式,从安全角度着眼,变桨系统需设置手动实现变桨和程控自动变桨两种模式,其中程控自动变桨分两级控制,第一级是通过轮毂中放置的变桨控制柜实现的,第二级则是通过风力发电机组控制主机远程实现的。在特殊情形下,例如风速过大、通信故障、电网掉电时,变桨控制系统能自动完成顺桨。此外,变桨系统应具有自诊断和自保护功能,通过变桨系统中设置的各类传感器实时监控系统运行状态,在雷击、变桨系统温度过高等情形下自动做出保护反应。

3. 从性能上看

由于风速变化无常,变桨系统需具备一定的短时过载裕量,在特殊情形下如果出现风力发电机输出端电压大幅降低,应能实现低压穿越,一定时长内保证风力发电机不脱离电网而继续维持运行。同时变桨系统与风机叶轮、传动系统均有关联,机械强度上应能承受频繁振动。

实践训练

变桨轴承齿轮和变桨电机齿轮之间啮合度的优劣,关系到变桨传动是否顺畅有效,因此在装配过程中,测量变桨轴承齿轮和变桨电机齿轮之间的啮合度是非常有必要的。根据给出的任务实施单进行如下操作。

(1)压铅法测量:压铅即压铅丝,将铅丝用胶或油脂粘在齿轮上,置于变桨轴承齿轮和变桨电机齿轮2副齿轮的啮合部。所选铅丝直径需小于被测齿轮侧面间隙宽度的4倍,铅丝长度需大于5个齿距的长度,然后均匀转动齿轮,挤压啮合部里的铅丝,最后用游标尺分别测量最厚部分和最薄部分的厚度,即为2副齿轮间的顶间隙和侧间隙测量值。

(2)涂色法测量:在主动齿轮上涂色,从动齿轮在主动齿轮旋转时轻微制动,以便在齿轮表面留下色块。色块在齿面上的位置需是清晰、均匀、对称的,要求色块面积占齿面面积的高度方面不低于30%~50%,宽度不低于50%~70%。

风力发电机变桨轴承与变桨电机齿轮啮合度测量任务实施单

实践项目	测量值	测量次数					平均值
		1	2	3	4	5	
压铅法	齿轮顶间隙(mm)						
	齿轮侧间隙(mm)						
涂色法	齿面色块高度(mm)						

知识拓展

走进三峡广东阳江风电场

2021年中央电视台《我和我的祖国》科技中国篇走进中国三峡集团广东阳江海上风电场,伴随着全球首台抗台风型漂浮式海上风电机组落户南海,中国风机大踏步开启了走向深蓝的逐浪之旅。

广东省位于我国东南沿海,地处热带和亚热带季风气候区,下辖海岸线长度达4 100千米左右,近海海域面积达42万平方千米左右,受季风和海洋暖湿气流影响,拥有丰富的海上风能资源,5~50米水深海域并70米高空的海上风电,预计可开发风能资源可达到5亿千瓦。浙江省、福建省南部及北部、广东省东部及中部沿海为我国70米高度50年一遇最大风速一类分布区,夏季沿海海域热带气旋出现频繁,极易发展成为热带台风。

三峡阳江沙扒海上风电场(图2.51)位于广东省阳江市沙扒镇南面海域,所在海域水深范围为21~26米,离岸最短距离约16千米,配备海上升压站和陆上集控中心。三峡阳江海上风电场在建设过程中,工程管理、技术和建设人员攻克了多项技术难题,创造了多项国内第一和世界首次,在平凡岗位上用辛勤的汗水、坚强的意志和聪明的才智铸就了中国风电的不平凡。

图 2.51　广东阳江海上风电场

（1）国内相同容量下自重最轻的海上升压站：三峡阳江1期30万千瓦海上升压站，长约42米、宽约39米、高约36米，总重量约2 700吨，是国内相同容量下自重最轻的海上升压站。在保证实现升压功能的前提下，海上升压站自重的减轻，可以缓解升压站海上基础的压力。

（2）国内单体容量最大的海上升压站：三峡阳江3～5期90万千瓦海上升压站，长约53米、宽约41米、高约37米，总重量超过4 000吨，为目前国内单体容量最大的海上升压站。

（3）全球首台抗台风型漂浮式海上风电机组：阳江漂浮式海上风电机组的基础平台根据承受50年一遇的极端风况和浪流设计，漂浮式平台排水量约1.3万吨，与一艘万吨级巨轮的排水量相当。相较于固定于近海海床的传统风电机组，漂浮式风电机组漂浮于深水远海，在捕获远海海域丰沛优质风电资源的同时，不影响近海渔业和水产养殖业的生产及通航作业等活动，而风力发电机组从陆至海、从浅至深、从固定至漂浮的演变，必然会成为未来风电场建设的不变趋势。

抗台风型风力发电机组在台风情形下，应能处于关机或空转状态，风力发电机组各机械构件的疲劳强度和极限强度及子系统运行工况应留有一定裕量。风力发电机组应能承受与电网断开6小时，但与电网中断，不应超过一周时长。台风侵袭下，风力发电机组较之正常工况下的振动要剧烈得多，因此塔架、叶轮、机舱等安装减振装置。同时台风通常会伴随暴雨，轮毂罩和机舱罩需安装高强度高密封性的密封件，防止雨水倒灌进入风机内部。台风中置于机舱外部的风速仪和风向仪也应能保证正常工作，为风力发电机组提供准确的台风风向、风速等即时信息。高等级台风还会伴随雷暴活动，不论风机外部还是内部的所有金属外壳及电缆接头均应做好接地防护，避雷及防止金属外壳感应带电。台风下的变桨系统及偏航系统应能控制风机姿态处于最小迎风状态，叶片顺桨，叶轮自由空转，机舱与风向平行。为尽量减弱台风对风机安装所带来的不利影响，应合理制订风机安装工期，以东南沿海为例，应避开7月、8月和10月，因为通常7～8月间台风等级低但数量多，10月间台风数量少但等级高，均不利于风力发电机组安装施工。台风如未完全过境，应严格执行不得开机；如已过境，应在机组充分检查的基础上，确认风机状态正常及环境风速正常下，方可启动开机。

在晴好天气下，三峡阳江风电场单艘施工船单月可以完成吊装10台6.45兆瓦大容量风机，以平均单台用时3天，最快单台仅用时2天的吊装速度，创造了国内海上风机吊装速度新纪录。而海上升压站的吊装仅用时9小时，刷新了我国南海海上升压站吊装的时间纪录。而这些不平凡的成绩都是三峡阳江风电场平凡岗位中的工程管理、技术和建设人员创造出来的。2021年央视《瞬间中国（第四季）》记录了三峡阳江风电场安装过程中的极致瞬间和

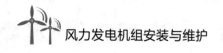

感人细节。安装现场中，风机单支叶片重约36吨，三支叶片及轮毂总重约200吨，受安装环境风速影响或吊装过程操作不当，均极易造成叶片损伤。叶轮与机舱在120米的高空实施精确对接，其难度不亚于在米粒上刺绣。整个安装过程需要24小时不间断进行，深夜茫茫大海中漆黑一片，唯有风机作业平台灯火通明，正是这大海之中的微光架起了风电走向千家万户的桥梁。

任务五　风力发电机组中发电机的认知

任务描述

风力发电机组最终的目标为获取电能，不论是调整叶片姿态的变桨系统还是调整机舱姿态的偏航系统，都是为了尽可能多地捕获风能，再通过传动系统将风能传递给风力发电机组中的发电机，由发电机最终完成机械能至电能的转变。因此，对风力发电机组中的发电机进行了解和认知，将有助于针对风力发电机组中发电机实施安装和维护。

知识链接

一、发电机的定义

发电机属于电机学的范畴，是典型的机电一体化设备。传统的发电机可以由水力、蒸汽或原子裂变等外部能量来源驱动发电，风力发电机组中的发电机特指由风力驱动的发电机是风电机组将机械能转化为电能的重要设备。

二、发电机的作用

发电机的主要作用：当风轮带动机组传动系统将发电机转速提升至发电转速区间时，发电机通过励磁系统和并网控制系统的作用，发出与电网频率、幅值及相位相同的电能，送入电网。机组通过控制发电机的励磁或转矩，最大程度的吸收风能。发电机的电流、电压和转速等传感器为风电机组提供发电机低电压保护、过流保护及超速保护信号。

1. 风的随机性

（1）利用水的重力势能或石化燃料燃烧释放的热能作为原动力，且由于水库的存在和燃料投放的人工干预，使得输送给常规发电机的外部能量连贯可控，发电机可以稳定输出电能。

（2）自然界的风能处于整个大气系统之中，波动多变，是开放的不可控状态，人为干预非常困难，使得输送给风力发电机组的外部能量断续不可控，发电机输出电能不稳定。具体而言，短时来看，风的随机性大，不具备规律性；长时来看，特定区域的风又具有季节性，风速风向随季节变化，呈现出一定的规律性。从而使得风力发电机组不可能始终处于额定风速的工作状态，大多时间内风力发电机组只能运行于额定功率以下，处于轻载或半载状态运行。

（3）短时间无风、风速过低、风速过大或发电机故障情形下，发电系统能够实现低压穿越;长时间无风、风速过低、风速过大或发电机故障情形下,发电系统能够实现脱离电网,避免频繁启停的风力发电机输出对电网造成冲击。

2. 工作环境的特殊性

(1)常规发电机大多具有良好的安装运行环境,空间充裕,散热充分。风力发电机组位于空间有限的机舱内,周围机电设备众多,炎热天气下高空无遮挡,机舱内部属于闷晒状态,散热条件远不及常规发电机。

(2)发电机作为电气设备,需要远离水和水气的侵袭,因此常规发电机大多安装在地面室内便于维护。风力发电机组所处的机舱不可能做到完全密闭,侵入机舱内部的水汽、尘埃等容易对发电机造成不利影响,进入机舱本身就属于高空作业,增加了维护的难度。

(3)常规发电机良好的安装运行环境中大多具有稳固的发电机安装基础,没有除发电机自身之外的振动冲击;风力发电机组中的发电机处于不断偏航调整的高空旋转机舱之中,发电机安装基础即为运动中的机舱,发电机会随机舱不断运动,较之常规发电机的安装基础要面临更多的振动冲击。

(4)风力发电机作为机舱里的发电装置,并不是孤立的,发电机接收传动系统传递过来的旋转扭矩,自然不可避免地也会受到来自传动系统的振动冲击。

(5)风力发电机组中的叶轮并不是完全的匀速旋转,例如:三叶片结构的风轮每旋转一周会产生三次脉动,同样会导致发电机受到振动冲击。

(6)风力发电机组各运动构件之间的振动冲击相互叠加,有可能会产生共振,从而将分散的局部振动冲击放大。

三、发电机的分类

较为常见的风力发电机大多采用感应发电机、同步发电机和双馈发电机,如图2.52所示,直流发电机很少采用。风力发电机的选型通常与风力发电机组采用的控制策略相关联,定速定桨控制下大多采用感应发电机,变速变桨控制下大多采用双馈发电机,无齿轮箱传动装置下大多采用永磁直驱式发电机。显然,随着风力发电机功率

【微信扫码】
风力发电机的特殊性与
风力发电用发电机的造型

的不断增大,控制策略的不断精细化、智能化,变速变桨控制下的双馈发电机占据了较大的市场份额。除此之外,将传动系统进行简化,取消了齿轮箱传动装置下的永磁直驱式发电机,也占据了一定的市场份额。

$$
\text{风力发电机}
\begin{cases}
\text{感应发电机}
\begin{cases}
\text{笼型}
\begin{cases}
\text{恒速感应发电机} \\
\text{单绕组双速感应发电机} \\
\text{双绕组双速感应发电机}
\end{cases} \\
\text{绕线转子型}
\end{cases} \\
\text{同步发电机}
\begin{cases}
\text{永磁同步发电机} \\
\text{电励磁同步发电机} \\
\text{混合励磁同步发电机}
\end{cases} \\
\text{双馈(交流励磁)发电机} \\
\text{直流发电机}
\end{cases}
$$

图 2.52　风力发电机的分类

如图 2.53 所示,风力发电机的命名规则中的企业代码大多为企业名称的字母简写,额定功率以 kW 为单位,风轮直径以 m 为单位,塔架高度以 m 为单位,机组等级以罗马数字和表示高空湍流等级的英文字母组合而成。

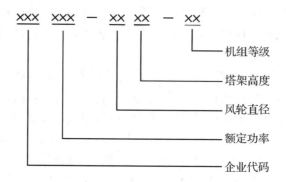

图 2.53　风力发电机的命名规则示意图

四、发电机的工作原理

发电机是基于电磁感应原理设计的机电设备。如导体在磁场中做切割磁力线运动时,导体两端会产生电动势,这种现象叫电磁感应现象。如导体闭合则会产生电流,此时的电动势称为感应电动势,电流称为感应电流。

1. 异步发电机的工作原理

（1）结构

异步发电机实际上是异步电动机工作在发电状态。异步发电机(图 2.54)由定子和转子两个基本部分构成。定子由定子铁芯、三相电枢绕组和起支撑及固定作用的机座等组成;转子则有笼型转子和绕线转子两种,如图 2.55 所示。笼型转子结构简单、维护方便,应用最为广泛。绕线转子可外接变阻器,起动、调速性能较好,但其结构比笼型复杂,价格较高。

图 2.54　异步发电机的基本结构示意图

(a) 鼠笼型异步发电机及转子绕组

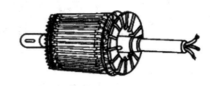

(b) 绕线式异步发电机及转子绕组

图 2.55　异步发电机结构示意图

（2）基本工作原理

根据电机学的理论，当异步电机接入频率恒定的电网时，定子三相绕组中电流产生旋转磁场的同步转速决定电网的频率和电枢绕组的极对数，三者之间的关系为

$$n_1 = \frac{60f_1}{p} \tag{2.1}$$

式中，n_1 是同步转速，单位为 r/min；f_1 是电网频率，单位为 Hz；p 是电枢绕组的极对数。

异步电机中旋转磁场和转子之间的相对转速为 $\Delta n = n_1 - n$，相对转速与同步转速的比值称为异步电机的转差率，用 s 表示，即

$$s = \frac{n_1 - n}{n_1} \tag{2.2}$$

异步电机可以工作在不同的状态：当转子的转速小于同步转速时（$n < n_1$），电机工作在电动状态，电机中的电磁转矩为拖动转矩，电机从电网中吸收无功功率建立磁场，吸收有功功率将电能转化为机械能；当异步电机的转子在风机的拖动下，以高于同步转速旋转时（$n > n_1$），电机运行在发电状态，电机中的电磁转矩为制动转矩，阻碍电机旋转，此时电机需要从外部吸收无功功率建立磁场（如由电容提供无功电流），而将从风力机获得的机械能转化为电能提供给电网。此时电机的转差率为负值，一般其绝对值在 2%～5% 之间，并网运行的较大容量异步发电机的转子转速一般在 $(1\sim1.05)n_1$ 之间。

2. 同步发电机的工作原理

（1）结构

风力发电系统使用的同步发动机绝大部分是三相同步发电机。同步发电机主要包括定子和转子两部分。如图 2.56 所示为最常用的转场式同步发电机的结构模型。在转场式同步发电机中，定子是同步发电机产生感应电动势的部件，由定子铁芯、三相电枢绕组和起支撑及固定作用的机座等组成。定子铁芯的内圆均匀分布着定子槽，槽内嵌放着按一定规律

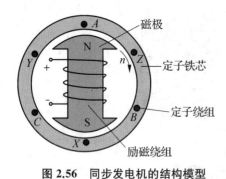

图 2.56 同步发电机的结构模型

排列的三相对称交流绕组（电枢绕组）。转子是同步发电机产生磁场的部件，包括转子铁芯、励磁绕组、集电环等环节。转子铁芯上装有制成一定形状的成对电极，磁极上绕有励磁绕组，当通以直流电流时，将会产生一个磁场，该磁场可以通过调节励磁绕组流过的直流电流来进行调节。同步发电机的励磁系统一般分为两类：一类是用直流发电机作为励磁电源的直流励磁系统；另一类是用整流装置将交流变成直流后供给励磁的整流励磁系统。发电机容量大时，一般采用整流励磁系统。同步发电机是一种转子转速与电枢电动势频率之间保持严格不变关系的交流电机。

同步发电机的转子有凸极式和隐极式两种。凸极式同步发电机结构简单、制造方便，一般用于低速发电场合；隐极式同步发电机结构均匀对称，转子机械强度高，可用于高速发电场合。大型风力发电机一般采用隐极式同步发电机。

（2）基本工作原理

同步发电机在原动力（水力、蒸汽、风力等）驱动下，转子（含磁极）以转速 n 旋转，并产生转子旋转磁场，切割定子上的三相对称绕组，在定子绕组中产生频率为 f_1 的三相对称的感应电动势和电流输出，从而将机械能转化为电能。由定子绕组中的三相对称电流产生的定子旋转磁场的转速与转子之间有着严格不变的固定关系，即

$$f_1 = \frac{pn}{60} = \frac{pn_1}{60} \tag{2.3}$$

当发电机转速一定时，同步发电机的频率稳定，电能质量高。同步发电机运行时可通过调节励磁电流来调节功率因数，既能输出有功功率，也可提供无功功率，可使功率因数为 1，因此在电力系统中广泛应用。但在风力发电中，由于风速的不稳定性使得发电机获得不断变化的机械能，给风力发电机造成冲击和高负载，对风力发电机及整个系统不利。为了维持发电机输出电流的频率与电网频率始终相同，发电机的转速必须恒定，要求发电机有精确的调速机构，以保证风速变化时维持发电机的转速不变。永磁直驱式发电机为同步发电机。

3. 异步发电机和同步发电机的区别

（1）同步发电机：转子处存在旋转磁场，定子旋转切割磁场中的磁力线，两者旋转频率一致。

（2）异步发电机：

① 定子处存在旋转磁场，转子转速如果与定子旋转磁场转速一致，则两者处于相对静止的状态，没有切割磁力线的情况发生，无感应电流产生。

② 如果转子转速小于（落后于）定子旋转磁场转速，转子切割定子磁场中的磁力线，转子上产生感应电流，带电导体在磁场中受力，好似定子拖着转子"转动"，此时电机为电动机。定子旋转磁场由外接电动机的三相交流电提供励磁。

③ 如果转子转速大于（超前于）定子旋转磁场转速，在原动力作用下转子做旋转圆周运

动,通过电磁感应原理在定子上产生感应电动势和感应电流,好似转子拖着定子"转动",定子的"转动"不是物理上的转动,而是定子上产生了旋转转动的磁场,此时电机为发电机。

普通异步发电机的自激励磁由输出端并联的电容器完成,由于发电机转子大多为铁磁性物质,转子上具备一定剩磁,转子起始旋转时可以在定子绕组中感应出微弱电动势,建立起初始的定子励磁并对剩磁起到了增强作用,接着反复自激,不断增强,直至输出可观电压。普通异步发电机为单馈异步发电机,即发电机只有定子或转子中的两者之一,接收外部电流输入。

④ 电机同步性上,同步发电机在转速、频率和磁极对数上必须满足严格的关系,而异步发电机没有此类要求。

⑤ 发电机转子结构上,电励磁同步发电机转子必须有励磁绕组,通过直流电源励磁,而永磁同步发电机必须有永磁材料;异步发电机不必须设置外部励磁装置。

4. 风力发电机组发电频率控制的重要性

(1) 引起电网频率波动的主要原因:电网有功功率的变化会导致电网频率的波动,电网频率是衡量电网有功功率是否平衡的关键特征。通常,当发电机输送至电网的有功功率大于电网向外输送消耗的有功功率时,电网频率上升;当发电机输送至电网的有功功率小于电网向外输送消耗的有功功率时,电网频率下降。

(2) 电网频率波动的危害主要包括:损坏设备,包括发电机、电动机和各类电气设备;造成电网瘫痪,引起大面积停电;对企业生产造成不良影响等。

(3) 风力发电机组并网对电网频率的影响主要包括:风的不确定性使得风力发电机输出的有功功率处于波动状态,如果不采取任何措施直接输送至电网,会对电网产生频繁的冲击,造成电网频率波动。因此,风力发电机组需通过变流器来保证输出电力频率的稳定性。

风力发电机组中的发电机认知

由于风力发电机组中常见的发电机类型为双馈感应式异步发电机和永磁直驱式同步发电机,以下主要介绍这两种发电机的构成。

一、双馈异步型发电机的构成

双馈异步型发电机主要由发电机定子、转子、集电环和电刷装置构成。双馈异步型发电机本质上仍属于异步发电机,双馈异步型发电机多为绕线型,除了转子绕组与普通笼型异步发电机的结构不同外,其余部分的结构大体相同。

【微信扫码】
双馈异步型发电机

1. 定子

定子主要由定子铁芯、定子绕组、机座和端盖构成。

(1) 定子铁芯:大多用硅钢片冲叠锻造而成,硅钢片为铁磁性物质,可以聚拢磁场,属于主磁路的一部分,硅钢片与片之间的槽中嵌放定子绕组。

(2) 定子绕组:用绝缘线或漆包线绕制而成,绝缘线或漆包线多为铜线,通过电磁感应定子绕组上产生感应电动势和感应电流,从而对外发电,输出电能。

(3) 机座:用金属材质如铸铁等焊接加工而成,对定子铁芯起到固定作用,同时自身具有一定质量,增大了整个发电机的惯性,提高了发电机的稳定性。

(4)端盖:用钢板等材质焊接加工而成,用于安装轴承及进行电机防护,防水、防尘、防止异物等进入电机内部,造成不利影响。

2. 转子

转子主要由转子铁芯、转子绕组、集电环和电刷装置构成。

(1)转子铁芯:与定子铁芯类似,大多用硅钢片冲叠锻造而成,属于主磁路的一部分,但硅钢片与片之间的槽中嵌放转子绕组。

(2)转子绕组:与定子绕组类似,用铜制绝缘线或漆包线绕制而成,可以产生转子感应电动势和感应电流。

(3)集电环:也称为滑环,在机电设备中旋转部分与静止部分之间传输电信号。由铜环与绝缘材料构成,可以 360°旋转,与电刷配合使用,两者通过滑动接触面传递电信号。集电环连接旋转部分,即转子绕组与静止部分外部励磁电路。

(4)电刷装置:由电刷、刷握、刷架、刷辫、刷盒、弹簧和汇流排等构成,多用天然石墨或电化石墨制成,具有一定的弹性,与集电环配合使用,将外部励磁电流通过电刷输送到转子上。通常一个集电环至少配备两个电刷,形成双保险,以防止某个电刷损坏而造成短路。具体而言,转子励磁绕组两端与两个彼此绝缘的滑环相连,通过压在集电环上的具有一定弹性的电刷将外部励磁电流输送给转子。

如图 2.57 所示为双馈异步发电机实物。

图 2.57　双馈异步发电机实物

3. 双馈异步型发电机的特点

一般情况下,双馈异步型发电机的定子绕组直接与电网相连,转子绕组通过变流器与电网相连,即双馈异步型发电机定子、转子均与电网相连。转子绕组电源频率、电压幅值和相位均由变频器自动调节,机组可以在不同风速下实现恒频发电,与电网“柔性连接”,满足并网要求,变流器通过控制双馈异步型发电机转子励磁电流,达到控制其输出电流的效果。所谓“双馈”即指输入端和输出端双端口馈电,即发电机定子和转子能够实现同时感应发电,转子和定子都参与励磁,两者互相切割磁力线,都可以与电网产生电能的交换,以达到最大风能利用效果。

4. 双馈异步型发电机的运行状态

(1)亚同步发电区($0 < s < 1$)

在此种状态下转子转速 $n < n_1$(同步转速),由滑差频率为 f_2 的电流产生的旋转磁场转

速 n_2 与转子的转速方向相同,因此 $n+n_2=n_1$。此时的电磁功率 $P_{em}<0$,由发电机定子绕组馈入电网。转差功率 $P_s<0$,由电网通过变频器提供给转子绕组,发电机实际发电功率为 $(1-s)P_{em}$,如图 2.58(a) 所示。

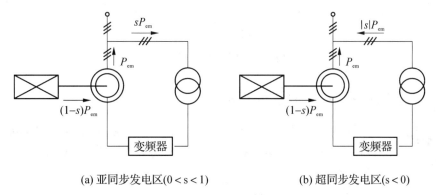

(a) 亚同步发电区$(0<s<1)$ (b) 超同步发电区$(s<0)$

图 2.58 功率传递关系

(2)超同步发电区$(s<0)$

在此种状态下,转子转速 $n>n_1$(同步转速),改变通入转子绕组的频率为 f_2 的电流相序,则其所产生的旋转磁场转速 n_2 的转向与转子的转向相反,因此有 $n-n_2=n_1$。为了实现 n_2 反向,在由亚同步运行转向超同步运行时,转子三相绕组必须能自动改变其相序。此时的电磁功率 $P_{em}<0$,由发电机定子绕组馈入电网。转差功率 $P_s>0$,由转子绕组经变频器将其馈入电网,电机实际发电功率为$(1+|s|)P_{em}$,如图 2.58(b) 所示。

在亚同步发电区或者超同步发电区都可以控制发电机的电磁转矩为制动力矩或者电动力矩,从而控制发电机可以在任何转速下都可以工作在发电状态,也可以调节循环于电网和定子之间的无功功率。在超同步和亚同步两个发电区调节发电机的转速,要求转子侧的变频器具有双向传递能量的能力。能量既可以从发电机的转子通过变频器传向电网,也可以沿着相反的方向,由电网传向发电机转子。

(3)同步运行区

此种状态下 $n=n_1$,滑差频率 $f_2=0$,这表明此时通入转子绕组的电流的频率为 0,也即直流电流,因此与普通同步发电机一样。此时,$s=0$,$P_{em}=P_{mec}$(总机械功率),机械能全部转化为电能并通过定子绕组馈入电网,转子绕组仅提供发电机励磁。

5. 双馈异步型发电机的主要技术要求

(1)双馈异步型发电机空载运行时,发电机的额定频率、额定电压和电流偏差不超过 $\pm5\%$。

(2)双馈异步型发电机额定工况下的效率不低于 95%。

(3)双馈异步型发电机具备在保持额定电压不变的情形下,能承受 1.5 倍额定负载运行 1 小时以上的短时过载能力。

(4)双馈异步型发电机输出的交流电压谐波畸变率不大于 5%。

(5)双馈异步型发电机输出端与电网之间,通过变流器耦合相连。如图 2.59 所示,变流器即通过控制励磁电流的幅值、频率和相位等要素,实现定子输出电压与电网保持相同幅值、频率和相位,以达到较好的并网效果。

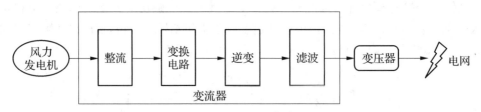

图 2.59　变流器工作过程示意图

二、永磁直驱型同步发电机的构成

【微信扫码】
永磁直驱型发电机

近年来,随着电力电子技术、微电子技术、新型电机控制理论和稀土永磁材料的快速发展,具有损耗低和效率高等优点的直驱型永磁同步发电机得以迅速推广应用。

永磁同步发电机(permanent magnet synchronous generator,PMSG)是一种以永磁体进行励磁的同步电机,应用于风力发电系统,称为永磁同步风力发电机。永磁同步风力发电机没有齿轮箱,风力机主轴与低速多极同步发电机直接连接,所以称为直驱型永磁同步风力发电机,如图 2.60 所示。

图 2.60　直驱式永磁同步风力发电机

永磁直驱型同步发电机主要由定子、铁芯、永磁体构成。永磁直驱型同步发电机本质上仍属于同步发电机。同步发电机主要有两种类型,即永磁型和电励磁型。永磁型同步发电机的励磁由永磁材质(钕铁硼等)制成的永磁体实现,电励磁型同步发电机的励磁由转子绕组上的转子电流实现。永磁直驱型同步发电机即利用永磁体进行励磁,除了与电励磁同步发电机励磁方式不同,无转子绕组外,其余部分的结构大体相同。除此之外,相较于较为传统的双馈异步型发电机,永磁直驱型发电机在传动结构上进行了较大变化改进,最明显的地方即为风机叶轮与发电机之间取消了齿轮箱,两者之间直接相连。

1. 定子

定子主要由定子铁芯、定子绕组、机座和端盖构成,定子结构大体与双馈异步型发电机相同。

2. 转子

按气隙是否均匀,转子分为表贴式和内嵌式两大类,如图 2.61 所示。转子主要由转子铁芯和永磁体构成。

(1) 转子铁芯:与定子铁芯类似,大多用硅钢片冲叠锻造而成,属于主磁路的一部分,永

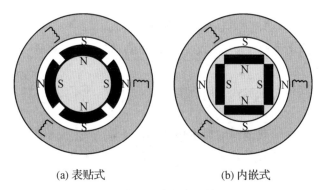

(a) 表贴式　　　　　　　　(b) 内嵌式

图 2.61　永磁同步发电机转子结构

磁体内嵌或附着在转子铁芯表面。

（2）永磁体：由具有强磁性质的永磁材料制成，如钕铁硼等。永磁材料只是在磁化之后具有强剩磁，并不代表其磁性永不消失。如果永磁体遭遇高温或强烈频繁的撞击振动等情形，会使得永磁体内的磁畴分布不再规则，导致磁性消退直至消失。

3. 永磁直驱型同步发电机的特点

（1）从机械结构上看，永磁直驱型同步发电机由于没有齿轮箱，整个风力发电机组传动系统的机械结构得到了简化，例如转轴和轴承等的数量大大减少，相关的机械构件润滑及润滑后的清洁清洗工作也大大降低，降低机械故障发生率的同时，安装维护也更为方便。除此之外，齿轮箱的去除，大大缩短了风力发电机组传动轴水平方向的长度，提高了风力发电机组传动时的稳定性，同时大大减少了传动系统所需的机舱空间。

（2）从电气结构上看，永磁直驱型同步发电机没有铜质转子绕组，而只有铁芯，因此运行过程中铜损大大减少而铁损增加，风机叶轮带动发电机高速旋转时，铁芯发热较明显，需做好散热冷却。除此之外，由于不需要旋转体转子通电励磁，无需与之进行电气连接的集电环和电刷。尤其是电刷作为频繁摩擦的构件，容易损耗损坏，如不及时更换，会对发电机工作产生不利影响。去除集电环和电刷结构，一方面提高了运行时的稳定性，另一面也降低了维护时的工作量。

（3）从电磁结构上看，永磁直驱型同步发电机的电磁结构可分为内转子型和外转子型。如图 2.62、图 2.63 所示，内转子型为风机叶轮转轴与永磁直驱型发电机内的永磁转子转轴相连，风机叶轮直接驱动永磁转子旋转，定子位于永磁转子外围；外转子型为风机叶轮转轴也是与永磁直驱型发电机内的永磁转子转轴相连，风机叶轮也是直接驱动永磁转子旋转，但是永磁转子位于定子外围。

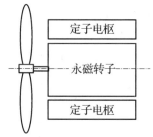
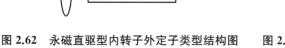
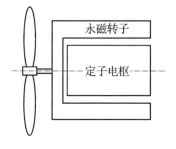

图 2.62　永磁直驱型内转子外定子类型结构图　　图 2.63　永磁直驱型外转子内定子类型结构图

4. 永磁直驱型同步发电机的主要技术要求

（1）由于永磁材质遇到高温，容易发生退磁现象，故永磁直驱型同步发电机组不宜布置在高温地区。

（2）永磁直驱型同步发电机处于额定电压时，由于风的不定性，能承受短时不超过额定电流1.5倍的大电流。

（3）发电机永磁体在承载范围的撞击振动冲击下，不产生大于1‰的不可逆失磁。

（4）为达到更好的并网效果，永磁直驱型同步发电机输出端与电网之间，也是通过变流器耦合相连。

（5）永磁直驱型同步风力发电机组与双馈异步型发电机组的比较，如表2.5所示。

表 2.5　永磁直驱型同步风力发电机组与双馈异步型发电机组对比表

比较项	永磁直驱型同步风力发电机组	双馈异步型发电机组
电刷和集电环	无电刷和集电环	有，定期更换电刷和集电环
变流单元	利用 IGBT 管进行变流控制 单管额定电流大，成本高	利用 IGBT 管进行变流控制 单管额定电流小，成本低
变流容量	全功率逆变，难度大	小功率逆变，难度小
电网故障电压突降反应	发电机端电流和转矩保持稳定	发电机端电流和转矩增大
发电机电缆电磁影响	无电磁释放	有电磁释放，需要屏蔽线
电缆产生的谐波畸变	谐波小，正弦波，变频难度小	谐波大，高频非正弦波，变频难度大
发电机和变流器成本	造价高	造价低
发电机和变流器大小	体积大	体积小
发电频率配置变化	调整齿轮箱传动比等机械参数及 变流器等电参数	调整变流器等电参数
电控单元维护成本	投入大	投入少

实践训练

风力发电机组最终目标是实现电能的产出，利用不同类型的交流发电机进行拆装练习，熟悉交流发电机的结构及装配要点。根据给出的任务实施单进行如下操作。

（1）列出工具清单和零件清单，完成双馈异步型发电机的拆解及组装。

（2）列出工具清单和零件清单，完成永磁直驱型同步风力发电机的拆解及组装。

交流风力发电机拆解及组装任务实施单

实践项目发电机子系统		外壳及底座		定子		转子		传动构件		电气附件	
		工具	零件	工具	零件	工具	零件	工具	零件	工具	零件
双馈异步型发电机	拆解										

续　表

实践项目发电机子系统		外壳及底座		定子		转子		传动构件		电气附件	
双馈异步型发电机	组装	工具	零件	工具	零件	工具	零件	工具	零件	工具	零件
永磁直驱型同步风力发电机	拆解	工具	零件	工具	零件	工具	零件	工具	零件	工具	零件
	组装	工具	零件	工具	零件	工具	零件	工具	零件	工具	零件

知识拓展

三峡风电走向世界

早在 2016 年 6 月，三峡集团便布局海外，走向国际风电市场，与德国稳达公司签署了《关于德国海上风电项目投资合作协议》，三峡集团因此成为中国第一家控股海外已投运海上风电项目的企业。德国梅尔海上风电场位于德国北部海域（北海），总装机容量达 28.8 万千瓦，每年可向当地提供约 12 亿千瓦·时电能，满足约 36 万户家庭年用电需求，年减排二氧化碳约 100 万吨。

三峡国际欧洲公司德国梅尔海上风电项目（如图 2.64 所示）已实现安全生产逾 2 000 天，累计发电逾 70 亿千瓦·时。2022 年 2 月，梅尔海上风电场发电量达 1.6 亿千瓦·时，创投产以来单月历史新高，这与三峡集团投入的先进风电场运维理念和措施是分不开的。

图 2.64　德国梅尔海上风电场

目前国内海上风电运维成本占比海上风电投资较大份额，接近总投资额的 20%，是相同装机容量下陆上风电场的两倍以上。国内海上风电运维船市场中，超过六级以上风力仍可正常出海执行运维任务的数量非常有限。除此之外，现有的风电运维船普遍配套设施不齐全,缺乏人性化设计和长时间海上运维下的充沛补给。

普通钢制运维船为单体结构,航速慢,装载能力弱,稳定性差;深水运维船为双体结构,航速快,靠泊能力强,稳定性高;远海运维母船装载能力强,携带各类物资丰富,配备起重机和构件库,续航能力优秀,具有一定面积的人员住所和装配平台。为进一步提高恶劣海况下的运维达成度,梅尔海上风电场因地制宜地选用了综合性价比更高、抗风浪能力更强的小水线面双体船作为海上风电运维船,当遭遇不适合运维船海上航行的较大风浪时,可以尝试通过直升机到达风机现场进行设备维护修理,进一步提高了风力发电机组的工作效率和发电量(图 2.65)。

图 2.65　德国梅尔海上风电场运维船和运维直升机

复习思考题

一、填空题

1. 风力发电机组的偏航系统一般有_____和_____两种。偏航驱动装置一般可以采用_____的是_____或_____。

2. 风力发电机组的偏航系统的主要作用是与其控制系统配合,使风电机的风轮在正常情况下处于_____。

3. 偏航计数器是记录偏航系统旋转圈数的装置,当偏航系统旋转的圈数达到设计时所规定的_____和_____圈数时,计数器则给控制系统发信号使机组_____。

4. 制动器可以分为_____和_____。常开式制动器一般是指有液压力或电磁力拖动时,制动器处于_____的制动器;常闭式制动器一般是指有液压力或电磁力拖动时,制动器处于_____的制动器。

5. 风力发电机组齿轮箱的种类很多,按照传统类型可分为_____、_____;按照传动的级数可分为_____和_____齿轮箱等。

6. 互相啮合的轮齿齿面,在一定的温度或压力作用下,发生黏着,随着齿面的相对运动,使金属从齿面上撕落而引起严重的黏着磨损现象称为_____。

7. 风力机齿轮油系统的用途:一是_____,二是_____,三是_____。

8. 双馈式异步发电机向电网输出的功率由两部分组成,即_____和_____。

二、选择题

1. 风力发电机达到额定功率输出时规定的风速叫作(　　　)。

A. 平均风速　　　　B. 额定风速　　　　C. 最大风速　　　　D. 启动风速

2. 风力发电机开始发电时,轮毂高度处的最低风速叫作(　　)。

A. 额定风速　　　　B. 切出风速　　　　C. 切入风速　　　　D. 平均风速

3. 风力发电机组结构所能承受的最大设计风速叫作(　　)。

A. 瞬时风速　　　　B. 安全风速　　　　C. 切入风速　　　　D. 最大风速

4. 在指定叶片径向位置叶片弦线与风轮旋转面间的夹角叫作(　　)。

A. 攻角　　　　　　B. 冲角　　　　　　C. 桨距角　　　　　D. 扭角

5. 风力发电机轴承所用润滑脂要求有良好的(　　)。

A. 低温性　　　　　B. 流动性　　　　　C. 高温性　　　　　D. 高温性和抗磨性能

6. 不属于双馈式异步发电机运行模式的是(　　)。

A. 不同步　　　　　B. 同步　　　　　　C. 亚同步　　　　　D. 超同步

三、简答题

1. 风力发电机组的机械机构主要包括哪些? 主轴的主要作用是什么?

2. 风电机组的偏航系统一般有哪几部分组成? 风力发电机偏航系统的功能是什么?

3. 什么是变桨距控制,它有哪些特点?

4. 简述定桨距风电机组的优缺点。

5. 简述变速恒频风电机组的优缺点。

6. 简述直驱型风力发电机的优缺点。

7. 风电机组包括哪些测量传感器?

8. 风力发电机组的工作状态有哪些?

9. 风力发电机的控制目标是什么?

10. 风机塔架内电缆有哪些类型?

项目三 风力发电机组的装配

项目目标

知识目标 ▶▶▶▶

(1) 熟悉风力发电机组常用安装工具、仪表的使用方法。

(2) 熟悉风力发电机组装配中前期工作的内容与流程。

(3) 熟悉风力发电机组中机头部分装配的内容与流程。

(4) 熟悉风力发电机组中机舱总成装配的内容与流程。

能力目标 ▶▶▶▶

(1) 能进行风力发电机组前期装配。

(2) 能进行风力发电机组中机头部分的装配。

(3) 能进行风力发电机组中机舱的总成装配。

思政目标 ▶▶▶▶

(1) 熟悉风力发电机组安全生产的方法及意义并能在实践训练中执行。

(2) 理解 6S 管理法的内容并能在实践训练中执行。

(3) 爱岗敬业,钻研技能,具有高度的责任心。

(4) 工作认真负责,团结协作。

项目设计

本项目通过针对兆瓦级风电机组的装配流程,使学生熟悉风力发电机组装配中的机械及电气设备常用工具使用方法,掌握风力发电机组机械及电气设备的装配要求和方法。

任务一 风力发电机组装配的前期工作

任务描述

风力发电机组体型巨大,构件多样,安装环境复杂多变,远离人口稠密区域。为确保风力发电机组装配过程安全有序,装配效果准确到位,需进行风力发电机组装配前的各项准备工作,明晰装配要领。因此,做好风力发电机组装配前的各项准备工作,是极有必要和非常重要的。

知识链接

风力发电机中叶片、塔架及机舱等构件多为超长超重件及异形件,其运输过程、存放要求及装配环境均与普通机械构件明显不同。除此之外,在塔架之上的机舱内实施装配属于高空作业范畴,为保障装配人员的安全,在装配工具和劳保工具上具有明显的特殊性。

一、装配的定义

风力发电机组装配人员应明晰装配的含义及风力发电机装配的特点如下。

(1) 对于机电设备装配而言,通常包含了装配机械部分及电气部分。将设备零件和设备构件按照一定的顺序及标准进行组装,即为装配。

(2) 设备构件通常为具有特定功能的设备零件组合体。风力发电机中的构件如齿轮箱、发电机和偏航电机、变桨电机等,均由众多零件组成,如齿轮、转轴、轴承、定子、转子等。风力发电机中具备特定功能的构件大多从专业设备生产制造商处购买。风力发电机组的装配不可能从零开始,面面俱到。

(3) 将若干构件进行装配,使其具备风力发电机组中如传动功能、偏航功能、变桨功能等构件组合称为总成装配,如传动总成、偏航总成、轮毂总成等。将不同总成装配为风力发电机组的过程称为总装配。

二、装配的类型

(1) 非现场装配:体积不大、精度要求高、内部构造复杂的设备,为保证产品质量,可在生产制造商处进行非现场装配,如齿轮箱、发电机和偏航电机、变桨电机等。

(2) 现场装配:超长超重件及异形件如在非现场装配完成后进行运输,运输难度很大,极易在运输过程中造成损坏,因此可化整为零,分散运输至现场进行装配,如风机叶轮等。

三、装配的制约因素

(1) 体积与质量:体型质量较大的零件或构件,在装配时需配备专用的吊装设备和人员。

(2) 固定件与活动件:机械零件或构件中均为固定件时易于装配,存在较多活动件时装配需做好保护,防止活动件碰撞损坏。

(3) 准确性与操作性:机械零件或构件装配空间有限或装配环境恶劣,会降低装配的可操作性,同时降低装配效果的准确性。

四、装配的一般性原则

(1) 不同零件或构件具有不同的功能及装配要求,装配前需认真了解。

（2）如有装配图纸，可按图装配；如无装配图纸，需提前规划装配流程。

（3）装配过程中涉及大量零件或构件间的相互连接，紧固件及密封件等要备好、备足。

（4）为保证装配质量，装配过程中需及时测量检查装配效果，测量工具应定期检查其精度。

五、装配的一般性要求

（1）装配前需检验所有零件及构件的型号规格，应与装配要求相吻合，例如：具有检验合格标志，复查关键零件及构件外观及尺寸并做好记录，零件及构件在装配前应进行清洁打磨，零件及构件表面不应有锈蚀、毛刺、氧化剥落和污渍破损等情况，零件或构件细小尖角或尖锐边缘需打磨钝化，避免装配过程中划伤工作人员。

（2）零件及构件需做好防腐蚀锈蚀和润滑处理，在涂抹的防腐防锈涂层未完全干透之前，不可实施装配工作。不同零件及构件间进行连接装配后，需润滑的接合部选用的润滑油脂不应混用，尽量选取型号类型相同的润滑油脂。

（3）做好纸质文档管理，关于零件及构件的质量检查、装配记录，都应有迹可循，并存入相应风力发电机组的档案中去。

六、现场安装装配工作人员责任与资质

（1）现场安装装配工作人员的责任需明晰，强调责任落实到人。

① 现场安装装配工作人员包括风电场施工方责任人、项目经理及具体施工人员，安装装配前风电场施工方责任人或项目经理应组织会议落实不同工序的负责人、联络员和监督员，同时公布联络方式。应遵循双人制原则，即同一工作不得少于两名工作人员参与。进入施工场地或风力发电机组高空作业的工作人员，应定时与负责人或联络员确认工作状态，确保安全。

② 针对安装装配过程中的技术难点及操作时的危险点，应确保所有参与安装装配的工作人员全部知晓，并掌握应对之策。如果需要，针对技术难点及操作时的危险点，可以组织参与安装装配的工作人员进行考核，考试合格后方可展开具体的安装装配。

③ 由于高空作业体力消耗大，负责人或项目经理应特别关注参与安装装配的工作人员的身体和精神状态，不得带病上岗，同时提醒工作人员应保证充足的休息和均衡的营养。

（2）所有参与装配的工作人员应通过安全教育及相应岗位技能的培训测试，使用专用设备及工具的特殊工种工作人员应具备相应的资质证书方可上岗，关键工序及特殊流程的工作人员经培训测试合格后方可上岗。

① 现场安装装配工作人员应具有一定的风机安装经验，熟悉涉及风力发电机组的工作原理及结构，具备安装装配所需的机械及电子电气知识，能判断常见故障并解决。同时上岗前需进行体格检查，上岗后定期检查。

② 关键工序上的工作人员，如吊装工、焊接工、电工、高空作业等应持特种作业操作证上岗。突遇紧急情况下，能充分利用随身携带的安全绳、安全帽等装备发挥效用。

③ 现场安装装配工作人员应熟悉风力发电机组所处环境下的潜在危险类型，并掌握急救、消防等方法，例如：电击伤、烫伤、摔伤、火灾及极端天气下的应急处理技能，并按时检查急救包、消防器材的有效性，保证突发情况下能用、好用。

④ 由于风机体积庞大，大多是在露天安装，受自然环境影响大，需设置装配现场调度人

员,针对风机不同构件间的连接拼装实施实地实时协调,避免因协调不到位发生不必要的装配事故。

七、装配工艺过程

1. 装配前的准备工作

(1)熟悉产品装配图、工艺文件和技术要求,了解产品的结构、零件的作用及相互连接关系。

(2)确定装配方法、顺序和准备所需要的工具。

(3)对装配的零件进行清洗,去掉零件上的飞边、铁锈、切屑和油污。

(4)对某些零件还需要进行刮削等修配工作,特殊要求的零件要进行平衡试验、密封性试验等。

2. 装配工作

结构复杂的产品,装配工作通常分为部件装配和总装配。部件装配是指产品在进入总装配以前所进行的装配工作。总装配是指将零件和部件结合成一台完整产品的过程。

3. 调整、检验和试车阶段

(1)调整是指调节零件或机构的相互位置、配合间隙、结合程度以及控制系统的元器件动作顺序、设定参数等,目的是使机构或设备工作协调,满足设计要求。

(2)检验包括几何精度和工作精度检验,如轴与孔装配后的状态、装配后零部件之间的同轴度与平行度、设备的工作顺序是否符合实际程序要求等。

(3)试车是试验机构或设备的运转灵活性、振动、工作温升、噪声、转速、功率等性能是否符合要求,以保证产品质量。

4. 表面处理与包装

设备装配好之后为了使其美观、防腐和便于运输,还要做好喷漆、涂油、装箱等工作。

八、应急处置

风力发电机组安装装配的施工方,应根据可能出现的紧急情况,提前制订好应急预案,并组织工作人员学习演练,做到人人熟悉应急逃生口、应急逃生设备、应急逃生路线和逃生方法。应急预案应包括机械设备或机械构件坍塌、高空坠落、台风、地震、溺水、火灾、中暑等情形。一旦发现上述紧急情形,应立即进入应急处置程序,并向相关主管部门报告,处置过程中一定要遵守"生命第一、以人为本"的原则,处置完成后应及时做好工作记录,以备查询。

【微信扫码】
常用工具的使用

一、风力发电机组安装装配中常用工具的使用方法

1. 装配工具

(1)机械紧固件的装配工具

螺栓为最常见的机械紧固件,在风力发电机组装配中常见的法兰连接上,大量应用。螺

栓大多配有螺母,成对使用,螺栓螺杆上有螺纹,螺母顺螺杆螺纹旋紧,将两个带孔机械部件进行紧固。

最为常见便携的是手持式电动扳手。电动扳手头部套筒可更换,以适应不同尺寸的螺母。使用时,电动扳手通电后扳手头部旋转带动螺母行进,完成紧固。电动扳手使用时需注意电动扳手用电安全,不带电插拔电动扳手,电动扳手所接电源应稳定,电动扳手需外接保护器,外壳需可靠接地,电流过大时跳闸。

(2) 机械密封件的装配工具

① 手动放置,无需工具的机械密封件有弹性垫片,如图 3.1 所示,放置在螺栓头部与螺母之间。弹性垫片为金属材质,利用金属自身的延展性,在螺母旋紧挤压情形下,通过自身延展弹力,起到密封装配缝隙的效果。

② 手动放置,无需工具的机械密封件有高分子材质密封圈,放置在螺栓头部与螺母之间。高分子材质具有弹性,在螺母旋紧挤压情形下,受力压缩,自动填充装配缝隙。但是,高分子材质易受高温及化学物质污染的影响而老化。

③ 通过胶枪将黏合剂填充在装配缝隙之中,黏合剂需为抗氧化型材质,固化后可在一定时间内起到良好的密封效果。

(3) 电气连接件的装配工具

风力发电机组中的电气设备进行连接时需要消耗大量电缆和电缆接头。常见截取电缆、制作电缆接头和进行电缆防护的工具如下。

① 如图 3.2 所示,最为简单常见的切割电缆工具是电工钢锯,电工钢锯使用时要注意拉拽力量均匀,速度适中,避免钢锯条因为快速反复拉拽引起的发热而损坏。

图 3.1 弹性金属垫片　　　图 3.2 电工钢锯示意图　　　图 3.3 斜嘴钳示意图

② 如图 3.3 所示,斜嘴钳用于切割较细的电缆,钢丝钳用于夹取、弯折或切割较粗的电缆,不可用来敲打硬物,避免工具变形,影响使用。

③ 如图 3.4 所示,电缆剪包括手动电缆剪、电动电缆剪及液压电缆剪等,具有较之斜嘴钳等更大的刀口,可以切割大规格、大直径的电缆。电缆剪利用杠杆原理,剪刀把手长度较长,在切割时方便获得较大力矩。

④ 电缆自动裁切机可以利用机器自动裁切电缆,精度高,速度快,使用过程中应特别注意避免身体触碰到裁刀、滚轮等锐利或活动部件,以免造成伤害。

⑤ 风力发电机组中电缆接头制作的材料有针型绝缘接头和 U 型绝缘接头,如图 3.5 和图 3.6 所示,电缆接头制作时要注意根据电缆具体连接环境选用合适的电缆接头类型,通过与之匹配的压线钳(图 3.7)使电缆和电缆接头可靠连接,且具有一定的紧密度和咬合度,即适当力量的拉拽下,电缆和电缆接头不会分离脱落。

  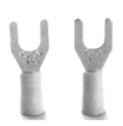

图 3.4　电缆剪示意图　　　图 3.5　针型绝缘电缆接头示意图　图 3.6　U 型绝缘电缆接头示意图

图 3.7　压线钳示意图　　　　　图 3.8　电工胶带示意图

⑥ 风力发电机组中电缆防护的主要材料有电工胶带。如图 3.8 所示,电工胶带是绝缘性的黏性胶布,使用时直接将电工胶带包裹在电缆外围,要注意电工胶带应具备较好的黏性,且尽量避免在高温或日照强烈的地方长期使用,由于电工胶带为高分子有机材质,高温或强烈阳光辐射会导致电工胶带失去黏性并迅速老化。另外,热缩管也可以起到电缆防护的作用,如图 3.9 所示,热缩管是具有高温下收缩特点的绝缘管,低温时形态类似塑料,高温时形态类似橡胶,使用时通过加热装置加热热缩管外壳,应注意热缩温度和热缩时长的控制,避免热缩过度或热缩过轻。

⑦ 风力发电机组中进行电缆捆绑的材料有电缆捆绑扎带,如图 3.10 所示,电缆捆绑扎带可以将具有电气关联的电缆按类别捆绑扎拢或将长度过长的电缆蜷曲扎拢,一般非活扣式电缆捆绑扎带上有齿,具有止退功能,可以实现物理上的自锁紧固。

图 3.9　热缩管示意图　　　　图 3.10　电缆捆绑扎带示意图

2. 防护工具

(1) 劳保工具,即风力发电机组实施安装装配作业时的安全保障设备。在上下风力发电机塔筒及外出风力发电机机舱作业时,需佩戴高强度高韧性的带电作业安全绳,如图 3.11 所示,其材料大多为如迪尼玛等高分子弹性材料,如在海上实施作业,还需使用耐盐碱、耐腐蚀的安全绳,其材料大多为化学性质更为稳定的高分子聚乙烯材料。

安全绳使用时,首先应固定好安全绳,并仔细检查确保安全绳的安全性能正常发挥。每位实施安装装配的工作人员应使用两条绳索,一条安全绳配备一条作业绳。其次,安全绳连接时应注意工作人员根据需要手动控制活动卸扣完成下滑动作和停止下滑动作。高空作业时还需配备副绳和安全带,安全绳和安全带之间由自锁器相连,当出现工作人员坠落情形时,自锁器能自动锁绳防止坠落事故发生。除此之外,还需配备安全帽、照明头灯、防静电工作服和工作鞋、防滑手套等。由于风力发电机舱位于高空环境,风机运行时响声巨大,安装装配工作人员根据具体的岗位,还可以佩戴防眩目太阳镜、防噪声耳塞等防护用品。所有劳保工具在使用前都应仔细检查其有效性是否可靠,是否在有效期内。

(2) 接地电阻测试仪,可以方便测量接地保护装置的对地电阻,快速排查接地故障,如图 3.12 所示。测量针对风力发电机组类似的大功率发电设备的接地电阻时,需选取特定埋插点测量,为保证测量精度,减少误差,测量接地电阻时需在不同的方向反复测量多次,取其平均值。

图 3.11　安全绳索示意图　　　图 3.12　接地电阻测试仪示意图

(3) 相序表,用来核定风力发电机组中的交流电相序是否准确,如图 3.13 所示,利用静电感应原理,将相序表三根测量线与三相交流电相连,通过观察指针旋转方向来判定相序。使用时如果相序存在问题,相序表会报错,避免因相序问题导致短路或错误并网。

(4) 风力发电机组安全标志,应在不同类型的安装装配区域分别放置警告禁止类、提示指示类安全标志,如图 3.14 所示,例如:高处坠落、触电警告、机械伤害警告、错误操作警告、逃生救援通道等,安全标志上的文字应清晰醒目易懂,并具备夜光显示功能。安全标志应在实施安装装配前或随安装装配同步放置,如果污损,应及时更换。

图 3.13　相序表示意图　　　　　图 3.14　安全标志

3. 助力工具

为节省风力发电机组安装装配工作人员的体能及提高工作效率,风力发电机组塔架中设置有助力器或升降机。向上攀爬风力发电机时,可以使用助力器;向下离开风力发电机时,禁止使用助力器。塔架内部如发现存在结冻现象,禁止使用升降机。助力器和升降机中的配套装备,如自锁器等禁止与其他安全防护工具混用。

4. 测量工具

图 3.15　塞尺示意图

针对风力发电机组安装装配过程中细小缝隙的测量和调整,最易上手经常使用到的工具是塞尺,也称为测微片,如图3.15所示。塞尺通常为一套具有标准厚度的薄钢片组成,测量微距范围为 0.02~3 mm,使用时先目测下待测缝隙的厚度,然后选择临近尺寸的塞尺,将塞尺表面清洁后,塞入缝隙,以稍有摩擦阻滞感为佳,此时所选塞尺规格即为被测缝隙厚度。

二、风力发电机组装配的顺序

风力发电机组一般装配顺序粗分为机头部分的装配和机舱部分的装配。

【微信扫码】
风电机组装配的顺序

风力发电机组装配过程中,由于风力发电系统中各子系统子模块之间的物理连接与电气连接较多,机械传动、电力传送和电气控制集成度高,风力发电机组各子系统子模块之间不是孤立的而是彼此交叉联系的,不论装配时按照何种顺序进行,都应随着装配过程的深入,不断测试不同子系统子模块的联调联动效果。

(1)机舱为风力发电涉及的绝大多数机电设备的载体,机舱的装配主要包括机舱本体、机舱底座和机舱罩的装配。

(2)叶轮、轮毂、变桨系统的装配主要包括叶轮与轮毂、轮毂和与之相连的变桨系统、变桨润滑系统的装配,同时还涉及风速仪和风向仪的电气连接及信号采集,防雷接地装置的电气连接,变桨滑环和机舱控制系统间的电气连接。

(3)传动系统的装配主要包括转轴、轴承、齿轮箱、润滑器、温度等多种传感器、空气过滤器和防雷装置等。

(4)联轴器的装配主要包括刚性联轴器和挠性联轴器及若干联轴器的总成。

(5)制动系统的装配主要包括高速制动器和低速制动器以及提供制动动力的液压站装配等。

(6)齿轮箱的装配主要包括行星轮、太阳轮、行星架等齿轮系及相应轴承的装配。

(7)发电机的装配主要包括双馈感应式异步发电机或永磁直驱式同步发电机的装配,同时还涉及发电机定子侧与变流器的电气连接,发电机测温系统电气连接。

(8)偏航系统的装配主要包括偏航电机、偏航齿轮箱、偏航轴承、润滑器的装配等。

(9)加热/冷却系统的装配主要包括散热器、换热器、通风管道、水循环管道的装配,同时还涉及风冷系统中的冷却风机和水冷系统中的水泵循环回路的电气连接。

三、装配的条件和须知

(1)现场装配对风力发电机组的要求

① 制成后的风机构件经过检验合格后,方能运输到装配现场实施

【微信扫码】
装配的条件和须知

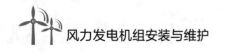

装配。

② 制成后的风机构件运输到装配现场后,应进行详细检查,防止在运输过程中的颠簸磕碰出现构件损伤现象。

③ 风机构件运输过程中,由于其超长、超重和异形件等特点,需做好防雨及缓震等特定保护措施,装配宜在晴好天气下实施。

(2) 风力发电机组安装装配的安全措施

① 风力发电机组安装装配现场必须设立安全监察机构,并安排专人充当安全生产监督管理员,同时做好记录,做到安全监督落实到人。

② 风力发电机组安装现场应选择平整道路,对局部不平整处进行夯实。所有途径桥梁和道路应能保证施工车辆安全通行,桥梁和道路符合风力发电机组安装装配时需要的空间要求及载重要求等。

③ 风力发电机组安装装配场地应能满足吊装要求,并有足够的零件和构件存放场地,同时应做好防水措施。

④ 装配现场用电大多为临时性的,应保证安装装配过程全程不间断供电。

⑤ 装配现场应放置警示性标识牌、围栏护栏等安全设施,非工作人员无法直接进入装配现场。

⑥ 装配现场的工作人员安全装备应佩带整齐,如安全鞋、安全帽、安全带等。

(3) 装配前应编制风力发电机组装配计划,并提前组织培训,告知装配现场所有工作人员。

四、装配连接要求

1. 螺钉、螺栓连接

(1) 螺钉、螺栓和螺母紧固时严禁敲击或使用不合适的螺钉旋具和扳手。紧固后螺钉槽、螺母、螺钉和螺栓头部不得损坏。

(2) 有规定拧紧力矩要求的紧固件,应采用力矩扳手并按规定的力矩拧紧。未规定拧紧力矩值的紧固件在装配时应严格控制,其拧紧力矩按《风力发电机组装配和安装规范》(GB/T 19568—2017)的规定进行。

(3) 同一零件用多件螺钉或螺栓连接时,各螺钉或螺栓应交叉、对称、逐步、均匀拧紧。宜分两次拧紧,第一次先预拧紧,第二次再完全拧紧,这样可保证受力均匀。如有定位销,应从定位销开始拧紧。

(4) 螺钉、螺栓和螺母拧紧后,其支撑面应与被紧固零件贴合,并以黄色油漆标识。

(5) 螺母拧紧后,螺栓头部应露出 2~3 个螺距。

(6) 沉头螺钉拧紧后,沉头不得高出沉孔端面。

(7) 严格按图样和技术文件规定等级的紧固件装配,不得用低等级紧固件代替高等级的紧固件进行装配。

2. 销连接

(1) 圆锥销装配时应与孔进行涂色检查,其接触率不应小于配合长度的 60%,并应分布均匀。

(2) 定位销的端面应凸出零件表面,待螺尾圆锥销装入相关零件后,大端应沉入孔内。

(3) 开口销装入相关零件后,尾部应分开,扩角为 60°～90°。

3. 键连接

(1) 平键装配时,不得配制成梯形。

(2) 平键与轴上键槽两侧面应均匀接触,其配合面不得有间隙。钩头楔键装配后,其接触面积应不小于工作面积的 70%,且不接触面不得集中于一端。外露部分的面积应为斜面面积的 10%～15%。

(3) 花键装配时,同时接触的齿数应不少于全部齿数的 2/3,接触率在键齿的长度和高度方向应不低于 50%。

(4) 滑动配合的平键(或花键)装配后,相配键应移动自如,不得有松紧不均现象。

4. 铆钉连接

(1) 铆接时不应损坏被铆接零件的表面,也不应使被铆接的零件变形。

(2) 除有特殊要求外,一般铆接后不得出现松动现象,铆钉肩部应与被铆零件紧密接触并应光滑圆整。

5. 黏合连接

(1) 黏合剂牌号应符合设计和工艺要求,并采用在有效期内的产品。

(2) 被黏结的表面应做好预处理,彻底清除油污、水膜、锈迹等杂质。

(3) 黏结时,黏合剂应涂抹均匀。固化的温度、压力、时间等应严格按工艺或黏合剂使用说明书的规定。

(4) 黏结后应清除表面的多余物。

6. 过盈连接

(1) 压装时的注意事项

① 压装所用压入力的计算应按《风力发电机组装配和安装规范》(GB/T 19568—2017)进行。

② 压装的轴或套允许有引入端,其导向锥角为 10°～20°,导锥长度应不大于配合长度的 5%。

③ 实心轴压入盲孔时,允许开排气槽,槽深应不大于 0.5 mm。

④ 压入件表面除特殊要求外,压装时应涂清洁的润滑油。

⑤ 采用压力机压装时,压力机的压力一般为所需压入力的 3～3.5 倍。压装过程中压力变化应平稳。

(2) 热装时的注意事项

① 热装的加热方法可参考《风力发电机组装配和安装规范》(GB/T 19568—2017)。

② 热装零件的加热温度根据零件材质、接合直径、过盈量及热装的最小间隙等确定,确定方法按《风力发电机组装配和安装规范》(GB/T 19568—2017)要求。

③ 油加热零件的加热温度应比所用油的闪点低 20～30 ℃。

④ 热装后零件应自然冷却,不允许快速冷却。

⑤ 零件热装后应紧靠轴肩或其他相关定位面,冷却后的间隙不得大于配合长度尺寸的0.03%。

（3）冷装时的注意事项

① 冷装时的常用冷却方法可参考《风力发电机组装配和安装规范》（GB/T 19568—2017）。

② 冷装时零件的冷却温度及时间的确定方法可参考《风力发电机组装配和安装规范》（GB/T 19568—2017）。

③ 冷却零件取出后应立即装入包容件中。表面有厚霜的零件,不得装配,应重新冷却。

（4）安装胀套时的注意事项

① 胀套表面的接合面应干净无污染、无腐蚀、无损伤。装前均匀涂一层不含二硫化钼（MoS_2）等添加剂的润滑油。

② 应使用力矩扳手拧紧胀套螺栓,并对称、交叉、均匀拧紧。

③ 螺栓的拧紧力矩 T 值按设计图样或工艺规定,也可参考《风力发电机组装配和安装规范》（GB/T 19568—2017）,并按下列步骤进行:第一步,以 $T/3$ 拧紧;第二步,以 $T/2$ 拧紧;第三步,以 T 值拧紧;第四步,以 T 值检查全部螺栓。

五、关键部件装配的要求

1. 滚动轴承装配

（1）轴承外圈与开式轴承座及轴承盖的半圆孔不允许有卡滞现象,装配时允许整修半圆孔。

【微信扫码】
关键部件装配的要求

（2）轴承外圈与开式轴承座及轴承盖的半圆孔应接触良好,用涂色法检验时,与轴承座在对称于中心线120°、与轴承盖在对称于中心线90°的范围内应均匀接触。在上述范围内用塞尺检查时 0.03 mm 的塞尺不得塞入外圈宽度的 1/3。

（3）轴承内圈端面应紧靠轴向定位面,其允许最大间隙,对圆锥滚子轴承与角接触球轴承为 0.05 mm,对其他轴承为 0.1 mm。

（4）轴承外圈装配后定位端轴承盖端面应接触均匀。

（5）采用润滑脂的轴承,装配后应注入相当于轴承容积 1/3～1/2 的符合规定的清洁润滑脂。凡稀油润滑的轴承,不应加润滑脂。

（6）轴承热装时,其加热温度应不高于 120 ℃。轴承冷装时,其冷却温度应不低于 −80 ℃。

（7）可拆卸轴承装配时,应严格按原组装位置,不得装反或与别的轴承混装。对于可调头装配的轴承,装配时应将轴承的标记端朝外。

（8）在轴的两端装配径向间隙不可调的向心轴承,且轴向位移以两个端盖限定时,其一端必须留有轴向间隙。

（9）滚动轴承装好后用手转动应灵活、平稳。

2. 齿轮箱装配

（1）齿轮箱的装配和运输应符合《风力发电机组齿轮箱设计要求》（GB/T 19073—

2018)的技术要求。

（2）齿轮箱装配后，应按设计和工艺要求进行空运转试验。运转应平稳，无异常噪声。

（3）齿轮箱的清洁度应符合《齿轮传动装置清洁度》(JB/T 7929—1999)的规定。

3. 液压缸、气缸及密封件装配

（1）组装前应严格检查并清除零件加工时残留的锐角、毛刺和异物，保证密封件装入时不被擦伤。

（2）装配时应注意密封件的工作方向，当 O 形密封圈与保护挡环并用时，应注意挡环的位置。

（3）对弹性较差的密封件，应采用扩张或收缩装置的工装进行装配。

（4）带双向密封圈的活塞装入盲孔液压缸时，应采用引导工装，不允许用螺钉旋具硬塞。

（5）液压缸、气缸装配后要进行密封及动作试验，应达到以下要求。

① 行程符合要求。

② 运行平稳，无卡滞和爬行现象。

③ 无外部渗漏现象，内部渗漏符合图样要求。

（6）各密封毡圈、毡垫、石棉绳、皮碗等密封件装配前应渗透油；钢纸板用热水泡软，纯铜垫做退火处理。

4. 联轴器装配

（1）每套联轴器在拆装过程中，应与原装配组合一致。

（2）刚性联轴器装配时，两轴线的同轴度误差应小于 0.03 mm。

（3）挠性联轴器、齿轮联轴器、链条联轴器装配时，其装配精度应符合表3.1的规定。

表 3.1　挠性联轴器、齿轮联轴器、链条联轴器装配精度要求

联轴器孔直径(mm)	两轴线的同轴度允差(圆跳动/mm)	两轴线的角度偏差(°)
≤100	0.05	0.05
>100~180	0.05	0.05
>180~250	0.05	0.10
>250~315	0.10	0.10
>315~450	0.10	0.15
>450~560	0.15	0.20
>560~630	0.15	0.20
>630~710	0.20	0.25
>710~800	0.20	0.30

5. 发电机的安装

（1）发电机的安装和运输应符合《风力发电机组异步发电机第 1 部分：技术条件》(GB/T 19071.1—2018)的要求。

（2）发电机安装后，发电机轴与齿轮箱轴的同轴度应符合工艺要求。

（3）在发动机机座上，应以对角方式在两端安装接地电缆。

6. 编码器安装

编码器是用于测量偏航齿轮箱等活动构件偏移的精密光电部件，分布于变桨系统、偏航系统和发电系统中，如图 3.16 所示。

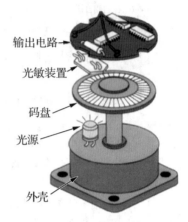

图 3.16　偏航编码器示意图

（1）安装装配时不允许撞击编码器，避免产生物理性的损坏，如果编码器出现肉眼所见的损伤，必须立即更换重新装配。

（2）编码器投入使用前，应检测码盘运动和光敏元件运转是否正常，如不正常会造成编码器计量产生偏差，从而产生错误的判断。

（3）安装编码器前需进行表面的除尘除垢，提高编码器运转精度和使用寿命。

（4）安装编码器连线时，应注意防止接线极性错误而损坏编码器内部电回路，可事先对编码器连接线进行套管极性标注，较少接线错误的概率。

7. 变流器安装

变流器是控制风力发电机组输电电压、频率、相位等电特性符合并网要求的电气设备，分为电压型和电流型两种，均为"交—直—交"回路结构。变流器的主要组成为整流模块、滤波模块、充放电模块、制动模块、逆变模块和散热模块等。变流器中含有的 IGBT 等大功率元件，结构精密，价格昂贵，安装装配不当不仅会损坏变流器自身，也会导致风力发电机组无法正常工作。在并网侧逆变单元连接电网之前，需给直流母排电容器进行预充电，减弱闭合并网侧开关时，发电机输出端对电网造成不利冲击。与双馈感应式异步发电机对应的为双馈型变流器，与永磁直驱式同步发电机对应的为全功率变流器，装配前应根据风力发电机组的功率，选择相应型号的变流器，变流器应具有一定裕量。

实践训练

风力发电机组实施安装装配的过程中，由于不可避免地要登高作业，甚至是外出机舱作业，最为常见的且后果严重的事故即为高空坠落。根据给出的任务实施单进行如下操作。

（1）风力发电个人防坠落设备中最重要的就是安全带。系好安全带就是系好生命，请用六步法正确穿戴安全带。

（2）为了进一步增加安全系数，安全带还需配合防坠落器（安全锁扣、减震器、滑行装置）和缓冲带一同使用，才能达到最佳效果。请在（1）的基础上，正确组装、佩戴坠落器和缓冲带。

风力发电机安全装置穿佩戴任务实施单

步骤次序	1	2	3	4	5	6
实践项目	握住安全带背部D型环，抖动安全带，使所有的编织带回到原位	如果胸带、腿带或腰带被扣住，需要松开编织带并解开带扣	把肩带套到肩膀上，让D型环处于后背两肩中间的位置	从两腿间拉出腿带，扣好带扣，按同样方法扣好第二根腿带，如有腰带要先扣好腿带再扣腰带	扣好胸带并固定在胸部中间位置，拉紧肩带将多余肩带穿过带夹，防止松脱	收紧所有带子，让安全带尽量贴紧身体但又不会影响活动，将多余带子穿到带夹中防止松脱
六步法穿戴安全带　正确						
六步法穿戴安全带　错误						

步骤次序	1	2	3	4	5	6
实践项目	安全锁扣与安全带直接连接	滑行装置安装好后防止扭弯，应将防震器笔直置于滑行装置和安全锁扣之间	按下钢质旋塞，打开滑行装置，将装置的两侧拉开，装置箭头指向上方，将装置两侧放入各自对应的安全导轨两侧	提起制动杆，使滑行装置倾斜，装置两边围住安全导轨的每一边	将滑行装置两部分压在一起，使左底部钢质旋塞锁弹回原位置，锁住滑行装置	将缓冲连接装置卡钩，与安全带背部D型环连接
佩戴防坠落器和缓冲带　正确						
佩戴防坠落器和缓冲带　错误						

知识拓展

风力发电机组的吊装

风力发电机组吊装构件的重量通常大于80吨，吊装高度大于60米，属于大型机电设备的特种吊装。需在人员、设备和吊装流程诸多方面遵循严格的安全规范。

（1）人员要求

现场工作人员应持证上岗并具备相应的职业资质。进入现场的工作人员应具有良好的身体和精神状态，不得在带病、疲劳或情绪波动下进入工作岗位。在岗人员应具有一定的风力发电机组吊装经验，熟悉风力发电机组吊装工艺和验收标准，会熟练使用吊装过程中使用到的各类工具。同时，从安全角度着眼，在岗人员应会熟练使用安全防护用品、消防器材及紧急情况下的急救方法。为便于吊装现场各工作人员协同施工，需为每位在岗人员及现场管理、指挥等相关人员配备通信设备。

（2）设备要求

①起重机械要求：起重机械的设备选型应满足或超过风力发电机组吊装构件的重量、

作业半径和距离等操作要求。两台起重机械针对同一大型构件进行联合吊装时,应进行合理的起重载荷分配,每一台起重机械承受的起重载荷不应超过其最大起重载荷的75%,如果是海装起重机械执行吊装任务,还应视具体的海况,减小起重载荷,保留更大的安全裕量。

② 吊具和索具要求:为满足不同吊装需求,吊具和索具应准备充分,包括但不限于钢丝绳、链式索具、梁式吊具、手动葫芦、滑车、吊装带等。

(3)吊装流程

① 利用起重机械将塔架等大型构件安装姿态调整完成后,应放置在专用的工装支架上待吊装。所有吊装构件应设置合理的吊点及清晰准确的定位标识和紧固点标识。应明确好待吊装构件的重心,避免吊装过程中,构件出现翻滚等情形。测量并记录下大型构件静置时的外形尺寸参数。

② 吊装前:吊装实施方案及质量控制点应事前编制完成,并组织相关专业专家进行审议。实施过程中应严格按照方案进行吊装,不得随意更改。吊装方案涉及内容,包括但不限于吊装工程介绍、吊装进度表、吊装不同视角工装图、吊装工艺、吊装质量验收参数、吊装人员安排体系、吊装安全措施及紧急预案等。吊装前需对吊装环境进行确认,尽量安排在晴好天气下的白天进行吊装,雷雨、沙尘、冰雹、暴雪情况下均不得进行吊装,风力大于6级不进行陆上吊装作业,风力大于7级不进行海上吊装作业。海装或高原安装环境下,还应选择适用海洋或高原环境的起重等工程机械。如果后续需要进行24小时不间断吊装,还应提前做好夜间照明的准备,保证夜间吊装的可见度和清晰度。起重机械吊臂及吊钩应配备固定装置,防止不利天气下造成伤害事故。吊装时不得单人实施作业任务。

③ 吊装中:吊装实施过程中,应设置警戒线,明确吊装警戒区域,非工作人员不得入内。起重机械吊装时,吊臂和吊钩下严禁站人。吊装现场应配备管理指挥人员进行统一指挥,配备安全员监督安全规范,吊装工作人员应服从指挥,重要吊装动作或存疑指令应与指挥人员反复确认,再予实施。暂停吊装作业时,吊装对象(如构件)不应悬于空中。吊装姿态调整完毕后,在紧固件(如高强螺栓)未实施紧固前,吊具及吊钩不得处于松弛卸力状态。海上作业时,安装船应锚定位置后再行吊装,船舶锚定位置应具有一定水深,船舶甲板应做好防滑措施,吊装开始后,运输船、补给船等辅助船舶应驶离吊装现场。

④ 吊装后:吊装完成后,起重机械应恢复到安全姿态,吊具和索具在吊装过程中如出现磨损,应更换后妥善保存,避免受潮生锈,所有工具应清点完毕后放回工具箱内,不得有工具遗忘在风力发电机组内部。除此之外,还应注意吊装后的构件尺寸应与吊装前构件静置时的外形尺寸参数进行比较,如果局部出现较为明显的偏差,应进行补救,并将最终偏差控制在安装装配的技术要求之内。

任务二　风力发电机组机头部分的装配

任务描述

风力发电机组机头部分为迎风构件,不同机头的组成部分形状作用各异,涉及风机轮毂、机舱罩和变桨系统等的集成,机头部分的良好装配是整个风力发电机组高效安全捕捉风能的保证。因此,了解和掌握涉及风力发电机组机头部分装配的知识,是极有必要和非常重要的。

一、识读图纸

1. 识读零件构件图纸

(1) 识读零件构件图纸的目的是了解装配过程中涉及零件构件的名称、材质、形状、连接方式和作用,了解不同零件构件之间的空间位置关系,了解本幅图纸标注尺度和绘图比例。

(2) 识读零件构件图纸步骤为首先看图纸标题了解零件构件数量,进行图纸投影视角的分析,还原零件构件形状,先主体轮廓后具体细节,确定零件构件长宽高三维尺寸,做到心中有数。典型零件构件图纸涉及轴套类、叉架类、盘盖类和箱体类,大体为基本视图结合剖面图、斜视图和局部视图等。

2. 识读装配图纸

(1) 装配图纸中的零件构件配合,包括间隙配合、过盈配合和过度配合。

(2) 装配图纸中注明注意事项和装配完成后应达到的装配效果。

(3) 针对特殊零件构件装配时,应注明表面特殊加工及修饰方法。

3. 识读装配工艺

(1) 由于装配的过程不可能一蹴而就,风力发电机组某个构件可能会由若干不同零件装配而成,尽可能将具有类似功能及联系紧密的零件装配成某一构件,尽量不留单独零件进入总装配阶段。使用相同装配工具和需要相同装配环境的构件集中统一装配。识读装配工艺规定好的零件具体装配顺序,可以使装配过程程式化,降低错误装配造成的人工浪费。

(2) 了解装配过程所需的环境条件,包括自然环境条件和工具使用环境。

(3) 识读装配采用的方法和形式,由于装配过程涉及众多工作人员,某一类型的零件装配工艺中确定的装配标准应固定统一,利于零件翻转移动,方便执行。装配现场的补充加工应尽量减少,保证现有装配零件外观的统一性。

(4) 识读装配顺序,因为涉及较多不同类型的装配工具和产生一定量的装配废料,首先完成打磨防腐等装配现场的补充加工。如果装配过程存在加热焊接等工序,产生的热量可能会对其他零件构件造成不良影响,应提前实施。因为起始装配阶段装配空间较为充足,方便调整检查,然后进行涉及基础底座的零件构件装配和精密构件装配,遵循由内而外,由下而上的装配顺序。

(5) 因为风力发电机组为超大型机电设备,同时识读机械零件构件和电气零件构件装配工艺,两者同步实施装配,避免机械和电气装配不同步造成装配时反复拆卸。

(6) 装配过程中,如果需要更改装配工艺,应及时填写工艺更改单,并做好纸质文件留存。

二、风机轮毂装配质量控制点

（1）风机轮毂装配过程中，轮毂轴承的滚珠和滚道应无锈蚀现象，装配过程中应及时发现并清理轴承锈迹，如锈蚀情况严重，应更换新轴承再行装配。轮毂轴承装配过程中需注入清洁油脂，并保证排油口畅通。轮毂轴承装配时应回避或减少重载工况。

（2）风机轮毂中的减速箱齿轮表面无变形、剥落和锈蚀。

（3）风机轮毂装配过程中，机械构件间的密封条无扭曲污损，密封条置于变桨轴承密封槽内，密封圈整体密封紧密，防水、防尘效果良好。

（4）风机轮毂装配过程中使用的螺栓等紧固件应尽量属于同一批次的产品，同批次的紧固件在强度、精度等方面具有较高的一致性。

（5）紧固件紧固时，按照装配工艺规定，在一定次序下拧紧到规定力矩，尽量不在装配过程中频繁来回反复拧动紧固件。紧固件装配完成后，应检查是否存在紧固件漏装或松动未拧紧的情形，漏装紧固件会严重破坏轮毂旋转时的稳定性和平衡性，造成轮毂、叶片等构件的损伤。

（6）轮毂装配过程中，螺栓等紧固件应涂抹螺纹紧固剂，紧固件表面应做好润滑防锈处理。

三、机舱罩和轮毂罩装配质量控制点

（1）机舱罩和轮毂罩为保护性构件，对风机轮毂和机舱内部设备起到保护作用。机舱罩和轮毂罩散件为不规则形状，应避免在露天环境堆放，选择防雨防晒的空间进行储存，不应为节省堆放空间而将散件挤压堆叠起来。

（2）由于机舱和轮毂均为旋转构件且两者相连，同时机舱罩和轮毂罩与外部环境如空气、雨雪直接接触，为避免灰尘及水分的侵袭，机舱罩和轮毂罩装配时需进行同轴度确认，以提高旋转时的顺畅度和工作时的密封性。机舱罩和轮毂罩装配时的同轴度确认主要涉及：叶片密封圈内径和变桨轴承叶片装配螺栓环，塔筒密封圈外径和偏航轴承外径，主轴密封圈和主轴法兰外径等。

（3）由于法兰和螺栓为刚性机械零件，不可避免地会在法兰盘与法兰盘之间存在间隙，为填充缝隙提高密封性，需用耐腐蚀及温度适应范围广的密封胶条填充装配间隙。而对于法兰盘与螺栓间存在的细小缝隙，同样需选用耐腐蚀及温度适应范围广的密封胶进行填充，避免密封胶条或密封胶的反复失效，造成机舱和轮毂罩内污染。

四、变桨系统装配质量控制点

（1）变桨轴承属于大型转盘式轴承，轴承滚道中存在软带，即滚道中存在的低硬度区域。一般滚道软带长度在十几毫米至几十毫米之间，小于两倍滚动体直径。软带是由于轴承在热处理过程中淬火工序时，淬火起始点和终止点存在未经淬火的盲区或起始点和终止点存在局部退火的交汇区，现代工艺及设备无法避免轴承在这些特殊区域产生低硬度区，低硬度区的硬度要低于正常的滚道淬火硬度，所以称为"软"带，就好像为避免瓷器底足与烧造底座产生粘连，工艺上采取不在瓷器底足施釉或减少施釉，是类似的道理。通常轴承软带区域以字母 S 进行标记，变桨轴承装配时应回避或减少重载工况。

（2）大型转盘式轴承装配时如需进行提升，需设置三点着力提升，如采用两点着力，不易达到使轴承均衡受力，从而造成轴承扭曲变形。

一、风机轮毂总成装配

总成即集合体的含义，风机轮毂总成即构成风机轮毂的众多相关机械零件按照装配要求和工艺组装而成的集合体。风机轮毂总成装配主要构件包括变桨齿轮箱、变桨电机、变桨轴承、变桨轴承润滑系统、变桨齿轮润滑系统、变桨轴承油脂收集器、位置编码器、滑环、控制柜和电池柜等。风机轮毂总成装配次要构件包括电缆、油管、风管、橡胶缓冲器、避雷装置、限位开关、密封件和紧固件等。变桨系统作为风机轮毂总成装配中的重点，应做到：

（1）变桨电机与位置编码器牢固连接，变桨电机散热风扇运转正常。

（2）变桨电机电磁刹车中的弹簧加压制动器制动有力，无磨损变形。

（3）齿形带胀紧度适中，偏移量在允许范围内，与轴承和压板连接紧固。

（4）变桨锁定销无裂缝破损，紧固得当。

（5）变桨控制柜手动及自动变桨控制功能正常，位置、温度等传感器工作正常。

此外，由于风机轮毂经常处于活动状态且轮毂总成装配涉及较多构件，包含机械构件和电气构件。因此，轮毂机械构件总成装配时，应注意机械构件间的连接是否达到安装装配要求的设计精度，机械构件是否配备润滑措施等。轮毂电气构件总成装配时，应注意电气构件间的连接是否达到安装装配设计的控制要求，电气构件（例如：传感器、编码器及电气滑环等）是否连接到位，并能正常起到传输电力与监控风机状态，实施电气控制的作用。

风机轮毂总成装配（包括变桨系统）主要流程如下。

（1）清理清洁轮毂和变桨轴承装配面

风机轮毂和变桨轴承为金属铸造，如球墨铸铁等。清理清洁装配面是为了提高轮毂和变桨轴承使用寿命和提高装配效果，包括轮毂和变桨轴承装配面平整度打磨，轮毂和变桨轴承装配面污渍清理，轮毂和变桨轴承装配面磨损部修整，较为快捷的检查方法有目视法、接触法和称重法。

① 目视法：人工肉眼或通过放大镜、显微镜针对装配涉及的面、棱、沟、槽等部位进行检查，包括涂漆、防腐层等是否完整。

② 接触法：对于目视法存在遮挡有困难的区域，可以采用手指触摸的方式进行检查。

③ 称重法：为清洁度测量的常见方法，通过对装配面清洗物过滤出的杂质进行干燥称重，得到固体污染颗粒的重量。

（2）标定轮毂和变桨轴承零刻度点

风轮叶片、轮毂和变桨轴承三者相互关联，进行装配时，需进行零刻度点标定，即在轮毂和变桨轴承圆周上确定起始参考点（图3.17），方便装配时进行角度等物理量的测量。

（3）识别变桨轴承软带区域位置

具体而言，如果轴承存在滚道孔，则轴承滚道软带区域一般就位于滚道钻孔附近，滚道钻孔即为轴承制造时注入滚珠的孔洞，为避免滚珠滑出，滚道孔需加塞，滚道塞表面与滚道

图 3.17 变桨轴承零位点

面保持相同弧度,因此一般滚道塞附近即为轴承软带区。

变桨轴承装配时,首先寻找变桨轴承软带标志 S,然后确定轴承承受的载荷方向,尽量让软带区域避开主载荷方向,例如:主载荷在东西方向,那么就将软带区域放置在南北方向。具体而言,装配时变桨轴承的零刻度与风机轮毂的零刻度对齐,即可防止轴承软带承受重载,从而保证轴承软带工作在低应力区。

（4）识别变桨轴承凹凸口

为了进一步增加变桨轴承与轮毂的啮合度,变桨轴承与轮毂上分别设置有凹口和凸口,两者进行装配时,需凹口和凸口匹配承插,其作用类似于古代建筑中榫卯的作用,通过凹口和凸口两者自身的契合,提高装配后的稳固性。

（5）安装紧固件

轮毂和变桨轴承通过装配面上的法兰进行连接,法兰固定需通过螺栓紧固件完成。装配面如果用到多个螺栓进行紧固连接时,针对轮毂和变桨轴承的环形装配面,拧紧紧固螺栓时,应按照均匀、对称、交叉和逐步紧固,不一次性拧死的原则进行,紧固顺序如图 3.18 所示,边装配边调整,使得装配面和紧固件紧密贴合。

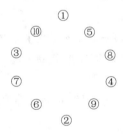

图 3.18 环形装配面螺栓紧固顺序示意图

（6）检查和清理

安装完毕后,检查零部件,对损伤的、裸露的涂层及未用的孔按照要求进行作业,有力矩要求的螺栓防腐后用红色油漆笔做好防松标记。

二、机舱罩和轮毂罩的装配

1. 机舱罩的装配

机舱罩为大型不规则构件,由多块机舱罩散件拼接而成,一般分为上、下半壳机舱罩,多用坚固和柔韧兼而有之的玻璃钢材质制成,厚度在1厘米左右。为保证机舱罩外形的流线型,减少风阻,连接用法兰盘内置在舱内。由于机舱罩体积大、厚度薄,其自身在重力作用下容易发生扭曲变形,需在罩体内表面放置金属加强筋,加强筋呈网格状分布,从纵横两个维度增大罩体自身形态的稳定性,同时为了不过多增加罩体自重,金属加强筋采用空心管结构。

机舱罩装配的主要流程如下。

(1)检查机舱罩装配面及装配零件外形和尺寸,与装配图纸相符,达到装配工艺的要求。如在运输过程和吊装过程中产生局部变形,需进行复原后经质量监督员检验合格后方可实施装配。

(2)清理清洁机舱罩装配面、螺栓、螺栓孔,可用压缩空气和无水酒精进行表面和孔洞的清理清洁。

(3)装配上、下半壳机舱罩时最为重要的工序即为罩体合拢,由于罩体制造生产过程中不可避免存在误差,罩体合拢过程中的上、下半壳的对称性将由现场装配人员进行实地调整,可通过预埋螺栓将上、下半壳先连接起来,然后利用撬棒进行法兰螺栓孔对齐调整,注意撬棒着力点可进行软包,防止损坏机舱罩壳体。

(4)螺栓紧固时要注意扭力适当,避免破坏螺纹,螺纹上可以涂抹螺纹锁固胶,同时对裸露的紧固件或紧固过程中破损的装配表面进行再次防腐处理。

(5)机舱罩上、下壳体间及机舱罩与塔筒间的连接装配结合部,需做好密封措施。机舱罩上、下壳体间,无相对活动,采用静密封装配,用耐腐蚀及温度适应范围广的密封胶。机舱罩与塔筒间,存在相对活动,采用动密封装配,用耐腐蚀及温度适应范围广的密封胶条或密封毛刷。

2. 轮毂罩的装配

风力发电机的轮毂罩,又称为整流罩。风机轮毂罩可以起到风机迎风状态下,使气流通过时按照轮毂罩外壳流线型均匀分流,其作用与飞机、摩托车整流罩,甚至是船体中的球鼻艏等具有一定程度的类似作用。风机轮毂罩的装配大多是将三片轮毂罩分体、轮毂罩前端导流帽及三片分隔壁,通过螺栓彼此连接固定。轮毂罩的凸出部分使用螺钉与叶片防雨罩固定连接,防止雨水侵入轮毂内部,裸露螺钉需做防腐处理。三片分隔壁均保留有一个开孔,方便工作人员出入轮毂使用,工作孔边缘需做好密封处理。罩体端部的导流帽和倒锥座分别通过螺栓与轮毂罩和轮毂固定连接。此外,由于轮毂罩直接与外部环境相接触,处于高空且大多处于无遮挡的旷野,需在罩内配备避雷保护装置。

三、风轮的装配

风轮的装配需要在吊装机舱前提前完成。在地面上将三个叶片与轮毂连接好,并调整好叶片安装角,成为整体风轮。然后把装好全叶片的风轮起吊至塔架顶部高度后,与机舱上的风轮轴对接安装。

风轮装配工艺如下。

(1)风轮装配一般在风力发电机组安装现场进行。装配前安装点应清理干净、相对平坦,垫木、叶片支架及吊带、工具、油料均应备齐到现场,风轮轮毂、叶片均已去除外包装、防锈内包装,工作表面擦拭干净。

(2) 使用叶片专用吊具、吊带将叶片水平起吊到叶片根部与轮毂法兰等高,调节变桨轴承,使其安装角标识与叶片上的安装角标识对准。要求轮毂迎风面与叶片前缘向上。

(3) 分别把三个叶片上的连接螺栓穿入变桨轴承与轮毂的法兰孔中,确认各叶片安装角的相对偏差没有超过设计图样的规定后,按对角拧紧法(图 3.19)分两次将连接螺栓拧紧至规定力矩。

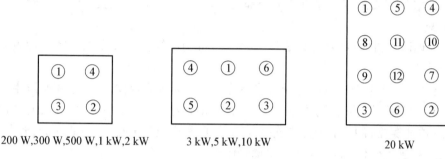

200 W,300 W,500 W,1 kW,2 kW　　　3 kW,5 kW,10 kW　　　20 kW

图 3.19　对角拧紧法

(4) 装配前两个叶片时,轮毂连接螺栓上紧后,起重机不能松钩。松钩前需要利用支架分别将叶尖部分支撑好,提前松钩将会造成轮毂倾覆。当三个叶片全部安装完后,轮毂的受力处于平衡状态,这时可以去除叶尖下的全部支撑物。

(5) 对于利用叶尖进行空气制动的叶片,应安装调整好叶片的叶尖。

(6) 进行以上操作时,均应按装配手册在相关零件表面涂密封胶或 MoS_2 润滑脂。

四、变桨集中润滑系统装配

【微信扫码】
变桨集中润滑系统
和整流罩装配

变桨集中润滑系统即变桨自动润滑系统,较之手动润滑变桨装置进行局部油脂灌注所造成的油脂分布不匀,变桨集中润滑系统通过计算自动从多个局部同时灌注油脂,润滑油脂均匀且油脂注入量不易出现浪费。任何润滑油脂经过一段时间的使用后,都需要及时排掉混有杂质污物的废油,换上新的润滑油脂,通过装配外置油标,排油孔和集油器来实现。

变桨动作的完成需要机械构件的活动来实现,因此为保证机械构件的良好运行,降低机械接触面的磨损,提高变桨系统使用寿命,需要润滑系统进行重点润滑。变桨集中润滑系统在齿轮和轴承的接触部位进行装配时应覆盖油膜,削弱机械构件表面产生点蚀、黏接和胶合等现象的概率。具体而言,变桨集中润滑系统装配时应注意以下几点。

(1) 清理清洁润滑系统管路,按照装配图纸中的油管总分布及各油管支路的安装位置实施装配,为降低润滑油脂泄露的概率,油管尽可能少地采用接头。

(2) 装配时,吸油管与润滑泵固定连接,润滑油脂输送至变桨系统。根据装配现场采用的连接方式,紧固件要扭力适当,不要一次性拧死,边装配边调整,不论是机械构件的连接处还是非机械构件与机械构件的连接处都应进行密封处理。

(3) 装配时,溢流管与润滑泵固定连接,用来引流排除润滑油脂。根据装配现场采用的连接方式,紧固件要扭力适当,连接处均应进行密封处理,装配完成后应检查溢流管管口是否畅通,无异物堵塞。

(4)为防止高空低温情形下,润滑油脂可能出现的流动性降低的凝固或凝滞状态。润滑胶管装配时应同时配备电加热装置,防止因温度变化引起润滑胶管变性发脆造成漏油或恢复润滑油脂流动性。

(5)装配时,润滑泵应装配固定在底座上。所有机械连接构件和润滑泵的裸露外表面均应做防腐处理。

五、1.5 MW 风轮组装实例

(1)风机轮毂尺寸:长×宽×高=4.1 m×3.3 m×4.62 m,重 19 t。叶片尺寸:长×宽×高=37.5 m×3.0 m×3.0 m。每个重 6 t,共 3 个,组合后总重 37 t。

(2)清理叶轮组合场地(直径约 80 m),用道木将轮毂放置处找平,并垫高约 0.75 m。使用轮毂专用吊具、风机叶片由大型平板拖车进入现场,然后卸车。

(3)对轮毂进行安装前的检查,清理 3 个轴承法兰平面和轮毂与低速轴连接法兰平面,检查有无损伤,做好相应的记录并采取相应的措施。将曲柄盖安装在轮毂罩的侧面部件上。将楔形盘吊起安装到叶片螺栓上,要注意楔形盘的正确安装位置。拆下工作位置和顺桨位置传感器。按照叶片安装到轮毂上的位置适当调整叶片的方位。

(4)对叶片和轮毂进行组合,使用叶片专用吊具,在确定好的吊点处将叶片吊装到轮毂上。稍稍转动并加以控制,注意叶片的正确位置,使用与叶片和轮毂规格相匹配的扳手。为了便于安装,要使用专用的控制柜,通过变桨轴承来调整。另外必须断开变桨电动机及其制动器,分别与控制柜的电缆相连接。拆下临时的节距固定装置,检查叶片表面有无损伤并做好记录。

(5)叶片与轮毂连接前,应在叶片螺栓上涂抹润滑剂,使用液压扭力扳手按规定的力矩将叶片螺栓分三步拧紧:第一步拧紧力矩为 800 N·m;第二步拧紧力矩为 1 000 N·m;第三步拧紧力矩为 1 250 N·m。在拆下吊具之前,要在叶片重心外部的下方加垫一个形状与叶片外形相适应且高度可调的支架,以保证叶片不能接触地面。

(6)重复上述步骤,完成其他 2 个叶片和轮毂的组装工作,并在 3 个叶片上安装倒雨槽。

实践训练

风力发电机组中的机械构件众多,经常要接触到普通螺栓、高强螺栓和法兰盘实现构件彼此之间的连接,利用相关工具实操法兰盘的装配,注意装配前、装配中和装配后的 6S 管理(6S 即整理、整顿、清扫、清洁、素养和安全六个方面),根据给出的任务实施单进行如下操作。

(1)实现普通螺栓、高强螺栓装配和防腐处理以及法兰盘的密封。

(2)识别变桨轴承中的软带位置和止口方向,在任务单中给出对应的图片和标注,并测量软带长度。

风力发电机螺栓和法兰盘装配、防腐及密封任务实施单

实践项目	螺栓规格		螺纹直径					
			M10		M20		M30	
普通螺栓与法兰盘装配	预紧力(kN)							
	紧固扭矩(N·m)							
	防腐	钝化防腐	除污除锈除尘效果		除污除锈除尘效果		除污除锈除尘效果	
			钝化效果		钝化效果		钝化效果	
		涂层防腐	除污除锈除尘效果		除污除锈除尘效果		除污除锈除尘效果	
			涂层效果		涂层效果		涂层效果	
	密封	橡胶密封	气密效果		气密效果		气密效果	
			水密效果		水密效果		水密效果	
		弹片密封	气密效果		气密效果		气密效果	
			水密效果		水密效果		水密效果	
高强螺栓与法兰盘装配	预紧力(kN)							
	紧固扭矩(N·m)							
	防腐	钝化防腐	除污除锈除尘效果		除污除锈除尘效果		除污除锈除尘效果	
			钝化效果		钝化效果		钝化效果	
		涂层防腐	除污除锈除尘效果		除污除锈除尘效果		除污除锈除尘效果	
			涂层效果		涂层效果		涂层效果	
	密封	橡胶密封	气密效果		气密效果		气密效果	
			水密效果		水密效果		水密效果	
		弹片密封	气密效果		气密效果		气密效果	
			水密效果		水密效果		水密效果	

风力发电机变桨轴承软带位置和止口方向识别测量任务实施单

实践项目 \ 变桨轴承序号	1	2	3	4	5	平均值
软带位置图片及长度(mm)						
止口方向标注图片						

知识拓展

风力发电机组的雷电保护

　　风力发电机组位于旷野或海面之上,通常周边除去其他风机,无遮无挡。风机大多为其所在局部区域的最高物体且体型巨大,雷暴天气极易受到雷电袭击,如直击雷、侧击雷和感应雷等。雷电袭击风力发电机组的主要对象为风机叶片、裸露机械构件及电气控制系统。雷电袭击工作人员的主要原因为雷电导致的跨步电压、接触电压和感应静电。雷电保护等级从高至低分为四级,一级最高,四级最低。叶片形状细而长,是风力发电机组中最为暴露也最易受到雷电袭击的构件,对其应实施一级雷电保护。针对叶片采取的雷电防护措施通常是为叶片增加雷电接闪器。接闪器按通俗的理解即为避雷针,但是常见的如网状或伞状的避雷针如果直接安装在叶片上,会破坏叶片表面的光滑度和对称性,进而影响叶片的气动特性,因此叶片上的雷电接闪器通常以埋在叶片叶尖部位的水滴形金属凸起来充当,如图3.20所示,为增强接闪效果,金属凸起的材质通常选择导电性良好的铜制或铝制。接闪之后从雷电传导而来的大电流还需通过对地引线,将其引向大地。引线的横截面大小应与雷电保护等级所对应的大电流相匹配。如果叶片内还存在机电构件(如传感器、电缆或叶片配重等),应采取等电位连接使其进入叶片雷电保护系统。

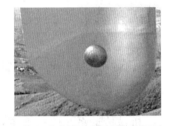

图3.20　叶尖雷电接闪器示意图

　　轮毂为开孔的空心铸铁结构,与法拉第笼非常类似,法拉第笼即以金属等良导体构成的密闭空间,可以实现静电屏蔽和高压防雷,例如生活中的电梯轿厢或微波炉炉体等。因此只需将轮毂开孔进行密封并等电位连接即可将轮毂构造为一个法拉第笼,从而实现防雷保护功能。轮毂上如连接叶片和机舱的开孔处用法兰盘和高强螺栓进行密封,同时轮毂外壳进行电气等电位连接。此外,暴露在轮毂之外的轮毂罩(整流罩)大多为非金属的高强度玻璃纤维材质,不是易于受到雷电袭击的对象,通常可以使用金属伞或金属网等简单支撑结构置于轮毂罩下,进行雷电保护的同时还可以营造出类似法拉第笼的效果,金属伞或金属网等同样也需进行电气等电位连接经对地引线接入大地。

　　机舱罩的雷电保护与轮毂罩类似,同样是尽量营造出法拉第笼的效果。除去将机舱与轮毂、塔架等区域的开孔使用法兰盘进行密封外,还应注意机舱内部存在大量对电磁场敏感的电缆及电气控制设备,为进一步增强上述电缆及电气控制设备的电磁屏蔽效果,机舱内的重要电缆应加增金属屏蔽套管,电气控制设备应加增金属柜体,同时做好等电位连接,并最终通过对地引线接入大地。

　　塔架也应尽可能地构造成一个法拉第笼,塔架的主要开孔位于与机舱的接口和塔架底部的入口,在闭合情形下同样可以实现雷电保护。

除此之外,对于整个风力发电机组应设置一个完整的接闪电流对地通道,通常为叶片接闪器,具有法拉第笼结构的轮毂、轮毂罩、机舱罩和塔架全部实施等电位连接并最终汇入大地,保护风力发电机组内重要的传动构件如主轴和各类轴承免受接闪电流的影响。对地引线接入大地时需垂直接入,同时保证引线具有足够大的横截面积,能承受风力发电机组安装当地雷电保护等级对应的接闪电流最大值,对地引线需设置多根,分摊接闪电流,引线之间相互距离应大于 20 米,防止大电流下击穿土壤。

任务三　风力发电机组机舱内部的总成装配

任务描述

风力发电机组机舱内部是机电设备最多的区域,涉及传动系统、偏航系统、发电机等维系风力发电机组正常工作的重要设备,彼此之间相互联系,构成机舱内部总成。因此,了解和掌握涉及风力发电机组机舱内部总成装配的知识,是极有必要和非常重要的。

知识链接

一、机舱内部总成装配涉及主要术语

1. 键与销

机械传动系统中的键主要是用来固定传动轴和轴上零件,如齿轮箱中的齿轮与转轴,如图 3.21 所示。键的常见类型有单键、平键、半圆键、楔形键、花键等,键的形态越复杂,键的加工工艺越难。销主要用来定位、紧固零件或位置限位(图 3.22),如防止叶轮中的叶片在风力持续作用下产生累积位移的叶片锁销。销的常见类型有开孔销、圆柱销、圆锥销等,销不同于键的传递旋转力矩,更多的是用来发挥其保护作用。

(a) 内花键　　　　(b) 外花键　　　　　　(a) 圆柱销　　　　(b) 内螺纹圆锥销

图 3.21　常见的键　　　　　　　　　图 3.22　常见的销

2. 高强螺栓

高强螺栓即高强度螺栓(图 3.23)。由于风力发电机组旋转构件多,构件体积大、质量大,经常需要面对较强的风载荷,因此紧固件螺栓需要用到高强螺栓。螺栓连接副中成套的螺栓、螺母和垫圈强度应匹配,不能出现不同强度等级的螺栓、螺母和垫圈混用。为保证装配过程载荷承载的均匀性和老化的同一性,螺栓、螺母和垫圈应采用同厂家同批次的产品。为提高装配质量,拆卸下的高强螺栓副套件不再重复使用。高强螺栓套件均使用于高载荷零件或构件间的连接,高强螺栓套件类型分为以下几种。

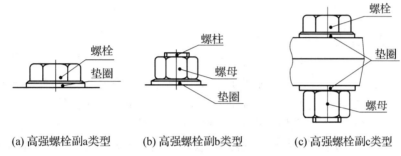

(a) 高强螺栓副a类型　　(b) 高强螺栓副b类型　　(c) 高强螺栓副c类型

图 3.23　高强螺栓套件不同类型示意图

(1) 高强螺栓钉套件:包括一个螺栓和一个垫圈,这样的两个相配套使用的零件组称为高强螺栓副 a 类型,如图 3.23(a)所示。

(2) 高强螺栓柱套件:包括一个螺栓、一个螺母和一个垫圈,这样的三个相配套使用的零件组称为高强螺栓副 b 类型,如图 3.23(b)所示。

(3) 高强螺栓母套件:包括一个螺栓、一个螺母和两个垫圈,这样的四个相配套使用的零件组称为高强螺栓副 c 类型,如图 3.23(c)所示。

由于高强螺栓套件装配时需要大扭力,不适用于手动实施装配,需利用工具实施装配。三种不同类型的高强螺栓套件采用的常见紧固方法有以下几种。

(1) 扭矩法。进行螺栓紧固时,只针对螺栓实施扭矩控制,由于控制对象单一,操作简便,扭矩法是风力发电机组中高强螺栓紧固时最为常见的方法。同时,为了进一步提高垫圈与装配面法兰的摩擦力和咬合度,垫圈非普通两面光滑的垫圈,而是采用一面光滑一面滚花的垫圈,垫圈光滑面与螺栓接触,垫圈滚花面与法兰接触。

(2) 转角法。主要针对高强螺栓副的装配,即螺栓配合螺母实施装配,此时螺母不动,旋转一定角度拧紧,装配时要控制好扭转力矩,防止扭转过松,螺栓和螺母连接松动或扭转过紧,螺栓挤压螺母,造成紧固件损坏。

(3) 液压法。利用液压压力来实施螺栓紧固,但是由于金属具有的延展性,液压力初次作用于紧固件及装配面后,金属零件和装配面会出现回弹现象,影响装配效果,需要控制初次液压力和施力过程或二次液压进行弥补。

3. 联轴器

联轴器是指连接转轴与转轴或转轴与旋转体,保证两者一同旋转的装置,如图 3.24 所示。联轴器分为刚性联轴器和挠性联轴器两种类型。刚性联轴器不具备缓冲和补偿转轴位移偏差的功能,在风力发电机组中,刚性联轴器适用于对中性高,低速旋转的转轴连接;挠性

联轴器具备缓冲和补偿转轴位移偏差的功能,在风力发电机组中,挠性联轴器适用于对中性存在偏差、高速旋转的转轴连接,可以承载吸收轴向振动应力。一般而言,由于风轮转速较低,与之相连的主轴转速也较低,所以主轴与齿轮箱低速端通过刚性联轴器相连。此外,由于机械零件构件的加工装配不可能完全平整对称,在转轴高速旋转下,振动效应会放大,为了更好地承载吸收轴向振动应力,保证风力发电机组稳定持久运行,齿轮箱高速端与发电机转子通过挠性联轴器相连,允许高速转轴在允许的同轴度偏差内工作。

图 3.24　联轴器示意图

4. 胀套

胀套,即胀紧联结套,又称免键轴承。结构上为无键结构,作用为实现轴与轴上零件的连接,如图 3.25 所示。通过高强螺栓,在轴与轴上零件之间产生结合力,在承载外部负荷时,依靠高强螺栓与轴和轴上零件接触面产生的挤压力和摩擦力,传递旋转力矩或轴向作用力。例如:风力发电机组中的胀套装配后产生的向内压缩和向外膨胀的挤压力,使转轴和轮毂的接触面紧密压合,产生可观的摩擦力,以实现风力发电机组运行过程中的转矩传递。胀套连接能承载大旋转扭矩且拆装方便,拆卸过程中不易对装配面防腐层造成损坏。胀套型号中的标号含义如图 3.26 所示。

  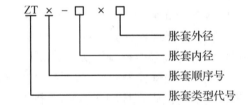

胀套外径
胀套内径
胀套顺序号
胀套类型代号

图 3.25　胀套示意图　　　　**图 3.26　胀套型号中的标号含义示意图**

胀套安装和拆卸的一般性方法:如转轴和轮毂连接时,首先清洁清理高强螺栓和胀套孔装配面的污物,清洁清理完成后在装配面涂抹润滑油脂。高强螺栓拧入胀套孔内时,要防止螺栓倾斜,高强螺栓拧紧时要按照均匀、对称、交叉和逐步紧固及不一次性拧死的原则进行。螺栓和胀套安装完成后,裸露在外的部分需做防腐处理,防止锈蚀。拆卸螺栓时,也要按照均匀、对称、交叉和逐步的原则拧出螺栓,如果遇到拧出时存在较大阻力,可以在无损情形下,适当敲击螺栓连接处外围,使其从胀套孔松开,方便拆卸。

5. 风力发电机组用的弹性橡胶零件

风力发电机组中涉及的弹性橡胶零件为特种防护零件,主要放置在机舱罩、轮毂罩、齿轮箱和发电机等重要设备中,起到对设备减振缓冲的作用。弹性橡胶零件材质大多为热塑性橡胶或硫化橡胶,如图 3.27 所示。机舱罩和轮毂罩中用到的弹性橡胶零件大多装配在机舱罩与风机塔架之间及轮毂与轴承之间,承受风力作用、自身重力作用和工作产生载荷。齿轮箱用到的弹性橡胶零件大多装配在齿轮箱上,承受叶轮、主轴传递过来的

图 3.27　弹性橡胶零件示意图

各向载荷。发电机用到的弹性橡胶零件大多装配在发电机基座部分,承受发电机转子旋转引起的振动及发电机自身重量对塔架的压力。控制柜体用到的弹性橡胶零件大多装配在处于起到传动作用的构件附近,例如:轮毂处的变桨控制柜体,经常会受到来自轮毂旋转传递过来的振动,放置弹性橡胶零件可以有效缓解持续振动对变桨控制柜体产生的不利位移。

6. 装配应力

装配应力,即机械零件装配后产生的应力,大多由预紧性的装配产生。如轴与轴承装配后产生的应力、螺栓与法兰装配后产生的应力、键与销装配后产生的应力、工具使用过程中产生的应力等。装配应力的存在,会影响装配精度和装配体结构的稳定性。通常释放装配应力的方法如下。

(1)自然释放。即装配完成后,不立即将装配好的结构件再行装配,而是静置一段时间,这需要较高的时间成本,会拉长装配进度。

(2)振动释放。通过将装配好的结构件进行振动,使其产生可回复的微小形变,从而将结构件的内部应力加以释放。

(3)加热释放。通过对结构体加热,均匀结构体内部不平衡应力,然后缓慢降温,实现应力释放。

具体而言,针对风力发电机组装配过程中出现的局部细小应力,可以通过装配方法加以减缓和释放,例如:按照装配技术要求,将结构体装配的过程分多次完成,对称施力,尽可能多地消除装配应力。

7. 过盈装配

过盈装配发生在机械零件较之装配孔径要大的情形下,利用孔径卡箍在零件上,提高装配后的机械强度和稳定性。应注意过盈装配后易发生残留装配应力的现象,需进行装配应力释放。过盈装配大多采用以下三种形式。

(1)在装配面涂抹润滑油脂下的静力压入法,需要机械力较小。

(2)使用冲击工具下的动力压入法,为避免冲击工具在冲击装配零件过程中造成零件损坏,冲击工具与零件之间需放置缓冲物。

(3)利用物体热胀冷缩现象,采用冷热装配法,以零件为例:零件装配进入孔径之后进行加热,使其膨胀,孔径卡紧零件或者装配过程中如需拆卸零件,可采用适当方式冷却零件,使其收缩,方便零件从孔径中取出。装配零件或构件的加热主要是通过在被加热的零件或构件设置交变磁场,金属零件或构件由于电磁感应,在零件或构件自身内部产生细小感应电涡流,由于电流的热效应,零件或构件开始升温,实现对零件或构件的加热过程。如采用胀套连接,则无需进行加热式过盈装配。

8. 装配中的对中

装配实施过程中相互连接的零件构件的中心线是否吻合对齐。对中一般分为轴对中、孔对中和几何对中。风力发电机组中涉及较多的为轴对中,可利用对中仪器来检测连接零件构件的同轴度偏差和角度偏差等。良好的对中,即控制零件构件处于正常运转所允许的对中偏差范围之内,可以大大减少设备在水平方向、垂直方向和轴方向的振动,从而提高设备的运行效率和使用寿命。

风力发电机组中使用到的对中主要类型为机械对中和激光对中。机械对中使用百分表

（图 3.28），激光对中使用激光对中仪（图 3.29）。激光对中仪的准确性和操作性要优于百分表，风力发电机组装配中重要传动设备的装配，都要用到激光对中仪。通常如果设备在运转过程中产生异响，较大可能是设备对中出现偏差，如果不予以及时的干预和检修，带病运行，极易造成设备瘫痪报废。良好的对中性能够保证传动系统长时间的良好运行，减少振动和磨损，延长风机使用寿命。

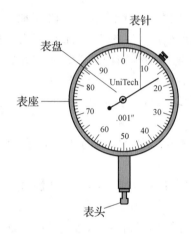

图 3.28　百分表

图 3.29　激光对中仪

激光对中仪一般性使用步骤：由于激光对中仪为电子设备，所以使用前要检查设备随机电池电量是否充足，然后进行激光调节，将测量单元紧固在测量对象上。随后输入激光对中仪要求输入的设备间距尺寸等信息，通过将激光探头旋转至 3 点、9 点和 12 点方向测量对中数据并记录，完成三点法对中性测量过程，测量结果包括水平纠正量和竖直纠正量。

9. 风力发电机组中的电气控制

风力发电机组中的电气控制设备，包括电气控制涉及的硬件及软件，是联系风力发电机组各机械构件、总成及子系统的"神经"，主要实现对风力发电机组各电控硬件下达动作指令，通过电控软件监控风机运行状态，在紧急情形下启动保护的功能。具体而言，涉及诸如：变桨控制、偏航控制、并网控制；数据采集与处理、状态监视与报警、故障信息记录与保存；启停机；优化控制策略等。

（1）风机监测功能

① 数据采集与处理：通过搭建局域网远程通信或采取实地检测收集风力发电机组运行时各子系统工作数据，如机组发电参数（发电量、电压、电流、频率、有功功率、无功功率等）、机组各子系统运行参数（风轮转速、桨距角、偏航角度、发电机转子转速等）、环境参数（风速、风向、机舱温度、变桨和偏航电机温度、齿轮箱润滑油脂温度、室外环境温度等）等。

② 故障监测与报警：考虑所有可能在风力发电机组运行时产生的故障类型，故障报警值的设置应与风力发电机组机型和工作环境相匹配。不同故障各自对应独立唯一的故障代码，并记录故障发生时间，给予装配和维护人员的故障处置信息应包括故障触发条件、故障复位条件、故障复位方法和风机停机方法。设置响应优先级，保护功能（例如风力发电机组的安全链）优先级应高于控制功能。如果安全链被触发产生报警，应由现场装配或维护等专业技术人员将故障原因确认排除后，方可复位，严禁随意复位。鉴于风机造价高昂、构造复

杂,高等级故障或关键性操作的数据信息应被完整连续的保存下来。为保证在电网故障时,仍能进行数据信息的保存或发送,应配备不间断电源(UPS),在电网故障后仍能保持至少30分钟供电。

(2) 风机控制功能

① 变桨系统的控制:根据采集的环境信息,实时对变桨系统发出指令,控制桨叶以设定速度到达指定姿态,紧急情形下,控制桨叶进入顺桨姿态。电控系统与变桨系统应在合适的接口下进行周期性的通信问答,如果出现通信问答中断,应控制风机进入停机保护状态。

② 偏航系统的控制:根据采集的环境信息和机舱偏航角度的处理计算,实时对偏航系统发出指令,控制机舱以设定速度到达指定迎风角度,如果机舱偏航达到解缆设置角度,控制偏航系统进入解缆状态。同样,电控系统与偏航系统也应在合适的接口下进行周期性的通信问答,如果出现通信问答中断,应控制风机进入停机保护状态。

③ 变流器的控制:由于风速的不稳定性与电网需要稳定频率之间存在矛盾,变流器通过调节发电机输出电压的幅值、频率和相位,使之实现与市电电网的软并网,减少对现有供电网络的冲击。电控系统应能控制变流器的全机启停或者分别控制变流器定子侧部分或变流器转子侧部分的启停。电控系统应能实现对并网有功功率和无功功率进行调节。同样,电控系统与变流器也应在合适的接口下进行周期性的通信问答,如果出现通信问答中断,应控制风机进入停机保护状态。变流器控制中涉及对风力机组造成严重损害的故障,需设置在安全链闭环回路中,一旦触发安全链动作,风机应立即进入停机保护状态。

(3) 通信控制功能

① 所有电控系统的软件及硬件部分均应具有相同的时钟信号,同时风力发电机组不同子系统和电控系统的数据通信也应在同一个时钟信号下,以保证控制动作的同步性。时钟信号在软件时钟失效的情形下,硬件时钟电路应能继续保证时钟信号的有效性。

② 通信系统应能通过以太网以一定速率与电控系统保持数据传输,并对通信过程中的虚拟地址和端口具有防止网络攻击和数据攻击的能力。

任务实施

一、传动系统的装配

【微信扫码】
传动系统装配

传动系统是风力发电机组机械动力传递装置,实现风能转换为机械能。

1. 装配主轴总成

风力发电机组中的主轴总成装配主要包括主轴和主轴承装配、主轴和齿轮箱连接装配。

(1) 安装风机叶轮锁紧盘。机头部分与风机叶轮相连的轮毂,通过风机叶轮锁紧盘与主轴相连,风机叶轮锁紧盘为法兰盘,上有螺栓孔用于连接。由于主轴体积大、质量大,需要通过吊具吊装主轴使其垂直竖立,再实施装配。

(2) 安装靠近机头部分的密封环和端盖。由于主轴与风机叶轮锁紧盘之间存在装配间隙,需要放置密封环并在端盖上涂抹润滑油脂。

（3）安装主轴轴承和轴承座体。通过电磁感应加热器对主轴轴承进行预加热，加热过程中应注意使主轴轴承通体均匀加热。主轴轴承如果具有方向性，装配过程中注意不能颠倒。由于主轴轴承体积大、质量大，同样需要通过吊具吊装，再实施装配。吊装完成后，主轴轴承内部滚动体上需要加注润滑油脂。主轴轴承外围套装轴承座体，轴承座体上的润滑油脂注入口要与主轴轴承滚动体连通，方便通过注入口补充润滑油脂。

（4）安装靠近发电机部分的密封环和端盖。过程类似于安装靠近机头部分的密封环和端盖，装配过程中需注意不能损坏构件表面防腐层。

（5）安装主轴锁紧螺母与防松片。通过锁紧螺母与防松片进一步牢固装配好主轴。

（6）除去直驱式风力发电机组外，其余类型的风力发电机组均包含有齿轮箱。齿轮箱将主轴的低转速提升为驱动发电子转子轴旋转的高转速。

（7）清洁清理齿轮箱内部。通过向齿轮箱注入清洁油脂，利用外部设备盘动齿轮箱配备的刹车盘，使其充分搅动齿轮箱内部润滑油脂，溶解去除齿轮箱生产运输过程中残留的污浊油脂和杂质，待齿轮箱内部清洗完成后，利用油泵抽除齿轮箱内部油脂。

（8）安装齿轮箱弹性零件。即齿轮箱弹性轴套，对齿轮及齿轮架运动过程产生的振动予以缓冲保护，装配时需按装配图纸和技术要求实施。

（9）安装齿轮箱刹车盘。齿轮箱刹车盘是齿轮高速旋转时的制动装置，装配时需将刹车盘套装在齿轮箱高速转轴上，通过采用热装配法将刹车盘配套法兰加热后套在转轴上，待其冷却后再利用螺栓进行紧固，螺栓紧固时，为避免紧固后机械弹性应力的不利影响，需分多次紧固，释放弹性应力，不要一次性拧死。刹车盘装配完成后，还需通过诸如百分表检测刹车盘和法兰装配面的平面相似度，如果在技术要求规定之外，还需要装配现场在刹车盘和法兰装配面之间填充垫片进行微调。

2. 连接主轴总成（低速转轴段）与齿轮箱的装配

（1）清理清洁主轴总成与齿轮箱装配处。清理清洁主轴靠近机头部分的低速转轴表面，法兰盘表面和刹车盘表面。

（2）装配胀套及对中。在齿轮箱低速转轴上装配胀套，与主轴进行连接。装配过程中，应采用吊装工具，使主轴、胀套和齿轮箱呈水平对中状态。对中达到装配技术要求后，利用高强螺栓进行紧固。

（3）固定主轴总成和齿轮箱。通过高强螺栓将齿轮箱固定装配在齿轮箱底座上，将主轴固定装配在主轴底座上。裸露部分需做防腐处理，同时为便于记录下高强螺栓装配时的初始位置，可以用记号笔在螺栓上画出纵向竖线进行标记，方便后续维护时进行螺栓位置比对与复位。

3. 连接齿轮箱（高速转轴段）与发电机的装配

由于对中性的需要，齿轮箱已在与主轴总成（低速转轴段）的连接过程中固定在齿轮箱底座上了，所以齿轮箱（高速转轴段）与发电机转子转轴装配过程中的对中，只能通过调节发电机来实现。发电机位置的调整可以通过发电机底部放置的弹性支撑来实现。

（1）清理清洁发电机。将发电机转子转轴的外表面进行清理清洁，同时涂抹润滑油脂。

（2）吊装及对中。通过吊装工具将发电机吊起，先后通过百分表机械对中和激光对中仪对中后，使整个传动系统从轮毂经主轴和齿轮箱至发电机转子转轴实现全对中。

（3）装配联轴器。齿轮箱通过变速，与发电机转子转轴相连的为其高速段，因此装配齿轮箱（高速转轴段）与发电机转子转轴用到的联轴器为挠性联轴器。

（4）固定发电机。通过高强螺栓将发电机固定在发电机底座上，裸露部分需做防腐处理，同时标记螺栓初始位置。

二、偏航系统的装配

大功率风力发电机组的偏航系统大多采用主动偏航来实现风机叶轮的对风动作。

1. 偏航轴承的装配

偏航轴承（图 3.30）为偏航系统偏航动作的执行构件，包括滑动轴承和滚动轴承两种类型。滑动轴承由偏航顶板、旋转盘和偏航滑槽构成。偏航顶板与机舱相连，旋转盘与塔架相连，偏航滑槽与偏航顶板和旋转盘均相连，置于偏航滑槽中的旋转盘可旋转滑动，带动机舱完成偏航动作，但是旋转盘旋转滑动过程中摩擦力较大，所需驱动力大，偏航调节精度不高。故现今风力发电机组更多地选用滚动轴承作为偏航轴承。滚动轴承由轴承内环、轴承外环和轴承上的滚动体构成。轴承内环和轴承外环一静一动，两者均可为轴承动环或轴承静环。静环与塔架相连作为连接环，动环与机舱相连作为驱动环，静环与动环之间存在有滚动体。动环上分布有齿轮，通过偏航电机驱动使其旋转偏航。由于滚动轴承工作时较之滑动轴承阻力要小，偏航动作快，惯性更明显，所以滚动轴承下的偏航系统需在装配中配备阻尼缓冲和制动装置，成本较之滑动轴承要高，但所需驱动力较小。由于机舱与偏航轴承动环相连，所以为防止无偏航动作时，机舱在风力作用下在偏航轴承动环上做振荡式摆动，需装配偏航系统制动装置，防止机舱出现类似冗余摆动。装配阻尼缓冲装置主要是使机舱做出偏航动作的过程更加平稳。偏航轴承在装配完成后，需向轴承腔体内部加注占其空间 $50\% \sim 80\%$ 的润滑油脂。

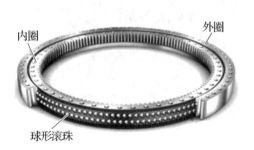

图 3.30   偏航轴承

2. 偏航电机的装配

偏航电机（图 3.31）为偏航系统偏航动作的动力构件。由于偏航系统安装在空间有限的塔架位置，同时高转速电动机体积要较之低转速电动机小一些，所以偏航系统中的偏航电机大多选择高转速电动机。与之相反的是由偏航电机驱动的偏航轴承执行偏航动作时，需要低转速实施。为解决两者转速之间存在的差异，需要大变速比的减速器。大变速比的偏航减速器大多采用多级行星齿轮传动，采用立式姿态装配。

图 3.31　偏航电机

3. 偏航制动器的装配

在紧急情况下,为避免风力发电机组因偏航系统持续偏航动作所带来的不可恢复性的损伤,需安装偏航制动器进行紧急刹车。制动器的安装应选择机舱处于自由状态时进行。偏航制动器(图 3.32)里的两块制动块应对称安装在制动盘两侧,保证制动时制动盘受力均匀,装配完成后应进行制动测试,制动过程无卡顿阻滞现象。

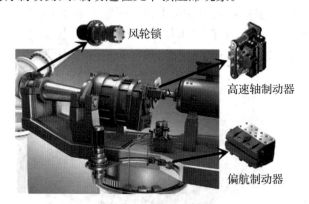

风轮锁

高速轴制动器

偏航制动器

图 3.32　偏航制动器

4. 偏航润滑装置的装配

偏航系统中的机械零件,如轴承、齿轮等均需定期进行润滑。良好的润滑可以降低轴承滚珠滚动时的阻力和齿轮啮合时的摩擦力,延长零件寿命,提高偏航系统运行时的稳定性。

根据滚动体或啮合体等的所处环境,可以分为开式(即敞开式)或闭式(即密闭式)空间,例如:偏航轴承中的滚珠属于闭式环境,偏航减速器中的齿轮属于开式。由于闭式环境为封闭空间,不易受到外界粉尘等杂质侵袭,工作环境清洁,润滑效果良好。开式环境为非封闭空间,易受到外界粉尘等杂质侵袭,工作环境不够清洁,润滑效果不及封闭空间。闭式环境中的润滑油脂,由于所处工作环境清洁,可以采用循环润滑的方式,润滑油脂反复利用。

开式环境中的润滑油脂,由于所处工作环境易受外界环境污染,其润滑油脂损耗较大,当洁净油脂进入润滑区域时,由于机械零件在润滑面产生摩擦挤压,大部分润滑油脂被损耗,仅在润滑面余留下较薄的润滑膜,所以在开式环境中使用的润滑油脂需具有较高的黏附性,以保证润滑面能始终保持润滑膜存在。闭式环境中的润滑油脂与开式环境中的润滑油脂要求相反,应具有较好的流动性,以便在机械零件工作时,可以迅速包裹覆盖如轴承内滚动体的外表面,不留润滑死角。

偏航润滑装置的装配过程如下。

(1)清理清洁润滑装置。将润滑装置外表面及其安装基础清理干净,如存在外观缺陷应及时修复。

(2)润滑泵加注油脂。将润滑泵按照装配要求安装到偏航系统平台上。

(3)润滑齿轮安装及啮合调整。润滑泵输出的润滑油脂不直接输送至偏航轴承上的大齿轮,而是输送至与偏航电机相连的偏航齿轮箱里的小齿轮,即润滑齿轮。通过偏航齿轮箱里的小齿轮与偏航轴承上的大齿轮相啮合,进行润滑动作。

(4)固定油管并对油管进行标记,方便后续维护保养。

5.偏航传感器的装配

偏航系统除去实现对风偏航的功能之外,在发生电缆扭缆时还要进行偏航解缆动作,偏航解缆动作的实现,离不开偏航系统中各类传感器进行的信号测量作为偏航动作的指示。偏航系统涉及的传感器大多分为两种类型,即机械类型的传感器和电子类型的传感器。机械类型的传感器大多本质上为位置传感器(如限位开关、行程开关等),当偏航位移到达设定区域时,传感器即接通触点开始进行解缆动作。电子类型的传感器大多本质上也为位置传感器,通过累计传感器附近偏航齿轮转过的齿数,当齿轮转过的齿数达到设定值时,传感器即接通触点开始进行解缆动作。对于机械类型的传感器,通过螺栓将机械类型的传感器安装到传感器支架上,再固定在偏航系统上,装配时应注意检查传感器齿轮与偏航轴承上的齿轮啮合情形是否良好,并适当润滑。对于电子类型的传感器,通过螺栓将电子类型的传感器安装到传感器支架上,再固定在偏航系统上,装配时应注意使电子类型的传感器与偏航轴承上的齿轮齿尖之间的距离要足够接近,以保证偏航轴承上的齿轮齿尖接近传感器时,电子类型的传感器能够感应捕捉到,并产生相应的电脉冲信号累计测量。

6.偏航系统辅件的装配

偏航系统的正常工作需要以风向和风速的测量作为基础,风向的测量为风向标,风速的测量为风速仪。除此之外,由于风机高度较高,为避免航空器撞击风机,还需安装航空警示灯。具体装配过程如下。

(1)装配风速仪、风向标和航空警示灯支架,为提高支架强度,纵向支架需配备斜撑。同时风速仪、风向标和航空警示灯尽量对称放置在支架上,风速仪和风向标对称安装,两个航空警示灯对称安装。

(2)安装风速和风向测量传感器。常见的风速和风向传感器为两者的集成,即超声波风速风向传感器。装配时需按照传感器具体生产厂家的装配图进行安装。

三、发电机的装配

双馈感应式异步发电机和永磁直驱式同步发电机是风力发电机组机舱内部最为典型的机电一体化设备，实现机械能至电能的转换。

1. 双馈感应式异步发电机的装配过程

双馈感应式异步发电机的结构如图 3.33 所示。

【微信扫码】
发电机的装配

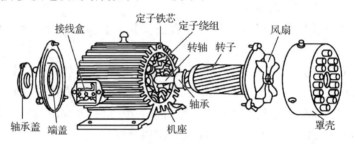

图 3.33　双馈感应式异步发电机结构图

（1）安装发电机弹性支撑。发电机高速旋转的转子转轴会使发电机产生振动，同时发电机所处的机舱也经常性的偏航摆动，两者叠加之后使得发电机的振动更加频繁明显，因此需要安装发电机振动缓冲装置，即发电机弹性支撑（图 3.34）。发电机弹性支撑为高分子橡胶材质结合弹性钢板制成，坚固与柔韧兼而有之，可以有效缓冲发电机工作时面临的振动。发电机弹性支撑大多为四个，对称分布在发电机四角，通过高强螺栓将发电机弹

图 3.34　发电机弹性支撑

性支撑与发电机底座相连，发电机底座应水平放置，不能有倾角存在。除此之外，当齿轮箱高速转轴与发电机转子转轴对中性存在差异时，发电机弹性支撑还能进行径向调节。

（2）吊装发电机。通过吊装工具（图 3.35）将发电机平稳吊装放置在弹性支撑上，测量放置平稳后发电机底部四角四个弹性支撑的长度，如存在差异，通过放置在发电机底部的金属垫片加以调节，直至四个弹性支撑的长度相同。

图 3.35　发电机吊装工具

（3）对中性的测量。发电机转子转轴与齿轮箱高速转轴通过挠性联轴器相连，即使挠性联轴器可以承载转轴少量的轴向摆动，但对中性的偏差仍会在转轴旋转的高速性下得到放大，从而对转轴产生伤害。因此，装配时，测量发电机转子转轴与齿轮箱高速转轴的对中性显得尤为重要。

① 对中性的机械测量方法为利用百分表测量。百分表是通过内部齿轮，将测量杆头部接触的直线位移转变为百分表表盘上指针的角位移的测量工具，是由美国的 B.C.艾姆斯于 1890 年发明制成的，百分表的圆形表盘上标注有 100 个等分刻度，旋转过每一等分刻度值即相当于量杆水平移动 0.01 毫米的距离。改变百分表量具头部形状并配以相应的支架，可以制成百分表的变形拓展品种，如测量深度的深度百分表、测量厚度的厚度百分表和测量内径的内径百分表等。如果发电机转子转轴和齿轮箱高速转轴与联轴器存在对中性偏差，即转轴或与转轴相连的联轴器存在偏离准确圆周运动的跳动现象。跳动现象的出现是由于连接发电机转子转轴与齿轮箱高速转轴的联轴器出现偏心（偏离中心）或转轴出现弯曲所造成的。测量转轴或联轴器是否存在跳动时，百分表的底座需保持静止，如图 3.36 所示。如果联轴器处于断开连接状态，百分表底座可以固定在被测转轴的对面转轴上；如果联轴器处于连接状态，可以使用磁力支架，将百分表底座放置在被测转轴附近某个静止面上。百分表测量对中性的检测位置，宜放置在联轴器边缘，因为联轴器边缘是联轴器与转轴相交的部分，易于检测到转轴弯曲或联轴器偏心现象。

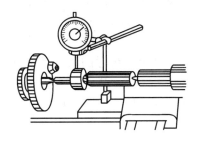
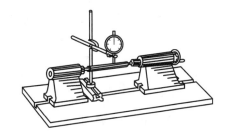

图 3.36　百分表使用磁性表架测量　　**图 3.37　百分表使用套筒夹测量**

在具体测量之前，应确保百分表表盘垂直于转轴，将测量杆引起的表盘指针顺时针方向或逆时针方向变动范围设置为表盘总刻度范围的一半，以确保指针不论是顺时针方向或逆时针方向转动，均具备相同大小的变动范围。测量时，向某个固定方向旋转转轴，在表盘顺时针方向或逆时针方向找到与 0 刻度最大的距离，并记录下此时最大距离对应的表盘刻度。然后停止转动轴，将表盘 0 刻度复位到最大距离对应的表盘刻度，继续旋转转轴，再次测量得到表盘的最大变化量，此时的最大变化量即总跳动量。如果总跳动量在装配要求的范围内，说明对中性良好。如果总跳动量超过装配要求的范围，说明对中性存在偏差，可能是转轴弯曲或联轴器偏心或既有转轴弯曲又有联轴器偏心。在尽可能靠近联轴器的地方放置测量杆，重复转轴上的跳动量测量，如果表盘指针指示数据与之前测试的总跳动量相类似，则是转轴出现弯曲；如果表盘指针指示数据为 0，则是联轴器出现偏心；也有可能是转轴弯曲和联轴器偏心两种情况同时发生，两种情况亦可能强弱不一。如果测量数据存在过度跳动，应该使用游标卡尺等量具先进行粗调，再利用百分表细调，从而实现发电机转子转轴和齿轮箱高速转轴与联轴器的精密对中。

图 3.38　激光对中仪测量
同轴性示意图

② 对中性的电子测量方法为利用激光对中仪测量。激光对中仪通过电荷耦合器件(传感器)实现激光感应技术,来测试发电机转子转轴和齿轮箱高速转轴与联轴器的对中性。常见的激光对中仪包括测量主机、测量器具和测量软件,对中测量结果可以通过激光对中仪内置的无线传输模块,实时可视化的定量展现在测量主机界面上,如图 3.38 所示。激光对中仪测量时需明确固定端(S 端)和可调端(M 端),例如:安装好的齿轮箱为固定端,需与齿轮箱高速转轴进行对中的发电机为可调端。首先,将传感器支架分别安装在固定端和可调端,激光传感器发射端安装在固定端,在发射出的激光不被联轴器遮挡的前提下,激光传感器安装位置尽量低一些。激光传感器接收端安装在可调端,高度与激光传感器发射端相同。然后,在激光对中仪主机手动输入以下测量数据,包括激光传感器发射端至激光传感器接收端的距离、激光传感器发射端至联轴器中心的距离、联轴器的直径、转轴旋转时每分钟的旋转圈数(RPM)、联轴器中心至可调端前底部支撑的距离、可调端前后底部支撑之间的距离。输入好测量环境数据之后,进行对中性测量,旋转转轴,尽量使其旋转超过 180°,例如:从 3 点位置经过 12 点位置至 9 点位置,旋转转轴的过程不能很快,应缓慢进行,以留给激光对中仪更多的数据采集和数据处理时间。随后激光对中仪将自动进行计算,完成针对对中性的自诊断,并在主机显示测量结果。测量结果包括轴向转轴错位和联轴器偏心以及径向转轴错位和联轴器偏心。根据对中性偏差结果,安装发电机时可以从轴向和径向两个方向分别进行发电机姿态调节。径向调节时,需要通过吊具水平调节发电机位置;轴向调节时,需要通过增加或减少发电机底部金属垫片的数量来垂直调节发电机位置。

(4)安装紧固件。在对中完成后,通过高强螺栓将发电机安装在发电机底座上,同时对紧固件裸露外表面进行防腐处理。

2. 永磁直驱式同步发电机的装配过程

永磁直驱式同步发电机结构如图 3.39 所示,实物如图 3.40 所示。

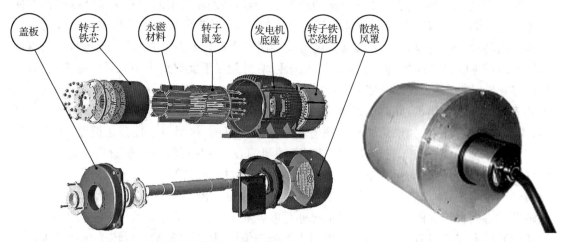

图 3.39　永磁直驱式同步发电机结构图　　　　图 3.40　发电机实物图

永磁直驱式同步发电机包含内转子外定子和外转子内定子两种类型,其中更为多见的是内转子外定子类型的永磁直驱式同步发电机。永磁直驱型发电机装配的顺序为装配发电机定子、转子与转子转轴,装配发电机轴承和装配发电机制动器等辅件。

(1) 发电机定子与定子主轴的装配

发电机定子由聚合磁场的硅钢片堆叠而成,铁芯内均匀分布着槽状结构,定子绕组按一定规律内嵌在定子槽状结构内,构成三相绕组。发电机定子装配包括将定子铁芯、定子绕组、定子支架、定子线缆等不同定子构件进行连接。

① 定子的清理清洁。由于缠绕在定子铁芯上的定子绕组内部存在较多沟壑状细槽,装配前需用压缩空气及无水酒精对待装配的定子表面进行清理清洁。

② 定子的装配。通过固定键把定子绕组装配在定子外壳上,通过定子外壳上的法兰盘将定子外壳与固定在机舱表面的发电机底座用高强螺栓相连。

③ 定子的吊装和对中。用专用吊装工具进行定子吊装,吊装完成后需进行发电机定子与转子转轴的对中性测试,转子转轴与机头部分的轮毂通过轴承相连。

(2) 发电机轴承的装配

发电机轴承起到连接旋转轮毂与发电机转子转轴的作用。轴承多采用双列圆锥滚子轴承,承受径向载荷为主,轴向载荷为辅的复合载荷。

① 轴承的清理清洁。包括清理发电机轴承的内圈和外圈。装配前需用无水酒精对待装配的轴承表面进行清理清洁。如果轴承表面的防锈油脂较多,可先使用加热后的清洗剂去除厚重油脂。

② 轴承的装配。永磁直驱发电机转子转轴轴径大、质量大,因此轴承装配可采用温差法进行过盈装配,即在加热情形下轴承内圈稍微大于转子转轴的直径,待轴承内圈冷却后箍紧在转子转轴上。轴承装配过程中要持续保持水平,注意安装方向,轴承预加热过程中轴承加热要注意控制好合适温度和加热时间,吊装轴承和轴承与定子套装时,宜采用三点吊装,过程要缓慢、平稳、准确,装配现场应配置多人协作。轴承内外圈高度差及轴承内部滚动体之间的空隙,应符合装配技术要求,不要在安装过程中发生局部撞击轴承的情形。

③ 安装轴承盖。装配好的轴承内外圈外侧需安装防尘轴承盖。安装轴承盖前,需在轴承内部滚动体上加注润滑油脂。

(3) 发电机转子的装配

发电机转子由永磁材料(如钕铁硼材质)构成的转子磁极和聚合磁场的转子磁轭组成。转子磁极和转子磁轭内是转子支架和转子法兰盘,转子法兰盘与轮毂法兰盘通过高强螺栓进行装配连接。

① 转子的整理清洁。包括清洗磁轭和磁极表面,装配前需用无水酒精对待装配的磁轭和磁极表面进行擦拭。

② 转子磁钢的装配。转子磁极由若干块磁钢组合而成,装配时采用灌胶方式对转子内的磁钢块进行黏结固定,磁钢块的不同磁极(N 极和 S 极)在黏结固定时应交替排列,以增强磁钢块间的黏结力。

③ 转子的密封装配。针对转子法兰盘和与之相连轮毂法兰盘之间的缝隙以及转子磁轭磁极和定子之间的气隙,均需装配密封胶条进行密封,防止水分、灰尘、砂砾等杂质进入发电机内部。

④ 转子的对中。由于发电机转子转轴为高速旋转,需针对发电机定子、轴承、转子转轴与轮毂进行整体性对中性测试。

（4）发电机制动器的装配

风力发电机组制动器分为空气制动刹车和机械制动刹车,在风力发电机组正常工况下安全停机或非正常工况下紧急停机。空气制动刹车通过叶尖扰流器或变桨使叶片转速降低,但不能使风机迅速完全停机。机械刹车制动通过液压,驱使摩擦片夹紧制动盘,迫使风机叶片完全停止转动,发电机随之停止工作。非直驱式风力发电机组中的齿轮箱低速转轴制动力矩大,高速转轴制动力矩小;直驱式风力发电机组中仅有发电机转子转轴与风机轮毂相连,为低速转轴。制动力矩的大小与制动器的体积成正比,因此非直驱式风力发电机组中齿轮箱低速转轴制动器体积大,高速转轴制动器体积小,直驱式风力发电机组中发电机转子低速转轴制动器体积大。小型定桨距风力发电机组大多采用空气制动刹车(叶尖扰流器)和机械制动刹车(高速转轴)相结合的方式,大型变桨距风力发电机组大多采用空气制动刹车(变桨)和机械制动刹车(高速转轴)相结合的方式。

① 制动器的整理清洁。制动器主要由制动盘和制动块构成,若干制动块对称分布在制动盘两侧。装配前需用无水酒精针对制动盘和制动块外表面进行擦拭。

② 制动器的装配。制动盘随齿轮箱或轮毂一同旋转,装配时需通过吊装法兰盘将其套装在齿轮箱高速转轴或发电机转子低速转轴上,再通过高强螺栓将两者连接。套装过程可以采用过盈装配。制动块受弹簧弹力或液压力作用,在制动过程中从两侧夹紧制动盘,制动块安装在齿轮箱箱体或发电机壳体上。

③ 制动盘的对中。利用百分表或激光对中仪测量装配好的制动盘与转轴的对中性,如果装配过程存在偏差,需从轴向和径向两个维度进行调整,直至达到装配要求的同轴度。

④ 防腐处理。制动器为重要的安全装置,为保证其具备稳定有效的工作能力,在装配完成后还需对制动盘、制动块以及高强螺栓裸露部分进行防腐处理,如图 3.41 所示。

防腐蚀涂料

图 3.41　防腐处理

（5）发电机电辅件的装配

发电机电辅件主要为集电环(也称滑环、汇流环)、电刷(也称碳刷)和发电机转子转速传感器。集电环为旋转体进行电连通,为避免电缆旋转造成扭伤扭断,在电缆端部可以安装集电环,如图 3.42 所示。集电环作为输送系统动力、电气信号和控制信号的构件,由于发电机转轴为空心通孔结构,电缆通过穿过发电机转子转轴中心汇聚至集电环,再与集电环支架相连。如果发现集电环表面出现较小的毛刺或凹凸,应进行打磨光滑。

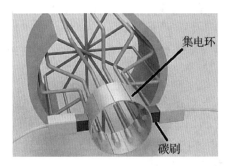

图 3.42　发电机中的碳刷和集电环示意图

电刷在静止构件与旋转构件之间传输电流,与集电环配套使用,大多用柔软耐磨、导电性良好的石墨制成,所以也称为碳刷。选择安装的碳刷应尽量选择同一厂家、同一类型、相同批次的产品。碳刷安装时应多次旋转与碳刷相接触的集电环,使集电环表面快速形成一层导电薄膜,同时应注意观察碳刷与集电环的接触面,两者应有较大面积充分接触。安装碳刷后面碳刷弹簧时,应使其位于碳刷正中位置,防止位置不正出现碳刷磨损不对称。安装后的碳刷应能在刷握内自由移动,如果出现移动不畅,可以适当修理碳刷外形。刷辫与其连接的碳刷和刷架应接触良好,刷辫长度应具有一定冗余,留有挠度。

发电机转速传感器大多为转速检速盘,安装在发电机转子转轴附近,安装时传感器径向应对准转轴,通过传感器感应头将发电机转速信号转变为电脉冲信号,输入计数电路进行测量。传感器转换得到的电信号较为微弱,其输入输出端电缆需做屏蔽处理。

综上可见,将双馈感应式异步发电机和永磁直驱式同步发电机进行比较,两者装配的区别主要如下。

① 双馈感应式异步发电机与永磁直驱式同步发电机相比,需通过联轴器和齿轮箱相连,实现机械传动。由于齿轮箱和发电机相连的转动轴为高速轴,通常大多选用膜片联轴器。胀紧联结套装配在联轴器中间体的两端,起到连接轮和轴的作用。装配胀紧联结套时,其上螺栓需按规定力矩拧紧。

② 双馈异步风力发电机组传动链中的转轴、齿轮箱、联轴器、发电机等部件装配时需保证对中,即保持高度同轴性,大多通过激光对中仪器来核定是否达到水平方向和垂直方向的完全对中。

四、电气系统的安装

1. 电缆及布线

不同等级的电缆不应混合布线,如高压电缆、低压电缆、控制电缆和通信电缆等不应放置在同一电缆梯架或线槽内。电缆梯架或线槽附近应保证一定空间裕量,方便安装人员进行电缆接拆等操作。为便于准确安装与后期维护,电缆至少在其一端或最好在其两端都有信号标识的套管,便于在安装装配时与装配图纸进行比对确认。电缆安装过程中,如果需要弯折电缆,应按照装配要求规定的最小弯折

【微信扫码】
电气系统的安装

半径实施。风力发电机组中的电缆走线,应尽量远离活动机械构件和高磁高湿环境,避免长时间处于高温或低温状态。对于重要设备或构件(如安全链)中的电缆应与其他电缆在空间进行隔离,保证其不受干扰。所有暴露外部或密闭环境中的电缆均应使用不锈钢金属扎带,较之塑料扎带,化学性质稳定,不易老化失效。电缆和金属扎带进行切割时,切割处应进行钝化处理,不应有尖锐的茬口。风力发电机组中的电缆不进行电缆拼接,应尽量使用完整的电缆进行敷设。

2. 电气控制柜

电气控制设备(如机舱控制柜、塔架底部变流控制柜等)如图3.43所示,在安装时应尽可能做好减振和通风措施。柜体内部的各类开关按钮应扭转顺畅,在风机正常工作振动下无卡顿、松动和接触不良的情形。

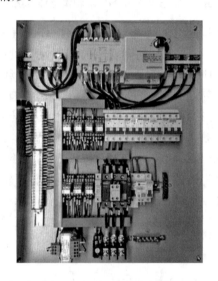

图3.43 风力发电机组电气控制柜内部示意图

3. 变桨与偏航电机

变桨与偏航电机的动力电缆外接三相交流电源,控制电缆与控制器或传感器相连。安装时动力电缆和信号电缆应位于电机接线盒内部不同区域,如上下分布或左右分布两块区域。三个桨叶的变桨电机电气连接应一致,四个偏航电机的电气连接也应一致。

4. PLC

PLC为可编程逻辑控制器,在电气系统安装现场应配备手持式的编程器。安装PLC时,PLC的电源端、接地端、输入端和输出端的裸露金属端子需设置绝缘保护板。根据PLC控制对象能量等级的不同,PLC输出端应将具有相同能量等级的信号分别共地,如控制电机的输出端子共用接地端a,控制通信的输出端子共用接地端b等。

5. 变流器

安装过程中应保证变流器外围电路中的继电器、断路器、过热保护器等辅助器件与变流器正确连接。通常,变流器控制发电机并网接入时的电流值不应超过发电机定子峰值电流的1/3,额定工况下的变流器效率不低于97%,风力发电机组整机功率因数在感性0.95至容性 0.95 间可控可调,变流器引起的电网直流反馈不超过电网反馈电流总量的0.5%,直流电压纹波系数小于5%,额定工况下变流器持续稳定工作超过72小时,在超过额定工况下过载达110%时变流器应能至少承受1分钟时长。变流器进行无功功率调节控制时,应能实施恒定电压、恒定功率因数和恒定无功功率三种调节方式。变流器对非机组的外部噪声信号,应具有抑制能力,通过滤波实现对电机端共模信号的滤波效果达到设计要求。

由于变流器为风力发电机组并网控制的重要组成,应根据安装环境选择合理类型的变流器,如表3.2和表3.3所示。当工作环境温度(海拔与环境温度也存在着密切关系)超过变流器允许温度范围时,需综合考量设备制造方、工程实施方和风机建设方的综合意见,根据安装地实际情形,适时为变流器加装冷却或加温装置。

表 3.2　工作环境温度

变流器类型	低温型(℃)	常温型(℃)	高温型(℃)
工作环境温度	−30～+45	−20～+45	0～+55

表 3.3　工作环境海拔

变流器类型	普通型(m)	高海拔型(m)	超高海拔型(m)
工作环境海拔	≤2 000	2 000～3 000	3 000～5 000

6. 风电场功率控制系统

控制系统应从电网电压、电网频率和电网调度三个方面响应出现的变化,通过对风力发电机组变桨系统、偏航系统和发电机的控制,实现风力发电机组有功功率和无功功率的调节,在设计要求的精度和速度上动态匹配电网电压及频率。控制系统针对不同功能采用的控制策略和算法应在逻辑上没有冲突,并设置不同的控制优先级,如图3.44所示,为风力发电场的功率控制结构。

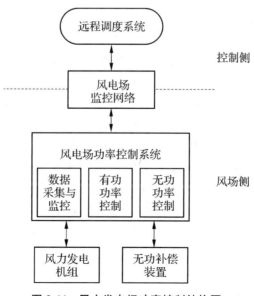

图 3.44　风力发电场功率控制结构图

（1）有功功率控制。分为功率不受限控制和功率受限控制两种类型，支持远程控制和就地控制两种类型。不论何种控制场景，风力发电机组针对风电场中的不同风机应按照对应策略进行合理地有功分配，风电场功率控制系统安装后，针对有功功率需测试：

① 有功功率变化时，风力发电机组电压和电流的变化范围。

② 风力发电机组有功功率的变化范围。

③ 风力发电机组有功功率最短调节时长或最快调节速度。

④ 风力发电机组调频备用裕量。

（2）无功功率控制。分为恒定无功功率、恒定功率因数和恒定电压三种类型，支持远程控制和就地控制两种类型。不论何种控制场景，风力发电机组针对风电场中的不同风机应按照对应策略进行合理地无功分配及优化，风电场功率控制系统安装后，针对无功功率需测试：

① 无功功率变化时，风力发电机组电压和电流的变化范围。

② 风力发电机组无功功率的变化范围。

③ 风力发电机组无功功率最短调节时长或最快调节速度。

④ 无功功率变化时，风力发电机组并网集电母线电压变化范围。

⑤ 无功补偿装置中电容器反复切入的次数限制。

（3）一次调频控制。风电场电网的频率是由发电功率与并网负荷大小决定的，如果发电功率与并网负荷大小相等，则电网频率稳定；如果发电功率大于并网负荷时，则电网频率升高；如果发电功率小于并网负荷时，则电网频率降低。根据风力发电机组发电现况，通过控制有功功率的增减来控制频率变化，进行一次调频。风电场功率控制系统安装后，针对一次调频需测试：

① 风力发电机组是否预留一定比例的备用功率进行一次调频，稳定电网频率。

② 风力发电机组是否设置转子动能控制，转子动能控制是否有效，即能通过变桨系统调节桨叶姿态，从而控制转子旋转动能随电网频率变化而变化。

7. 电气系统安装注意事项

（1）风力发电机组电气系统安装需持证上岗，如维修电工证、高空作业证等。同时，安装人员需做好自身防护，如戴好安全帽、穿好绝缘鞋、系好安全绳等。如无必要，不得带电操作。

（2）所有电气模块都应在安装时进行可靠连接，特别是各类电气连接件，例如：接插件、电缆、接线端子及接线端子排等都能按照技术要求，耐受电气模块运行时所规定的电压和电流以及来自环境的热量变化和振动冲击，如拉拽、蜷曲等造成的影响。

（3）电气模块连接好后，应确认连接件无松动，无未按装配要求实施的错误连接，各连接线均应配备套管，同时注明连接线连接端口或传输信号名称。

（4）风力发电机组安装时，发电机转子转轴旋转方向及发电机输出端子的相序应严格按照相序标号接线，并在并网前检查确认相序是否与电网一致。

（5）安装过程中，如果变频器通电，则在其刚切断电源时，由于直流母线上的电容存在放电过程，应静置待其放电完毕后，再进行后续安装。

（6）风力发电机组电气系统中各部位模块应配备安装可靠的接地系统，同时对于重要电气模块,还应做好静电防护。

(7) 风力发电机组电气系统中,与活动机械构件进行控制连接的模块,在其安装时,活动机械构件附近应清空,不能有人驻留,并设置隔离带。

(8) 安装过程中的工作热源应严格按照技术要求中的电气系统安装操作标准,如确需改动,需申请报备经批准后再予实施。

实践训练

传动系统主要包括主轴、齿轮箱、联轴器和制动器等部分构成。传动系统装配过程中最重要、最关乎装配质量的步骤为实现各传动系统构成部分的对中,根据给出的任务实施单进行如下操作。

(1) 机械对中:针对主轴、齿轮箱转轴和发电机转子转轴,利用百分表进行机械对中测量,同轴性偏差应控制在装配规定范围以内。

(2) 激光对中:针对主轴、齿轮箱转轴和发电机转子转轴,利用激光对中仪进行激光对中测量,同轴性偏差应控制在装配规定范围以内。

风力发电机主轴—齿轮箱转轴—发电机转子转轴对中测量任务实施单

实践项目 同轴性偏差值		测量次数					平均值
		1	2	3	4	5	
机械对中	主轴—联轴器—齿轮箱转轴对中						
	齿轮箱转轴—联轴器—发电机转子转轴对中						
	主轴—齿轮箱转轴—发电机转子转轴对中						
激光对中	主轴—联轴器—齿轮箱转轴对中						
	齿轮箱转轴—联轴器—发电机转子转轴对中						
	主轴—齿轮箱转轴—发电机转子转轴对中						

知识拓展

风力发电机组的验收

风力发电机组的验收分为预验收和正式验收两个流程。

1. 预验收

预验收为风力发电机组试运行完成后,就评判机组持续稳定运行能力而实施的验收。预验收内容如下。

(1) 安全防护及通信、照明设施是否设置齐全,功能是否正常,警示标示是否张贴到位。

(2) 风机叶轮上的叶片转向和转速是否在正常范围,轮毂表面是否平滑,无损伤开裂。

(3) 齿轮箱进行目视检查,静止时齿轮表面是否存在锈蚀或明显磨损,运转时是否发出异响或异常振动。

(4) 发电机中的定子绕组和转子绕组对地绝缘性是否良好。

(5) 变桨系统和偏航系统控制参数是否设置正确,变桨及偏航系统对风效果是否达到设计要求,变桨及偏航系统动力装置(电机或液压马达)转动是否平稳均匀,偏航扭缆保护功能是否正常,变桨系统和偏航系统中各类传感器(如限位开关等)安装是否到位,非电参数转换为电参数是否准确。

(6) 制动器、制动盘等制动装置制动过程无卡顿,制动效果达到设计要求。

(7) 传动系统中的转轴、轴承等构件的润滑是否通畅,润滑油脂的型号是否符合设计要求。

(8) 变流器及电气控制系统的工作参数是否设置正确,转子侧和定子侧并网电压、电流及有功功率和无功功率的分配是否满足并网时的电网稳定性要求。

(9) 防雷保护及各紧固件是否装配到位,紧固件紧固力矩是否达标,裸露在外的金属部分是否进行了防腐处理。

2. 正式验收

正式验收为风力发电机组经预验收后的最终验收,确认风力发电机组正式投入运营前的整体状态,尤其是机组各子系统的联调联动。正式验收内容如下。

(1) 机组整机运行状态检查:机组发电是否正常,变桨系统是否运行正常,偏航系统是否运行正常,紧急制动是否正常,风机是否能正常启停机。

(2) 机组安全性检查:硬件安全链下的针对叶片旋转超速和机舱偏航过度的保护功能是否正常,机组所有非正常启停机功能是否正常,风机脱网保护功能是否正常。

(3) 机组数据采集与监视控制功能检查:机组数据采集与监视控制(supervisory control and data acquisition, SCADA)系统,此系统实现的软件功能是否满足技术要求中的规定的功能要求,即机组各子系统在 SCADA 系统下的联调联动是否有序准确。软件对用户的重要操作和错误操作是否具有确认和提示的人机对话界面,对软件自身错误是否具有提示的人机对话界面。软件是否能进行不同用户权限分配并配置登录密码,在线或离线状态下均能对数据信息进行完整备份。软件具有远程或本地后台维护和版本更新的功能。

复习思考题

一、填空题

1. 变频器本质上是一种通过_____方式来进行转矩和磁场调节的电机控制器。

2. 风电机组下段塔筒吊装时,应在上法兰_____点、_____点位置安装塔筒吊具,在下法兰的_____点位置装上吊具。

3. 风电机组齿轮箱的主要结构:一级_____,二级_____。

4. 风电机组在用激光对中仪调对中时,S 端应安装在_____侧,M 端应安装在__侧。

5. 螺栓外表面喷涂二硫化钼的作用是_____。

6. 在一般运行情况下,风轮上的动力来源于气流在翼型上流过产生的升力。由于风轮转速恒定,风速增加叶片上的迎角随之增加,直到最后气流在翼型上表面分离而产生脱落,这种现象称为_____。

7. 并网风电机组主空开出线侧相序与_____一致,电压标称值_____,三相电压_____。

8. 风力发电机组在调试时首先应检查回路_____。

二、选择题

1. 风力发电机组系统接地网的接地电阻应不小于(　　)Ω。

A. 2　　　　　　　　B. 4　　　　　　　　C. 6　　　　　　　　D. 8

2. 风力发电机组在调试并网时首先应检查回路(　　)。

A. 电压　　　　　　B. 电流　　　　　　C. 相位　　　　　　D. 相序

3. 在风力发电机组登高工作前(　　),并把维护开关置于维护状态,将远程控制屏蔽。

A. 应巡视风电机组　B. 应断开电源　　C. 必须手动停机　　D. 可不停机

4. 在雷击过后至少(　　)后才可以接近风力发电机组。

A. 0.2 h　　　　　　B. 0.5 h　　　　　　C. 1 h　　　　　　D. 2 h

5. 风速传感器的测量范围应在(　　)。

A. 0~40 m/s　　　　B. 0~50 m/s　　　　C. 0~60 m/s　　　　D. 0~80 m/s

6. 接受风力发电机或其他环境信息,调节风力发电机使其保持在工作要求范围内的系统叫做(　　)。

A. 控制系统　　　　B. 保护系统　　　　C. 定桨系统　　　　D. 液压系统

三、简答题

1. 风力发电机组的联轴器有哪两种?各用在什么位置?

2. 润滑油的常用指标有哪些?

3. 风力发电机组中的主要监控信号及保护装置有哪些?

4. 风电机组中的机械刹车方式有哪些?

5. 地面控制柜执行的功能有哪些?

6. 齿圈齿面磨损的原因有哪些?

7. 如何降低齿轮箱噪声?

8. 在风力发电机组中对弹性联轴器的基本要求有哪些?

9. 风电机组在投入运行前应具备哪些条件?

10. 安装生产准备人员在移交工作中应重点检查哪些项目?

项目四 风力发电机组的维护与检修

知识目标 ▶▶▶▶

（1）熟悉风电机组常用的检修工具、仪表。

（2）熟悉并掌握传动系统维护与检修内容。

（3）熟悉并掌握偏航系统维护与检修内容。

（4）熟悉并掌握变桨系统维护与检修内容。

（5）熟悉并掌握控制系统维护与检修内容。

能力目标 ▶▶▶▶

（1）能独立进行传动系统的日常维护和常见故障的处理。

（2）能独立进行偏航系统的日常维护和常见故障的处理。

（3）能独立进行变桨系统的日常维护和常见故障的处理。

（4）能独立进行控制系统的日常维护和常见故障的处理。

思政目标 ▶▶▶▶

（1）了解风力发电运行检修员的职业道德规范。

（2）熟悉《安全生产法》内容并能在工作中执行。

（3）爱岗敬业，具有高度的责任心。

（4）工作认真负责、团结协作。

项目设计

　　本项目通过对兆瓦级风电机组的维护、检修及故障分析，使学生熟悉风力发电机组机械及电气设备常用工具的使用方法，掌握风力发电机组机械及电气设备检修的要求和方法，能够分析处理风力发电机组常见的故障。

任务一　风力发电机组维护检修的基础工作

任务描述

风力发电机组是集电子、电气、机械、复合材料、空气动力学等多个学科于一体的综合性产品,各部分联系紧密,息息相关。风力发电机组维护的好坏直接影响到发电量的多少和经济效益的高低。风力发电机组运行性能的好坏,需要通过维护检修来保证。维护工作能及时有效地发现故障隐患,减少故障的发生,提高风力发电机组的效率。

知识链接

风力发电机组应坚持贯彻"预防为主、计划检修"的方针,必须坚持"质量第一"的思想,切实贯彻"应修必修、修必修好"的原则,使设备处于良好的工作状态。由于风力发电机组结构复杂,维护工作技术性强、难度大,风力发电机组的维护可分为定期检修和日常维护排除故障两种方式。

风力发电场应制订维护检修计划,严格执行维护检修计划,不得随意更改或取消,不得无故延期或漏检,切实做到按时实施。若遇到特殊情况需要变更计划,应提前报请上级主管部门批准。

一、风力发电机组维护检修管理的基础工作

1. 维护检修管理的要求

（1）检修人员应熟悉系统和设备的构造、性能、工作原理;熟悉设备的装配工艺、工序和质量标准;熟悉安全施工规程;能看懂图样并绘制简单的零部件图。

（2）在大风天气、雷雨天气时,严禁检修风力发电机组。检修时,必须使风力发电机组处于停机状态。

（3）每次维护检修后,应做好每台风力发电机组的维护检修记录,并存档;对维护检修中发现的设备缺陷与故障隐患,应详细记录并上报有关部门。

（4）做好技术资料的管理,应收集和整理好原始资料,建立技术资料档案库及设备台账,实行分级管理,明确各级责任。

（5）遵守有关规章制度,爱护设备及维护检修机具。加强对检修工具、机具、仪器的管理,正确使用,加强保养和定期检验,并根据现场检修实际情况进行研制或改进。

（6）做好备品备件的管理工作。维护检修中应使用生产厂家提供的或指定的配件及主要损耗材料;若使用代用品,应有足够的依据或经生产厂家许可。部件更换的周期要参照生产厂家规定的时间执行。

（7）建立和健全设备检修的费用管理制度。

【微信扫码】
风力机的运行

（8）严格执行各项技术监督制度。如检修质量标准、工艺方法、验收制度、设备缺陷管理制度、备品备件管理办法等。严格执行分级验收制度，加强质量监督管理。

（9）风力发电场要根据《风力发电场安全规程》(DL/T 796—2012)、《风力发电场检修规程》(DL/T 797—2012)和主管部门的有关规章制度，结合当地具体情况，制定适合本单位的实施细则或作出补充规定。

2. 维护检修工作的注意事项

（1）风力发电机组的维护与故障处理，必须由经过专门培训的人员负责。通过培训或技术指导的人员，应熟悉风力发电机组的基本原理、性能、特点，并掌握维护与故障处理的知识和方法。风力发电机组的维护人员还必须接受安全教育和培训。

（2）严格遵守设计单位和安装单位有关风力发电机组维护、检修和故障处理的规程，以及系统部件供应商的有关规定。违反维护与故障处理的有关规程和规定，将缩短机组运行寿命和增加系统的运行费用，甚至导致系统事故和损坏。

（3）风力发电机组出现异常情况时，运行维护人员应该按用户手册所规定的步骤采取相应措施，如果通过这些步骤仍然无法排除故障，应把异常现象记录在案并向有关方面（如机组设计者、安装者和设备供应商）汇报，以便取得技术支持。

3. 维护检修工作条件的准备

（1）维修专用工具及通用工具：电烙铁、扳手、螺钉旋具、剥线钳、纸和笔等。

（2）仪表类：万用表、可调电源、液体比重计、温度计和蓄电池等。

（3）维修必备的零部件、材料：熔断器、导线、棉丝、润滑油、液压油和刹车片等。

（4）安全用品：安全帽、安全带、绝缘鞋、绝缘手套、护目镜和急救成套用品等。

（5）风力发电机组完整的技术资料：产品说明书、安装和使用维护手册。

二、风力发电机组维护检修安全措施

1. 维护检修安全制度

（1）维护检修工作应按照《风力发电场检修规程》(DL/T 797—2012)要求进行。

【微信扫码】
风电机组运维与检修

（2）维护检修前，应由工作负责人检查现场，核对安全措施。

（3）风力过大或雷雨天气不得检修风力发电机组。

（4）风力发电机组在保修期内，检修人员对风力发电机组的更改应经过保修单位同意。

（5）电气设备检修，风力发电机组定期维护和特殊项目的检修应填写工作票和检修报告。

2. 维护检修准备的安全要求

（1）进行风力发电机组巡视、维护检修时，工作人员必须戴安全帽、穿绝缘鞋。

（2）维护检修必须实行监护制。

（3）检修工作地点应有充足照明，升压站等重要现场应有照明。

（4）进行风力发电机组特殊维护时应使用专用工具。

（5）维护检修发电机前必须停电并验明三相确无电压。

（6）重要带电设备必须悬挂醒目的警示性标牌；箱式变电站必须有门锁，门锁应至少有两把钥匙，一把供值班人员使用，一把专供紧急抢修时使用。

（7）风力发电机组维护检修及安全试验应挂醒目的警示性标牌。

3. 登塔作业的安全要求

（1）检修人员若身体不适、情绪不稳定，不得登塔作业。

（2）塔上作业时，风力发电机组必须停止运行，应挂警示性标牌，并将控制箱上锁。

（3）登塔时应使用安全带、戴安全帽、穿安全鞋。

（4）打开机舱前，机舱内人员应系好安全带。安全带应挂在牢固的构件或安全带专用挂钩上。

（5）风速超过 12 m/s 时不得打开机舱盖，风速超过 14 m/s 时应关闭机舱盖。

（6）吊运零件与工具时，应绑扎牢固，需要时宜加导向绳。

4. 维护检修作业时的安全要求

（1）进行风力发电机组维护检修工作时，风力发电机组零部件、检修工具必须传递，不得空中抛接。

（2）拆除制动装置时，应先切断液压、机械与电气连接。

（3）拆除能够造成风轮失去制动的部件前，应首先锁定风轮。

（4）检修液压系统前，必须用手动泄压阀对液压站泄压。

（5）在电感、电容性设备上作业前或进入其围栏内工作时，应将设备充分接地放电后才可以。

（6）拆装风轮、齿轮箱、主轴、发电机等大的风力发电机组部件时，应制定安全措施，设专人指挥。

（7）更换风力发电机组零部件时，应符合相应技术规范。

（8）添加油品时必须与原油品型号相一致。

（9）维护检修后，偏航系统的螺栓扭矩和功率消耗应符合标准值。

5. 控制系统维护检修的安全要求

（1）维修前机组必须完全停止下来，各级维修工作应按安全操作规程进行。

（2）工作前检查所有维修用仪器、设备，严禁使用不符合安全要求的设备和工具。

（3）各电器设备和线路的绝缘必须良好，非持证电工不准拆装电器设备和线路。

（4）严格按设计要求进行控制系统硬件和线路安装，并全面进行安全检查。

（5）各电压、电流、断流容量、操作次数和温度等运行参数应符合要求。

（6）设备安装好后，试运转合闸前，必须对设备及接线仔细检查，确认没有问题时方可合闸。

（7）操作刀开关和电器分合开关时，必须戴绝缘手套，并设专门人员监护。

（8）安装电动机时，必须检查绝缘电阻是否合格，转动是否灵活，零部件是否齐全，同时必须安装保护接地线。

（9）拖拉电缆工作应在停电情况下进行，若因工作需要不能停电时，应先检查电缆有无破裂，确认完好后，戴好绝缘手套才能拖拉。

（10）带熔断器的开关，其熔丝应与负载电流匹配，更换熔丝时必须断开刀开关。

（11）电器元件应垂直安装，一般倾斜角不超过 5°；应使螺栓固定在支持物上，不得采用焊接；安装位置应便于操作，手柄与周围器件间应保持一定距离，以便于维修。

（12）低压电器的金属外壳或金属支架必须接地（接零线或接保护接地线），电器的裸露部分应加防护罩,双投刀开关的分合闸位置上应有防止自动合闸的装置。

6. 满足安全要求的维护检修时间

(1)每半年对塔筒内的安全钢丝绳、电梯、爬梯、工作平台、门防风挂钩检查一次,发现问题及时处理。

(2)风力发电机组的避雷系统、加热和冷却装置应每年检测一次。

(3)风力发电机组接地电阻每年测试一次,要考虑季节因素影响,保证不大于规定的接地电阻值。

(4)远程控制系统通信信道测试每年进行一次。

(5)电气绝缘工具和登高安全工具应定期检验。

(6)风力发电场电器设备应定期做预防性试验。

(7)风力发电机组重要的安全控制系统,要定期检测试验。

三、维护检修计划

1. 维护检修分类

定期维护周期是指风电机组的五年期定检、三年期定检、一年期定检、半年期定检。

【微信扫码】
风机日常和定期
检修维护项目

大修是指对风电机组叶片、轮毂、偏航、主轴、齿轮箱、发电机、塔架、箱式变压器、开关等发电设备进行全面的解体检查、修理或更换,以保持、恢复或提高设备性能。

根据机组、设备的健康状况和机组的标准检修间隔设置机组各级检修的实际间隔,制订出每年的每台机组的检修计划。同时根据设备故障的动态分析结果,辅助检修计划的制订。

2. 维护检修计划

(1)年度维护检修计划每年编制一次,应提前做好特殊材料、大宗材料、加工周期长的备品配件的订货以及内外生产、技术合作等准备工作。

(2)年度维护检修计划编制的依据和内容:

① 根据定期检修项目所列内容或参照厂家提供的年度检修项目进行。

② 编制年度维护检修计划汇总表和进度表。

③ 年度维护检修计划的主要内容包括单位工程名称、检修主要项目、特殊维护检修项目及列入计划的原因、主要技术措施、检修进度计划、工时和费用等。

3. 维护检修材料和备品备件

(1)风力发电场应有专职机构或人员来负责备品备件的管理。

(2)年度维修计划中特殊维护检修项目所需的大宗材料、特殊材料、机电产品和备品备件,由使用部门编制计划,材料部门组织供应。

(3)为保证检修任务的顺利完成,三年滚动规划中提出的特殊维护检修项目经批准并确定技术方案后,应及早联系备品备件和特殊材料的订货以及内外技术合作攻关等。

(4)定期维护的检修项目应制定材料消耗及储备定额,以便检查考核。

4. 集中检修体制检修计划的编制

（1）由集中检修单位负责检修的工程，风力发电场应向集中检修单位提交书面检修项目、质量要求、工期、费用指标等，集中检修单位应按要求编制检修计划。

（2）主管部门在编制检修计划时，应与集中检修单位和风力发电场协商，下达或调整检修计划时，也应同时下达给集中检修单位和风电场双方。

四、检修质量

检修工作必须强化检修全过程质量管理。应根据现场的实际情况，在实行"三级验收、质检点验收"的基础上逐步推广执行"ISO 9000"系列标准，建立质量管理体系和组织机构，编制质量管理手册，必要时可在大型项目中施行检修监理制度，以招投标的形式确定有资质的监理队伍，明确责任，以加强对检修质量的监督和考核。"三级验收"指质量验收实行班组、风电场、企业三级验收制度。

（1）定检、大修开工前，编制下发检修质量验收组织措施，明确质检点验收和三级验收的责任人员与验收方式。

（2）检修过程中必须严格按照质量计划中制订的"W""H"点执行质量验收。"H"点（停工待检点）是实施检修过程时，必须有指定见证人员到场给予放行才允许继续进行该停工待检点以后的工作。没有书面论证和相关负责人的批准不得超越或取消停工待检点。"W"点（见证点）是检修过程中要求指定的人员对该步骤的作业过程进行见证或检查，目的是验证该步骤的工作是否已按批准的控制程序完成。

（3）质量检验实行检修人员自检和验收人员检验相结合、共同负责的办法。检修人员必须在检修过程中严格执行检修工艺规程和质量标准。验收人员必须深入检修现场，调查研究，随时掌握检修情况，及时帮助检修人员解决质量问题，工作中应坚持原则，坚持质量标准，认真负责地做好质量验收工作。

（4）质量验收的职责分工如下。

① 质检管理人员对检修项目质量验收方式及奖惩办法的制订与执行情况等负责对直接影响检修质量的 H 点、W 点进行检查和签证。

② 技术人员对设备检修的工艺过程、验收点质量标准、验收技术指标及执行情况负责。

③ 作业人员对检修工艺质量及测量的数据准确性负责。

④ 例外放行不合格项目的许可人，是发电企业的生产主管领导或总工程师或其授权的管理人员。

⑤ 检修过程中发现的不符合项，应填写不符合项通知单，并按相应程序处理。

⑥ 所有项目的检修施工和质量验收均应实行签字制和质量追溯制。

必须认真做好设备检修的质量管理工作，应特别加强检修过程中的质量管理，特殊项目可采取工程监理的办法，对检修质量进行全过程管理。

风力发电机组常用检修工具和仪表的使用

一、液压扳手的使用

1. 结构组成

液压扳手的驱动机构由液压缸、棘轮机构和机械连接机构组成。驱动机构的作用主要是把液压缸的直线运动变成棘轮机构的旋转运动。对这种运动转换方式,工程中常用的方法有涡轮蜗杆机构、曲轴连杆机构及杠杆机构等。液压扳手外形如图4.1所示。

图4.1 液压扳手

2. 调试与使用

(1) 液压扳手的连接与调试。使用液压扳手前,首先要调整反作用力臂,然后通过油管将液压扳手与泵站连接,方可开始工作。

① 调整反作用力臂:反作用力臂可以360°自由旋转。通过按下液压缸后方卡扣,可将反作用力臂完全取下,然后根据工况选择合适的支撑点。

② 接头连接:接头必须旋紧,不能留有空隙,否则油管接头截止阀(钢珠)会卡住,使油路不通,导致液压扳手不能正常工作。若钢珠卡住,需用布包覆液压扳手接头,用铜棒或其他工具将其敲回即可。

③ 调试泵站:使用液压泵之前,要对其进行调试。按住起动开关,顺时针方向旋拧调压阀,将压力从零调至最高,观察压力是否稳定、有无明显漏油的现象。一切正常方可工作。

注意: 在调压前要先将调压阀调到零(逆时针),试压的时候,必须从低向高调试。

④ 调试液压扳手:通过油管将液压扳手与泵站连接,在空载的情况下操作。观察扳手工作是否正常、有无漏油现象。一切正常方可工作。

⑤ 液压扳手系统操作顺序:空液压泵试运转能否起动;换向压力升降是否灵敏;液压泵压力能否达到最高;液压泵是否有异常噪声;连接液压泵与液压扳手,进行整个系统调试;观察液压扳手运转是否正常,有无漏油;由低往高设定泵站所需压力。

(2) 液压扳手的使用准备

先把液压扳手装上合适的套筒,根据压力转矩对照表调节好压力,然后放到要操作的螺母上,按下液压泵的按钮打压。

① 调整压力:一只手将线控开关上的按钮按下,此时轴开始转动,液压扳手到位停止转动,压力表由"0"急速上升,另一只手调整液压泵调压阀,调节压力表中指针至所需压力。

② 拆松:将泵站压力调到最高,确认液压扳手转向确为拆松方向,将液压扳手放在套筒上,找好反作用力臂支撑点,靠稳。先使液压扳手空转数圈,观察液压扳手转动无异常时,即可将液压扳手放至螺母上。反复动作,直至将螺母拆下。

③ 锁紧:首先根据要求设定力矩,然后根据所需的力矩值及所用液压扳手型号来设定泵站压力。确定液压扳手转向确为锁紧方向,将液压扳手放在套筒上反复动作,直至螺母不动为止。

（3）液压扳手的操作

① 确保电源可靠,确认液压泵内有充足的液压油。

② 将电源开关拨至"ON",确认线控开关在"STOP"位,按一下"SET"键,5秒内按下"RUN"键,液压泵起动。观察压力值是否稳定在规定值,如是,则继续操作;如不是,则利用调压阀将压力调至最低,多次重复上述过程,然后将压力调至规定值,反复操作确认压力值稳定即可。

③ 将液压泵和液压扳手用所附高压油管连接,确保快换接头连接可靠(将公接头插入母接头到底,将螺纹套用手拧紧),在液压扳手不带负荷的情况下将整个液压系统空运转一下,按下"RUN"键不放,直至听见"啪"的一声,松开,再次听见"啪"的一声,再进行下一动作。重复上述操作,以确认系统工作正常。

④ 将液压扳手放在螺母上,确认反作用力臂支撑牢靠。切忌将手放在反作用力臂上。

⑤ 拆卸螺母时,压力应在最高值。如果拆卸不动,则采取除锈措施,如果螺母还不动,则更换用更大型号的扳手。

⑥ 紧固螺母时,应该先确定压力值,利用调压阀调至所需压力,紧固时,直至多次操作液压扳手也未动作,方能认为螺母已紧固。

⑦ 操作完毕后,将线控开关拨至"STOP"位,电源开关拨至"OFF"位,电源拔掉,将油管拆下,快换接头对接,将液压泵擦拭干净,保存在干燥通风的环境里,避免和化学物品接触。

注意:用液压扳手检验螺栓预紧力矩时,当螺母转动角度小于20°时,预紧力矩满足要求。

3. 保养与维护

（1）液压扳手

① 润滑:所有的运动部件都应定期涂上优质的润滑油液,使用后至多500小时或是3个月就要检查和更换油液,清洗和润滑工作应经常进行。

② 油质检查:检查液压扳手液压油被酸化或污染情况,通过气味可以大致鉴别是否变质。

③ 清洗:定期冲洗液压扳手液压泵的进口油滤;用无腐蚀性的清洗液浸泡液压构件,清洗后用液压油擦拭干净。

④ 液压缸密封:经常检查系统有无泄漏,要确保没有外来颗粒从油箱的通气盖、油滤的塞座、回油管路的密封垫圈以及油箱其他开口处进入油箱。如发现泄漏,建议将密封垫圈及产生变形的组件全部更换。

⑤ 液压油管:每次工作后检查油管是否存在断裂与泄漏的情况,定期清洗接头。

⑥ 快换接头:快换接头应保持清洁,不允许沿地面拖拉,很小的尘埃都可能导致内部单向阀的失效。用高质量的密封材料进行密封。外部采用螺纹连接,起保护作用,可消除泄漏。

⑦ 弹簧:安装于驱动棘爪与反作用棘爪之间的弹簧最好 2 年检查、更换 1 次。

⑧ 结构件:工具的结构件每年应检查 1 次,确定是否存在断裂、缺陷及变形,如有这些情况,需立刻更换。

⑨ 旋转接头:定期检查旋转接头,若发现泄漏,则应更换密封件;若在旋转接头本体上发现裂纹,则需立刻更换旋转接头。

(2) 液压泵组的维护

液压泵组是精密制造的液压体,需要定期保养与维护。

① 液压油:工作 40 小时后彻底更换,或者每年至少更换 2 次。始终保证油箱满油。

② 快换接头:定期检查快换接头,防止泄漏,避免弄脏,使用前应擦拭干净。

③ 压力表:压力表为充装液体的湿式压力表。若液面下降,则表明液体外漏;若表内有液压油,则表明压力表内部失效,需及时更换。

④ 泵站过滤器:正常使用时,每年应更换 2 次。如果频繁使用,则需经常更换。

⑤ 马达:马达轴与轴承应每年清洗及加润滑油 1 次。

⑥ 遥控开关(气动):定期检查连通遥控开关的气管,以防阻塞或起结。若气管弯曲或破裂,则需更换。遥控手柄上的弹簧载荷按钮在操作困难的情况下需要检查。

⑦ 空气阀:检查周期为 6 个月。

⑧ 电刷和刷座(电动):应定期检查,若磨损超过规定值,则需更换。

⑨ 泵组:使用中泵组油箱温度不得高于 70 ℃,否则应停止工作。泵组维护周期为 2 年。

4. 故障与排除

实际工作中,液压泵站及液压扳手常见故障、故障的可能原因及解决措施见表 4.1。

表 4.1 液压泵站及液压扳手常见故障、故障的可能原因及解决措施

序号	故障症状	造成故障可能的原因	解决措施
1	完成锁定时,液压扳手无法从螺母上取下	反力掣子抵住,或液压扳手反转	先将液压缸前推,按下前推按键压力提升,同时反力掣子杆向后扳,扳到底时液压缸可以后推,则可取下液压扳手
2	液压缸无法前推或后推	快换接头接合不足或不牢;快换接头阀损坏;泵释放松动	锁紧;更换接头阀;分解并清洁液压泵
3	液压扳手油管接头漏油	安全压力释放松动;油封磨损;接头损坏	转内六角圆柱头螺栓 1/4 转至不漏,但不能太紧;更换油封或更换钢质高压接头
4	液压缸压力上不来无法前推	液压缸活塞密封圈损坏;泵连接器松动或破损;泵有问题	更换损坏零件;检查泵站套装换向阀磨损,先导阀阀芯卡滞;拧紧或更换连接器;检查液压泵功能,若失效,需更换液压泵
5	液压缸反向运动,致液压扳手反转	油管、泵或液压扳手的公、母接头接反	调整油管和公、母接头连接(液压扳手前进端是"公"接头,回退端是"母"接头)

序号	故障症状	造成故障可能的原因	解决措施
6	反推时棘轮后推	反力掣子弹簧不良;反力掣子损坏或失效	检查弹簧弹性;更换反力掣子或弹簧
7	棘轮无法成功推进,导致棘轮无法连续工作	棘爪或棘爪弹簧损坏或失效;液压缸回程无法到位;活塞杆和驱动板损坏	更换棘爪或弹簧;取下液压扳手,空转几个行程,再做推进。如果仍有问题则检查棘爪
8	液压泵无法提供或提升压力	气源或电源供应不足;安全阀或调压阀损坏;油位低或过滤器堵塞;泵站内漏	检查气压或电压;更换阀门;将油箱添满或清理过滤阀;打开油箱,施压检查油路,如果泄漏,应拧紧装置或更换
9	压力表指针转动缓慢	油封磨损;高压或低压释放阀磨损;基座磨损	检查更换
10	调压往上时,指针下降	调压阀磨损	更换调压阀(压力由低往高调)
11	油位计上无法读出压力(油位计显示没有压力)	油位计连接松动或损坏;液压泵连接器破损,泵没有给压;扳手密封圈挤出	锁紧连接;更换油位计;更换损坏的密封元件
12	油表压力上升但扳手不工作	接头松动或失效	拧紧或更换接头
13	液压扳手液压缸泄漏;油管破裂	压力过大密封圈挤出或轴封损坏;油管老化或被重物碾压	将密封圈换成合适的高压密封圈;更换轴封或油管
14	泵过热	泵使用不当;在泵没有拖动工具工作时,遥控器仍开着	在准度保证杆向前运动时应释放按钮;不用时关闭泵
15	电动泵不工作	控制盒中的电路连接松动;电刷损坏;电动机烧坏	打开控制盒,目视检查螺纹连接是否松动或推紧连接器;重新连接松动的电线;更换电刷;更换电动机或必要的电动机部件

二、常用电工仪表的使用

1. 万用表的使用

万用表是我们从事电工维修、电子制作和检修电子设备的必备工具之一。它是一种可以进行多种项目测量的便携式仪表,能测量电流、电压和电阻,还可以粗略地判断电容器、二极管和晶体管等元器件的性能好坏。万用表是电子电工行业设备检修的必备仪表之一。

万用表一般可分为指针式万用表和数字式万用表两种。

数字式万用表是指测量结果以数字的方式显示的万用表,在此介绍一种常见的 DT - 9205 型数字式万用表,适合实训教学用,面板如图4.2所示。

使用及测量方法如下。

(1)电阻的测量。将红表笔插入"VΩ"插孔中,黑表笔插入"COM"插孔中,估计电阻器

图 4.2　DT - 9205 型数字式万用表面板

的阻值后,将量程选择开关置于"Ω"挡的相应挡位上,接通电源,将表笔接到电阻两端的测试点,读数即显。

测量时,若发现液晶显示屏左端出现"1",则证明测量结果为无限大(即开路状态)。这时不能过早下结论,可采用高 1 个挡位的量程来测量。例如:应置于"kΩ"挡来测量而错置"Ω"挡时,就会产生输入超过量限而液晶显示屏显示"1"的情况。如果所测的电阻在任何挡位上都如此,就可以确定该电阻已断路。

注意:测量电阻时不能用手接触表笔金属部分。测量小于 200 Ω 的电阻时,应将表笔短路,检查初始值。

(2) 直流电压的测量。根据被测电源电压的大小选择合适挡位,例如:测量 5 号干电池(1.5 V),将量程选择开关旋至直流电压挡内的 2 V 挡位;黑表笔置于"COM"插孔,红表笔置于"VΩ"插孔;电源开关拨至"ON"处,将红、黑表笔分别接到测量点上,读数即显。若液晶显示屏显示"1",则说明干电池没电。

(3) 交流电压的测量。根据被测电源电压的大小选择合适挡位,如测市电 220 V,将量程选择开关至交流电压挡内的 750 V 挡位;黑表笔置于"COM"插孔,红表笔置于"VΩ"插孔;电源开关拨至"ON"处,将红、黑表笔分别接到测量点上,读数即显。若液晶显示屏显示"1",则说明市电存在开路性故障。

(4) 直流电流的测量。当测量最大值不超过 200 mA 的电流时,将黑表笔插入"COM"插孔;红表笔插入"mA"插孔;当测量最大值超过 200 mA 但不超过 20 A 的电流时,将红表笔插入"20 A"插孔。将量程选择开关置于直流电流挡,并将测试表笔串连接入到待测电路中,电流值显示的同时,显示红表笔的极性。

(5) 交流电流的测量。当测量最大值不超过 200 mA 的电流时,红表笔插入"mA"插孔,黑表笔插入"COM"插孔;当测量最大值超过 200 mA 但不超过 20 A 的电流时,红表笔插入"20 A"插孔。然后将量程选择开关置于交流电流挡,并将测试表笔串连接入待测电路中。

(6) 电容的测量。连接待测电容之前,注意每次转换量程时复零需要时间,有漂移读数存在不会影响测试精度。测试时,先将量程选择开关置于电容挡(Cx),然后将电容器插入电容测试插孔中。例如:测量 1 只标有 100 μF 的电解电容器时,先将电容器放电,再将量程选择开关置于 200 μF 量程,当电容器的引脚插入电容测试插孔时,液晶显示屏显示数值即为电容量值。

DT-9205 型数字式万用表设有自动电源切断电路,当仪表工作时间约 30 min 到 1 h 时,电源自动切断。若要重新开启电源,则需重复按动电源开关 2 次。

注意:万用表不用时,不要置于电阻挡,因为内有电池,如不小心使 2 根表笔相碰短路,不仅耗费电池,严重时甚至会损坏表头。

2. 验电器的使用

验电器分为低压验电器和高压验电器。

1) 低压验电器

低压验电器也称为低压验电笔(试电笔),是电工随身携带的常用辅助安全工具,主要用来检查低压导体或电气设备外壳等是否带电。

(1) 低压验电笔的结构及使用

低压验电笔分为螺钉旋具式验电笔和笔式验电笔,结构基本相同,如图 4.3(a)(b)所示。低压验电笔前端为金属探头,后端是金属挂钩或金属片,以便使用时用手接触。中间绝缘管内装有发光氖泡、大于 4 MΩ 的电阻及压紧弹簧。

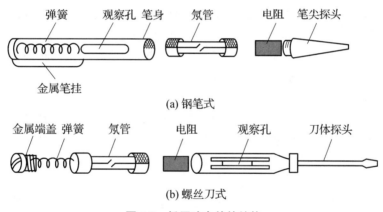

(a) 钢笔式

(b) 螺丝刀式

图 4.3 低压验电笔的结构

当测试物体时,测试者用手触及低压验电笔后端的金属挂钩或金属片,此时被测物体、低压验电笔前端、氖泡、电阻、人体和大地形成回路。当被测物体带电时,电流便通过回路,使氖泡发光;如果氖泡不亮,则表明该物体不带电。测试者即使穿上绝缘鞋或站在绝缘物上,也可认为形成了回路,因为绝缘物的漏电和人体与大地之间的电流足以使氖泡起辉。只要带电体与大地之间存在一定的电位差(通常在 60 V 以上),低压验电笔就会发出辉光。若是交流电,氖泡两极发光;若是直流电,则只有一极(直流电负极)发光。

普通低压验电笔的电压测量范围为 60～500 V,高于 500 V 的电压则不能用普通低压验电笔来测量。

(2) 低压验电笔的使用注意事项

① 使用低压验电笔之前,首先要检查其内部有无安全电阻、是否有损坏以及有无进水或受潮,并在带电体上检查其是否可以正常发光,检查合格后方可使用。

② 测量时,手指握住低压验电笔笔身,食指触及笔尾金属体,低压验电笔的小窗朝向自

己的眼睛,以便于观察,如图 4.4 所示。

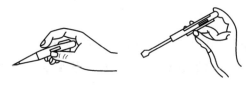

图 4.4　低压验电器的手持方法

③ 在较强的光线下或阳光下测试带电体时,应采取适当避光措施,以防观察不到氖泡是否发亮,造成误判。

④ 低压验电笔可用来区分相线和中性线,接触时氖泡发亮的是相线,不亮的是中性线。它也可以用来判断电压高低,氖泡越暗,表明电压越低;氖泡越亮,表明电压越高。

⑤ 当用低压验电笔触及电机、变压器等电气设备外壳时,若氖泡发亮,则说明该设备相线有漏电现象。

⑥ 用低压验电笔测量三相三线制电路时,如果两根很亮而另一根不亮,则说明这一相有接地现象。在三相四线制电路中,发生单相接地现象时,用低压验电笔测量中性线,氖泡也会发亮。

⑦ 用低压验电笔测量直流电路时,把低压验电笔连接在直流电的正负极之间,氖泡里两个电极只有一个发亮,氖泡发亮的一端为直流电的负极。

⑧ 螺钉旋具式低压验电笔笔尖与螺钉旋具形状相似,但其承受的转矩很小,因此,应尽量避免用其安装或拆卸电气设备,以防受损。

2)高压验电器

高压验电器又称高压测电器,主要用来检测高压架空线路、电缆线路及高压用电设备是否带电。高压验电器的主要类型有发光型高压验电器、声光型高压验电器和高压电磁感应旋转验电器,这里主要介绍发光型高压验电器。

(1)发光型高压验电器的结构及使用

发光型高压验电器由握柄、护环、紧固螺钉、氖泡窗、氖泡和金属探针(钩)等部分组成,其结构如图 4.5 所示。

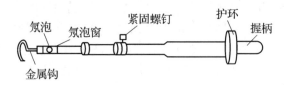

图 4.5　发光型高压验电器结构

验电时,操作人员应戴绝缘手套,手握在护环以后的握柄部位,如图 4.6 所示。先在带电设备上进行检验。检验时应渐渐将高压验电器移近带电设备至发光或发声时止,以确认验电器性能完好。有自检系统的高压验电器应先揿动自检钮确认高压验电器完好,然后再在需要进行验电的设备上检测。检测时也应渐渐将高压验电器移近待测设备,直至触及设备导电部位,此过程若一直无声、光指示,则可判定该设备不带电;反之,如在移近过程中突然发光或发声,即认为该设备带电,即可停止移近,结束验电。

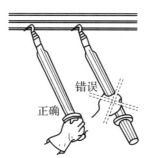

图 4.6　高压验电器的握法

（2）高压验电器使用注意事项

① 高压验电器在使用前应经过检查，确定其绝缘完好，氖泡发光正常，与被测设备电压等级相适应。

② 进行测量时，应使高压验电器逐渐靠近被测物体，直至氖泡发亮，然后立即撤回。

③ 必须在气候条件良好的情况下使用高压验电器，在雪、雨、雾等湿度较大的情况下不宜使用，以防发生危险。

④ 使用高压验电器时，必须戴上符合要求的绝缘手套，而且必须有人监护，测量时要防止发生相间或对地短路事故。

⑤ 测量时人体与带电体应保持足够的安全距离，10 kV 高压的安全距离为 0.7 m 以上。

⑥ 在使用高压验电器时，应特别注意手握部位应是护环以后的握柄。

⑦ 高压验电器应每半年做 1 次预防性试验。

3. 绝缘电阻表

绝缘电阻表俗称兆欧表、摇表，是用来测量大电阻和绝缘电阻的，它的计量单位是兆欧（$M\Omega$）。绝缘电阻表的种类有很多，但其作用大致相同，常用绝缘电阻表的外形如图 4.7 所示。

图 4.7　绝缘电阻表

绝缘电阻表的选择：主要是根据不同的电气设备选择绝缘电阻表的电压及其测量范围。对于额定电压在 500 V 以下的电气设备，应选用电压等级为 500 V 或 1 000 V 的绝缘电阻表;额定电压在 500 V 以上的电气设备,应选用 1 000～2 500 V 的绝缘电阻表。

测试前的准备:测量前将被测设备切断电源,并短路接地放电 3～5 min,特别是电容量大的,更应充分放电以消除残余静电荷引起的误差,保证正确地测量结果以及保证人身和设备的安全。被测物表面应擦干净,绝缘物表面的污染、潮湿对绝缘的影响较大,而测量的目的是为了解电气设备内部的绝缘性能,一般都要求测量前用干净的布或棉纱擦净被测物,否则达不到检查的目的。

绝缘电阻表在使用前应平稳放置在远离大电流导体和有外磁场的地方;测量前对绝缘电阻表本身进行检查。开路检查,两根线不要绞在一起,将发电机摇动到额定转速,指针应指在"∞"位置。短路检查,将表笔短接,缓慢转动发电机手柄,看指针是否到"0"位置。若零位或无穷大达不到,说明绝缘电阻表故障,必须进行检修。

4. 钳形电流表

钳形电流表(图 4.8)是一种不需断开电路就可直接测电路交流电流的携带式仪表,在电气检修中使用非常方便,应用相当广泛。

图 4.8　钳形电流表

测量电流时,按动扳手,打开钳口,将被测载流导线置于穿心式电流互感器的中间,当被测导线中有交变电流通过时,交流电流的磁通在互感器二次绕组中感应出电流,该电流通过电磁式电流表的线圈,使指针发生偏转,在表盘标度尺上指出被测电流值。

5. 微欧计

数字微欧计是专门用于测量低电阻的数字式仪器。它采用了集成化 A/D 转换器、低漂移运算放大器,因此具有测量精度高、性能稳定、测量范围广、抗干扰能力强、操作方便等特点。仪器可内附干电池工作,给野外和现场测试带来了方便。

图 4.9　微欧计

微欧计通常可测量 1×10^{-5}～2×10^{3} Ω 范围内的电阻,因此它可适用于测量各种线圈的电阻、电动机、变压器绕组的电阻,各种电缆的导线电阻,开关插头、插座等电器元件的接触电阻,如图 4.9 所示。

三、常用电动工具的使用

1. 电动注脂机(图 4.10)

使用电动注脂机代替手动油枪,能明显提高检修效率。从时间上来说,一个技术人员 10 min 内就可以润滑 1 个轴承。

2. 电动冲击扳手(图 4.11)

电动冲击扳手主要应用于钢结构安装行业,用于安装刚结构高强度螺栓。高强度螺栓是用来连接钢结构接点的,通常是以螺栓组的方式出现。

图 4.10　电动注脂机　　　　图 4.11　电动冲击扳手

3. 手持电动工具使用注意事项

手持电动工具按对触电的防护可分为 3 类。

Ⅰ类工具的防止触电保护不仅依靠基本绝缘,而且还有一个附加的安全保护措施,如保护接地,使可触及的导电部分在基本绝缘损坏时不会变为带电体。

Ⅱ类工具的防止触电保护不仅依靠基本绝缘,而且还包含附加的安全保护措施(但不提供保护接地或不依赖设备条件),如采用双重绝缘或加强绝缘。它的基本型式:① 绝缘材料外壳型,是具有坚固的基本上连续的绝缘外壳;② 金属外壳型,它有基本连续的金属外壳,全部使用双重绝缘,当应用双重绝缘不行时,便运用加强绝缘;③ 绝缘材料和金属外壳组合型。

Ⅲ类工具的防止触电保护是依靠安全特低电压供电。所谓安全特低电压,是指在相线间及相对地间的电压不超过 42 V,由安全隔离变压器供电。

随着手持电动工具的广泛使用,其电气安全的重要性更显得突出。使用部门应按照国家标准对手持电动工具制定相应的安全操作规程。其内容至少应包含:工具的允许使用范围、正确的使用方法、操作程序、使用前的检查部位项目、使用中可能出现的危险和相应的防护措施、工具的存放和保养方法、操作者应注意的事项等。此外,还应对使用、保养、维修人员进行安全技术教育和培训,重视对手持电动工具的检查、使用维护的监督、防震、防潮、防腐蚀。

使用前,应合理选用手持电动工具:

一般作业场所,应尽可能使用Ⅰ类工具。使用Ⅰ类工具时,应配漏电保护器、隔离变压器等。在潮湿场所应使用Ⅱ类或Ⅲ类工具,如采用Ⅰ类工具,必须装设动作电流不大于30 μA、动作时间不大于0.1 s的漏电保护器。在锅炉、金属容器、管道内作业时,应使用Ⅲ类工具,或装有漏电保护器的Ⅱ类工具,漏电保护器的动作电流不大于15 μA、动作时间不大于0.1 s。在特殊环境如湿热、雨雪、存在爆炸性或腐蚀性气体等作业环境,应使用具有相应防护等级和安全技术要求的工具。

安装使用时,Ⅲ类工具的安全隔离变压器,Ⅱ类工具的漏电保护器,Ⅱ、Ⅲ类工具的控制箱和电源装置应远离作业场所。

工具的电源引线应用坚韧橡皮包线或塑料护套软铜线,中间不得有接头,不得任意接长或拆换。保护接地电阻不得大于4 Ω。作业时,不得将运转部件的防护罩盖拆卸,更换刀具磨具应停车。在狭窄作业场所应设有监护人。

除使用36 V及以下电压、供电的隔离变压器二次绕组不接地、电源回路装有动作可靠的低压漏电保护器外,其余均佩戴橡胶绝缘手套,必要时还要穿绝缘鞋或站在绝缘垫上。操作隔离变压器应是一、二次双绕组,二次绕组不得接地,金属外壳和铁芯应可靠接地。接线端子应封闭或加护罩。一次绕组应专设熔断器,用双极闸刀控制,引线长不应超过3 m,不得有接头。

工具在使用前后,保管人员必须进行日常检查,使用者在使用前应进行检查。日常检查的内容:外壳、手柄有无破损裂纹,机械防护装置是否完好,工具转动部分是否灵活、轻快无阻,电气保护装置是否良好,保护线连接是否正确可靠,电源开关是否正常灵活,电源插头和电源线是否完好无损。发现问题应立即修复或更换。

每年至少应由专职人员定期检查1次,在湿热和温度常有变化的地区或使用条件恶劣的地方,应相应缩短检查周期。梅雨季节前应及时检查,检查内容除上述检查外,还应用500 V的绝缘电阻表测量电路对外壳的绝缘电阻。对长期搁置不用的工具在使用前也须检测绝缘,Ⅰ类工具绝缘电阻应小于2 MΩ,Ⅱ类工具绝缘电阻应小于7 MΩ,Ⅲ类工具绝缘电阻应小于1 MΩ,否则应进行干燥处理或维修。

工具的维修应由专门指定的维修部门进行,配备有必要的检验设备仪器。不得任意改变该工具的原设计参数,不得使用低于原性能的代用材料,不得换上与原规格不符的零部件。工具内的绝缘衬垫、套管不得漏装或任意拆除。

维修后应测绝缘,并在带电零件与外壳间做耐压试验。由基本绝缘与带电零件隔离的Ⅰ类工具的耐压试验电压为950 V,Ⅲ类工具的耐压试验电压为380 V,用加强绝缘与带电零件隔离的Ⅱ类工具的耐压试验电压为2 800 V。

实践训练

请利用扭矩转角检验法检验螺栓紧固性能,即利用增加部分扭矩对已紧固的螺栓进行紧固性能检查,通过利用液压力矩扳手对已紧固的螺栓施拧,当扭矩超过原施拧力矩10%时,通过螺母或螺栓的转动角度来判断其紧固性能。

(1) 请按以下方法检查,同时补齐下表:

① 将校验合格的力矩扳手(电动或液压)调整到被测螺栓原施拧力矩的110%。

② 对被检查螺栓做好观察基准线。

③ 对被测螺栓进行施拧,施力时应均匀,观察显示器的数值及螺栓旋转状态,按转动角度判断其合格性。

转动角度	紧固状态	合格评定	处理措施
0°	过拧		
<30°	完全拧紧		
30°~60°	基本拧紧		
>60°	未拧紧		

(2) 按增加 10% 扭矩检查螺栓紧固性能时,如果发现螺栓垫片与法兰面发生相对转动,请采取合适的处理措施。

风力发电运行检修员的资质

一、风力发电场工作人员基本要求

(1) 经检查鉴定,没有妨碍工作的病症,健康状况符合上岗条件。

(2) 风力发电场的运行人员必须经过岗位培训,考核合格。新聘用人员应有 3 个月实习期,实习期满后经考核合格方能上岗。实习期内不得独立工作。

(3) 具备必要的机械、电气、安装知识,熟悉风力发电机组的工作原理及基本结构,掌握判断一般故障产生原因及处理的方法。

(4) 掌握计算机监控系统的使用方法,能够统计计算容量系数、利用时间及故障率等。

(5) 熟悉操作票、工作票的填写以及有关风力发电机组运行规程的基本内容。

(6) 生产人员应认真学习风力发电技术,提高专业水平。风力发电场至少每年 1 次系统地组织员工进行专业技术培训。每年度要对员工进行专业技术考试,合格者方可上岗。

(7) 所有生产人员必须熟练掌握触电现场急救方法和消防器材使用方法。

二、风力发电运行检修员的基本要求

1. 职业道德

了解职业道德的概念、特征等基本知识。

2. 职业守则

(1) 遵守法律、法规和有关规定。

(2) 爱岗敬业,具有高度的责任心。

(3) 严格执行工作规程、工作规范和安全工作规程。

(4) 工作认真负责,团结合作。

(5) 爱护设备及工器具。

(6) 着装整洁,符合规定。保持工作环境清洁有序,文明生产。

3. 基础知识

(1) 基础理论知识包括机械识图、电工基础、计算机基本操作和风力发电基本知识。

（2）机械基础知识包括机械传动、液压、常用机械设备、设备润滑油及冷却液的使用知识。

（3）电气基础知识包括常用电气设备的种类及用途、电气控制原理知识、输变电设备及线路的运行与检修知识。

（4）安全文明生产知识包括现场文明生产要求、安全操作与劳动保护知识、消防器材的使用常识。

（5）相关法律法规知识包括《中华人民共和国安全生产法》《中华人民共和国劳动法》《中华人民共和国合同法》及环境保护法规的相关知识。

任务二　风力发电机组传动系统的维护与检修

任务描述

在风力发电机组中，齿轮箱是重要的部件之一，必须正确使用和维护，以延长其使用寿命。齿轮箱主动轴与风轮轴及叶片轮毂的连接必须紧固可靠。输出轴若直接与发电机连接时，应采用合适的联轴器，最好是弹性联轴器，并应串接起保护作用的安全装置。本任务主要通过对风力发电机组传动系统的维护检修及故障分析，使学生掌握齿轮箱的维护检修内容，能够分析与处理齿轮箱和轴承的常见故障。

知识链接

主轴及支撑系统和齿轮箱是风力发电机组传动系统的主要组成部分，主轴和齿轮箱的连接方式及其在传动链的布局形式通常决定风力发电机组的类型，以及传动链的设计、维护与检修。

一、风力发电机组传动系统主要故障类型

1. 主轴及支撑系统的主要故障类型

（1）主轴的主要故障

【微信扫码】
传动系统的检查

主轴及支撑系统作为连接风轮和齿轮箱的关键性部件，主要功能是支撑风轮将扭矩递给齿轮箱或发电机，而将其他载荷传递给机架或底座等支撑结构。通常结构设计需要经过静强度和刚度分析，并采用锻造工艺制造。但风力发电机组在实际的运行过程中由于疲劳寿命设计的裕度不足或加工制造等原因，在交变载荷和极限冲击载荷作用下，主轴会发生疲劳断裂，疲劳断裂的位置通常发生在主轴与轴承过盈装配的位置。一些典型的主轴疲劳断裂故障如图 4.12 所示。

(a) 主轴前轴承位置疲劳断裂　　　　　　(b) 主轴后轴承位置疲劳断裂

图 4.12　主轴主要故障形式——疲劳断裂

（2）主轴轴承的主要故障

在传动链设计中采用的轴承类型根据设计要求的不同而有所不同,但较为常见的轴承配置为调心滚子轴承或者圆锥滚子搭配圆柱滚子轴承,大功率风力发电机采用大锥角双列圆锥滚子轴承或三列圆柱滚子轴承。主轴轴承的选型通常需要经过静强度分析和疲劳寿命的校核,选择适当的主轴轴承可以提高传动链的可靠性,降低主轴和轴承的故障率。

与一般轴承的故障类似,主轴轴承的故障类型主要表现为滚动体和滚道的磨损、错误安装或过载引起的缺口或凹痕、滚子末端或导轨边缘污垢引起脏污、润滑不充分或不正确引起的表面损坏、安装太松引起的摩擦腐蚀等早期初级损坏以及散裂和断裂等终极破坏。

其中以主轴轴承磨损最为常见,其主要原因包括:① 由于安装前或安装时清洁不到位、密封不到位等导致产生研磨颗粒;② 不充分的润滑;③ 传动链机械振动等。

导致轴承散裂的主要原因包括:① 安装时预载过大、内外温差大等;② 椭圆轴或椭圆基挤压等;③ 轴承座或轴承安装未对准;④ 错误安装或未旋转轴承过载引起的缺口/凹痕;⑤ 深层锈蚀或严重的摩擦腐蚀;⑥ 轴承设计时表面的槽/坑等。

导致轴承裂缝和断裂的主要原因包括:① 安装时用锤子或坚硬的凿子打击后;② 过分驱动、过分太高锥形座或套筒;③ 圆柱座上的干涉配合过多;④ 严重的摩擦腐蚀。

此外轴承的保持架由于振动、超速、磨损或阻塞等原因也会形成裂缝或磨损,导致破坏,进而使得轴承损坏报废。

（3）轴承支座的主要故障

轴承支座是一种起支撑和润滑作用的箱体零部件。主要承受主轴及轴承在运行时产生的轴向力和径向力。风力发电机组轴承支座通常采用铸铁或铸钢材料,并设计成密封安装的结构件,使得在风力发电机组运行过程中轴承得到充分润滑。

轴承支座通常负载较小、设计裕度较大,因此不易出现塑性变形等损伤,但是由于振动或周期性交变载荷作用下,通常会导致密封损坏、渗漏油问题。

2. 齿轮箱的主要故障

传动系统中齿轮箱是重要部件,齿轮箱的运行是否正常,直接影响到整

【微信扫码】
齿轮箱的常见故障

个机械系统的工作。齿轮箱常年工作在酷暑、严寒等极端自然环境中，在高速、重载下运行的齿轮，其工作条件又相对比其他零部件恶劣。而且齿轮在机械加工中是一种高度复杂的成形零件，因此在齿轮传动系统中齿轮本身的制造、装配质量及其运行、维护水平都是影响其故障产生的关键因素。表 4.2 给出了风力发电机组齿轮箱的主要损坏类型。

表 4.2　齿轮箱的主要损坏类型

损坏部件	故障比例（%）	损坏表现形式
齿轮	60	断齿、点蚀、磨损、胶合、偏心、锈蚀、疲劳剥落等
轴承	19	疲劳剥落、磨损、胶合、断裂、锈蚀、滚珠脱出、保持架损坏
轴	10	断裂、磨损
箱体	7	变形、裂开、弹簧、螺杆折断
紧固件	3	断裂
油封	1	磨损

在齿轮箱的失效部件中，齿轮、轴承所占的比重约为 80%，所以对齿轮箱振动的故障诊断中，齿轮和轴承的故障诊断非常重要。下面主要介绍齿轮的一些故障类型。

齿轮由于结构形式、材料与热处理、操作运行环境不同，故障形式也各种各样，所以了解齿轮的失效形式对诊断齿轮箱故障是非常重要的。齿轮的失效类型很多，基本上可以分为两类：① 制造和装配不善造成的，如齿形误差、轮齿与内孔不同心、各部分轴线不对中、齿轮不平衡等；② 齿轮箱在长期运行中形成的失效，此类更为常见。由于齿轮表面承受的载荷很大，两啮合轮齿之间既有相对滚动又有相对滑动，而且相对滑动摩擦力在节点两侧的作用方向相反，从而产生力的脉动，在长期运行中导致齿面发生点蚀、胶合、磨损、疲劳剥落、塑性流动及齿根裂纹，甚至断齿等失效现象。

（1）齿轮裂纹、断齿

齿轮上由于各种原因造成的裂纹是断齿损伤的前兆。轮齿在承受载荷时，如同是悬臂梁，在轮齿的根部受到循环弯曲应力的作用，当这种应力超过齿轮材料的弯曲疲劳极限时，就会在齿根部引起疲劳裂纹，并逐步扩展，当裂纹齿轮强度无法承受载荷时，就会发生断齿，其实物如图 4.13 所示。

图 4.13　齿轮断齿

断齿原因主要有：① 由于多次重复的弯曲应力和应力集中造成的疲劳折断；② 由于突然严重过载或冲击载荷作用所引起的过载折断。

（2）齿面点蚀

点蚀的发生机理与裂纹有着密切关系。齿轮工作时，在齿面啮合处，由于循环交变应力长期作用，当应力峰值超过材料的接触疲劳极限，经过一定应力循环次数后，在表面层开始产生微细的疲劳裂纹，裂纹进一步扩展最终会使齿面金属小块剥落，在齿面形成小坑，形成早期点蚀，如图 4.14 所示。其特征是麻坑，体积小、数目少、分布范围小，一般发生在节线附近且靠近齿根部的区域。早期点蚀的小麻坑可能随运行时间进一步扩大，数目逐渐增加并连成大麻坑，形成扩展性点蚀，造成齿面金属块剥落，其特征是麻坑大而深，并沿节线扩展，分布范围较大。当剥落面积不断增大，剩余齿面不能继续承受外部载荷时，整个轮齿发生断裂。

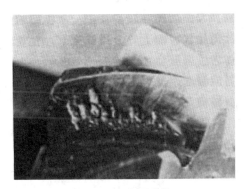

图 4.14 齿面点蚀

如果点蚀状态不得到及时控制，会引起更严重的设备损坏问题，引起噪声、振动，点蚀不断扩大，最终导致断齿失效。

（3）齿轮磨损

齿轮磨损是指啮合过程中齿轮表面材料不断摩擦和消耗的过程。按磨损损伤机理可以分为黏着磨损、磨粒磨损、表面疲劳磨损、腐蚀磨损等。按磨损深度可以将磨损划分为轻微磨损、中等磨损、过度磨损等。

以磨粒磨损为例，磨损主要源于两个方面：① 外界进入的砂石、金属微粒等污染颗粒进入齿面间引起的磨料磨损；② 齿面间相对滑动摩擦引起的磨损，与润滑油有直接关系。硬质磨粒进入啮合齿面后可导致齿面严重磨损，而软质磨粒进入齿面后导致的磨损相对缓和，但长期运转过程中会严重降低齿轮精度，进而影响齿轮的正常运转。因此，应尽可能采用闭式齿轮传动，并在初期磨合后换油和清洗齿轮箱，同时优先采用循环系统供油，配置良好的过滤和报警装置。

此外，腐蚀磨损也是导致齿轮故障的主要磨损形式，主要包括气蚀及特殊介质腐蚀磨损。腐蚀磨损以化学腐蚀为主，并伴随机械磨损，齿面形成均匀分布的腐蚀坑。图 4.15 所示为一个发生磨损的齿轮箱。影响齿轮腐蚀的因素很多，主要包括腐蚀介质的性质、温度、湿度、齿轮材料中合金元素的含量等。通常，润滑剂中的活性成分如酸和水等都可同齿轮材料发生化学反应，从而导致齿面腐蚀。虽然金属类极压添加剂的腐蚀作用是避免齿面胶合的决定性因素，但在高温条件下，极压添加剂可分解成具有很强腐蚀作用的活性元素，从而导致金属齿面腐蚀。钢材中的 Ni、Cr、W、Mo 等起到较好的抗腐蚀作用。为了控制和减轻齿轮的腐蚀磨损,应重点控制腐蚀介质,如腐蚀性强的添加剂的用量,同时应注意避免水、酸和其他有害物质对齿面的腐蚀作用。

图 4.15 齿轮磨损

(4)齿面胶合

重载或高速传动时,齿面工作区温度很高,一旦润滑条件不良将导致齿面间的油膜破裂,齿面间的油膜消失,一个齿面的金属熔焊在与之啮合的另一个齿面上,随着运动的继续而使软齿面上的金属被撕下,在轮齿工作表面上形成与滑动方向一致的沟纹,这种现象称为齿面胶合,如图 4.16 所示。这是一种较严重的磨损形态。胶合磨损的宏观特征是齿面沿滑动速度方向呈现深、宽不等的条状粗糙沟纹,在齿顶和齿根处较为严重,此时噪声明显增大。

胶合分为冷胶合和热胶合。冷胶合的沟纹比较清晰,热胶合可能伴有高温烧伤引起的变色。

热胶合撕伤通常是在高速或重载中速传动中,由于齿面接触点局部温度升高,油膜及其他表面膜破裂使接触区的金属熔焊,啮合区齿面产生相对滑动后又撕裂形成的。

冷胶合撕伤是在重载低速传动的情况下形成的。由于局部压力很高,油膜不易形成,轮齿金属表面直接接触,在受压力产生塑性变形时,接触点由于分子相互的扩散和局部再结晶等原因发生胶合,当滑动时胶合结点被撕开而形成冷胶合撕伤。新齿轮未经磨合时,也常常在某一局部产生胶合现象,使齿轮擦伤,严重齿面胶合会直接导致齿轮报废。

(5)塑性变形

低速重载传动时,若齿轮齿面硬度较低,当齿面间作用力过大,啮合中的齿面表层材料就会沿着摩擦力方向产生塑性流动,这种现象称为塑性变形,如图 4.17 所示。

图 4.16 齿面胶合

图 4.17 齿面塑性变形

风力发电机组传动系统的维护与检修

一、注意事项

（1）如果环境温度低于－20℃，不得进行维护和检修工作。对于低温型风力发电机组，如果环境温度低于－30℃，不得进行维护和检修工作。

（2）对齿轮箱进行任何维护和检修，必须首先使风力发电机停止工作，各制动器处于制动状态并将风轮锁锁定。如遇特殊情况，需在风力发电机处于工作状态或齿轮箱处于转动状态下进行维护和检修（如检查轮齿啮合、噪声或振动等状态时），必须确保有人守在紧急开关旁，可随时按下开关，使系统制动刹车。

（3）当处理齿轮箱润滑油或打开任何润滑油蒸气可能冒出的端盖时，必须穿戴安全面具和手套。因为齿轮箱润滑油可能有刺激性并且有害。

二、准备工具

对风电机组传动系统进行维护检修时需要的工具见表4.3。

表 4.3　维护检修工具

序号	名称	型号	序号	名称	型号
1	液压力矩扳手	HYTORC 8XLT	10	老虎钳	
2	力矩扳手	20～200 N·m	11	管钳	24#
3	活扳手	10#、24#	12	铁锤（1 kg）	
4	呆扳手	8～10 mm、11～13 mm	13	手电筒	
5	呆扳手	16～17 mm、17～19 mm	14	防水记号笔	
6	小棘轮		15	无纤维抹布	
7	套筒	13 mm	16	刷子	
8	内六角		17	清洁剂	
9	小十字螺钉旋具		18	吊物袋	中号，大号

三、风力风电机组传动系统的定期维护

1. 齿轮箱的定期维护

（1）齿轮箱的日常保养

风力发电机组齿轮箱的日常保养内容主要包括：设备外观检查、润滑油位检查、电气接线检查等。具体工作内容包括：运行人员登机工作时应对齿轮箱箱体表面进行清洁，检查箱体、润滑管路及冷却管路有无渗漏现象，外敷的润滑、冷却管路有无松动，由于风力发电机组振动较大，如果外敷管路固定不良将导致管路磨损、管路接头密封损坏甚至管路断

裂。还应注意箱底放油阀有无松动和渗漏，避免放油阀松动和渗漏导致的齿轮油大量外泄。

由油位标尺或油位窗检查油位及油色是否正常，发现油位偏低应及时补充。若发现油色明显变深发黑时，应考虑进行油质检验，并加强机组的运行监视。遇有滤清器堵塞报警时应及时检查处理，在更换滤芯时应彻底清洗滤清器内部，有条件时最好将滤清器总成拆下并在车间进行清洗、检查。安装滤清器外壳时应注意对正螺纹，用力均匀，避免损伤螺纹和密封圈。

检查齿轮箱油位、温度、压力、压差、轴承温度等传感器和加热器、散热器的接线是否正常，导线有无磨损。在日常巡视检查时还应当注意机组的声响有无异常，及时发现故障隐患。

【微信扫码】
齿轮箱运维与检修

（2）齿轮箱的定期维护

风力发电机组齿轮箱的定期保养维护内容主要包括：齿轮箱连接螺栓的力矩检查，齿轮啮合及齿面磨损情况的检查，传感器功能的测试，润滑及散热系统的功能检查，齿轮油滤清器定期更换，油样采集等。有条件时可借助有关工业检测设备对齿轮箱运行状态的振动及噪声等指标进行检测分析，以便更全面地掌握齿轮箱的工作状态。

根据风力发电机组运行维护手册，不同厂家对齿轮箱润滑油的采样周期也不一样。一般要求每年采样 1 次，或者使用 2 年后采样 1 次。对于发现运行状态异常的齿轮箱根据需要，随时采集油样。齿轮箱润滑油的使用年限一般为 3～4 年。由于齿轮箱的运行温度、年运行时间以及峰值出力等运行情况不完全相同，在不同的运行环境下笼统地以时间为限作为齿轮箱润滑油更换的条件，不一定能够保证齿轮箱经济、安全的运行。这就要求运行人员平时注意收集整理机组的各项运行数据，对比分析油品化验结果的各项参数指标，找出更加符合风电场运行特点的油品更换周期。

在齿轮箱运行期间，要定期检查运行状况，看运转是否平稳；有无振动或异常噪声；各处连接和管路有无渗漏，接头有无松动；油温是否正常。应定期更换润滑油，第一次换油应在首次投入运行 500 h 后进行，以后的换油周期为每运行 5 000～10 000 h。在运行过程中也要注意箱体内油质的变化情况，定期取样化验，若油质发生变化或氧化生成物过多并超过一定比例，就应及时更换。

齿轮箱应每半年检修 1 次，备件应按照正规图纸制造。更换新备件后的齿轮箱，其齿轮啮合情况应符合技术条件的规定，并经过试运转与负荷试验后再正式使用。

在油品采样时，考虑到样品份数的限制，一般选取运行状态较恶劣的机组（如故障率较高、出力峰值较高、齿轮箱运行温度较高、滤清器更换较频繁的机组）作为采样对象。根据油品检验结果分析齿轮箱的工作状态是否正常，润滑油性能是否满足设备正常运行需要，并参照风力发电机组维护手册规定的油品更换周期，综合分析决定是否需要更换齿轮箱润滑油。油品更换前可根据实际情况选用专用清洗添加剂，更换时应将旧油彻底排干清除油污，并用新油清洗齿轮箱，对箱底装有磁性元件的，还应清洗磁性元件，检查吸附的金属杂质情况。加油时按用户使用手册要求的油量加注，避免油位过高，导致输出轴油封因回油不畅而发生渗漏。

（3）齿轮箱的保养方法

① 观察法。通过视觉，可以检查润滑状况是否正常，有无干摩擦和跑、冒、滴、漏现象；

可以查看油箱沉积物中金属磨粒的多少、大小及形状特点，以判断相关零件的磨损情况；可以监测设备运动是否正常，有无异常现象发生；可以观看各种反映设备工作状态的仪表，了解数据的变化情况，可以通过测量工具和直接观察表面状况，检测产品质量，判断设备工作状况。把观察到的各种信息进行综合分析，就能对设备是否存在故障、故障部位、故障程度及故障原因做出判断。

② 磁塞法。通过仪器，观察从设备润滑油中收集到的磨损颗粒，实现磨损状态监测的简易方法是磁塞法。它的原理是将带有磁性的塞头插入润滑油中，收集磨损产生的金属磨粒，借助读数显微镜或者直接用人眼观察磨粒的大小、数量和形状特点，以判断机械零件表面的磨损程度。用磁塞法可以观察出机械零件磨损后期出现的磨粒尺寸较大的情况。观察时，若发现小磨粒且数量较少，说明设备运转正常；若发现大磨粒，就要引起重视，严密注意设备运转状态；若多次连续发现大磨粒，说明即将出现故障，应立即停机检查，查找故障，进行排除。

③ 利用机组控制系统中的状态监测系统对齿轮箱故障进行检测。采用状态监测系统对风力发电机组齿轮箱高速端的速度、加速度、温度进行检测，一般发现数据异常后，经开箱检查都会发现齿轮油已严重污染，齿轮齿面已有磨损。状态监测系统自动把这些读数与预设参数作比较，当发现超出正常值限时立即向操作人员发出警报。

2. 冷却与润滑系统的维护

齿轮箱冷却与润滑系统如图 4.18 所示，其功能是使齿轮箱充分润滑、冷却齿轮箱润滑油油温以及过滤润滑油中杂质。此外齿轮箱冷却与润滑系统还具有高的承载能力，具有减小摩擦和磨损、防止胶合、吸收冲击和振动、防止疲劳点蚀、冷却、防锈及抗腐蚀等性能。

图 4.18　齿轮箱的冷却与润滑系统

齿轮箱冷却与润滑系统由泵单元、分配器（单向阀）冷却器单元和连接管路等组成。泵单元主要是电机泵和过滤器，过滤器内部有精滤和粗滤两级滤网，在滤网的两侧设有压差继电器，可以对滤网的状态进行监控。冷却单元主要是热交换器，当系统油温过高时，油被送到热交换器进行热量交换。

在机组每次开机工作前，必须先起动冷却与润滑系统，待各润滑点充分得到润滑后再起动齿轮箱工作。若齿轮箱内部齿轮油温度低于定值时，先通过其中的加热系统，将齿轮油加热到定值，再起动机器。

冷却与润滑系统的维护项目如下。

（1）油路检查

① 管路连接情况检查。检查冷却与润滑系统所有管路的接头连接情况（包括箱底放油阀），查看各接头处是否有漏油、松动及损坏现象。对于易发生松动的管接头及安全阀相关接头处，发现松动要及时拧紧。安全阀如图 4.19 所示。

② 软管老化情况检查。检查冷却与润滑系统中的软管是否有老化、磨损及裂纹现象，管路与机械部件的接触位置是否采取防磨损的保护措施。如果发现软管的表面有老化痕迹和过多的裂纹，必须进行更换。油冷回路软管如图 4.20 所示。

图 4.19　管路安全阀及连接　　　　图 4.20　油冷回路软管

（2）热交换器检查

热交换器也称为油冷散热器。检查各部件安装螺栓的紧固情况；检查主机架上部热交换器上电动机的接线情况是否正常；检查热交换器的风扇部分是否有过多污垢，如有应及时清理；检查散热装置是否有渗漏现象，如有需更换；检查热交换器与其支架的各连接部位的连接情况，如果连接部位有松动或损坏现象，应进行把紧或更换处理；检查热交换器的整体运转情况是否正常，是否存在振动、噪声过大等现象，如果有应查找原因并进行检修处理。

（3）过滤器检查

一般情况下压力继电器系统可以监测滤网两侧的压力。如果滤网堵塞，两侧的压差会增加。当压差超过系统设定值时，系统自动报警或采取安全措施。

（4）油泵检查

检查油泵的接线情况；检查油泵表面的清洁度；检查油泵与过滤器的连接处是否漏油。

（5）手动阀检查

检查两个手动阀，检查其工作是否正确，有无漏油现象。

（6）紧固件检查

用液压力矩扳手以规定的力矩检查用于将冷却油泵和过滤器安装到齿轮箱上的螺栓，检查油泵电动机/支架安装螺栓、油泵电动机/钟形罩安装螺栓，如图 4.21 所示。

（7）传感器检查

检查各传感器开关是否工作正常。如传感器失灵或损坏，立即更换。

（8）比例阀检查

定期清洁比例阀。比例阀要使用酒精冲洗，不应该用煤油清洗。

图 4.21　油泵电动机安装螺栓

四、常见的故障处理

1. 主轴轴承的故障处理

主轴轴承的异常分为运行声音异常、温度升高、振动异常以及漏脂严重,故障原因及处理方法分述如下。

(1) 主轴轴承运行声音异常原因及故障处理

主轴轴承运行声音异常包括金属噪声、规则音和不规则音 3 种情况。

① 金属噪声通常来源于安装不良、载荷异常、润滑脂不足或不合适,以及旋转零件接触等问题,可以采用改善安装精度或安装方法后重新拆卸安装,修正箱体挡肩位置调整负荷,补充适当和适量的润滑脂,以及修正密封的接触状况等进行故障处理。

② 规则音通常来源于异物造成滚动体和轨道接触面产生压痕、锈蚀和损伤等,或表面变形,以及滚道剥离等原因。这种情况通常采用更换轴承、清洗相关零件、改善密封装置、重新注入适当和适量润滑脂等进行故障处理。

③ 不规则音通常来源于游隙过大,异物侵入或滚动体损伤等原因。这种情况通常采用更换轴承、清洗相关零件、改善密封装置、重新注入适当和适量润滑脂等进行故障处理。

(2) 主轴轴承温度异常原因及故障处理

导致主轴轴承温度异常升高的原因主要有润滑脂过多、不足或不合适,异常载荷、配合面蠕变、密封装置摩擦过大等。通常采用清理轴承和相关的零部件,减少或补充、更换适当和适量的润滑脂,改善轴承与轴、箱体的接触状况,必要时更换密封或整个轴承进行故障处理。

(3) 主轴轴承振动大原因及故障处理

导致主轴振动大(主轴偏心)的主要原因是轴承表面变形、严重磨损或剥离、安装不良等。对于振动监测等级为注意的级别,通常采用清洗相关零件,改善密封装置,重新注入适当和适量润滑脂等进行故障处理;如果振动监测等级达到报警的级别,则通常更换轴承。

(4) 主轴轴承和支承座漏脂原因及故障处理

导致轴承和支承座漏脂严重的主要原因是润滑脂过多,异物侵入或研磨粉末产生异物,以及轴承密封损坏或失效。通常采用清洗零部件,使用适量和适当的润滑剂,更换密封,必要时更换轴承等方法进行故障处理。

2. 齿轮箱的故障处理

齿轮箱故障处理主要针对轮齿、轴承、箱体和行星架的损坏状况确定,具体如下。

1) 轮齿损坏状况与故障处理

(1) 对于因长期停机或存储、润滑不充分导致的齿面静止压痕或黑线,可做如下预防和故障处理。

① 在长时间停机时通过空转以保证充分润滑。

② 长时间存储应手动空转齿轮箱。

③ 如果压痕较深,硬化层深度允许,可进行重新磨齿修复。

④ 通过振动传感器进行监测。

⑤ 正常油液和振动监测,确认后 6 个月进行 2 次内窥镜检查,如果损伤未显著扩展齿轮箱可以正常使用。

(2) 对于因频繁的载荷和速度变化,齿面粗糙度高,油品清洁度和齿面润滑状况不良导致的点蚀,可做如下预防和处理。

① 保持润滑油的冷却、清洁度和含水量等。

② 监测润滑油的质量和颗粒度。

③ 监测齿轮箱的振动和载荷变化。

④ 微点蚀是可以通过齿面重新磨齿来消除。

⑤ 微点蚀(收敛性点蚀)确认后,前 3 个月每月 1 次用内窥镜检查,如点蚀未扩展,或呈收敛状态,则正常使用。

⑥ 分散点蚀(扩展性点蚀)确认后,每 2 周或连续满负荷运行 240 h 用内窥镜查 1 次,存在显著扩展,提前准备备件以便更换维修。

(3) 对于因齿面间的高速重载导致齿面快速升温,润滑失效或较差的齿面润滑状况或齿面硬度不够,可做如下预防和处理。

① 保持润滑油的冷却、清洁度和含水量等。

② 确保在齿轮啮合初期的润滑。

③ 监测齿轮箱振动和载荷变化。

④ 如果齿面硬度层尺寸允许,胶合可以通过齿面重新磨齿来消除。

⑤ 胶合属于较严重的轮齿失效模式,应根据现场情况加强油液和振动监测频次。

⑥ 初期胶合每 2 周或连续满负荷运行 240 h 用内窥镜检查 1 次,同时进行振动测试,如齿面进一步损伤,降负荷运行或检修。

⑦ 中等和严重胶合,提前准备备件以更换维修。

(4) 对于因选材或加工问题,齿面间重载或瞬间过载冲击,齿面或近表面存在裂纹齿面强度和硬度不够导致的塑性变形和裂纹,可做如下预防和处理。

① 监测齿轮箱振动和载荷变化。

② 降负荷运行,防止齿轮箱受到过载冲击。

③ 确认后根据塑形变形情况或裂纹尺寸尽快更换齿轮箱。

④ 检查同批次齿轮箱是否存在相同情况,提前准备备件以便更换维修。

（5）对于因齿面硬度不够、超高载荷连续运行、硬质物落入齿轮啮合处、紧急制动过载冲击等原因造成的断齿，可做如下预防和处理。

① 定期监测油品质量。

② 定期检查磁堵和磁性油标，如有金属碎屑，需做全面检查。

③ 异响或较大振动需做停机检查。

④ 根据现场情况尽快安排油液和振动监测，确定断齿损坏情况。

⑤ 用内窥镜检查确认后停机，尽快更换维修。

2）滚动轴承损坏及故障处理

对于由于齿轮箱润滑不充分或润滑油质量问题，超过极限载荷运行，更换不同型号润滑油，其他部件损坏造成的碎屑等原因导致的轴承磨损或剥落，可做如下预防和处理。

① 确保充分润滑，特别在停机重启后。

② 确保润滑油油品质量，避免油品型号更改。

③ 按期进行油品检测。

④ 根据现场情况加强油液和振动监测频次。

⑤ 通过用内窥镜检查确认初期磨损，每月检查 1 次轴承磨损情况，提前准备备件更换维修。

⑥ 通过用内窥镜检查确认初期磨损，出现滚动体表面疲劳剥落或永久变形，并且伴随振动和异响严重应停机，尽快更换维修。

3）箱体开裂或行星架"抱死"等故障处理

（1）对于由于齿轮箱冲击载荷过大，风机传动链垂直轴向载荷过大，或齿轮箱箱体材料问题导致的箱体开裂，可做如下预防和处理。

① 定期检查齿轮箱箱体状况。

② 确认箱体开裂后及时停机检查，尽快更换维修。

③ 确认主轴与行星架相对位移，应及时紧固锁紧盘螺栓，每月检查 1 次主轴锁紧盘标记刻度线，如长期相对位移，应尽快更换维修。

（2）对于由于螺栓本身质量问题（材料或热处理问题），没按规定力矩拧紧螺栓（力矩过大或过小）等原因导致的连接螺栓损坏，可做如下预防和处理。

① 定期检查齿轮箱螺栓状况。

② 装配螺栓时需按规定力矩拧紧螺栓。

③ 如发现螺栓变形或断裂应及时停机检查。

④ 确认螺栓严重变形或断裂时，应及时停机更换，并查明原因。每月检查 1 次螺栓力矩，如果出现反复断裂，应尽快更换维修齿轮箱或锁紧盘。

（3）对于由于空气滤芯堵塞造成箱体内部压力升高、齿圈与箱体间的螺栓松动、密封胶条老化或选用不当、安装密封胶条的环槽等密封结构设计不当、盘根磨损导致回油孔堵塞等原因导致的密封失效和严重的渗漏油问题，可做如下预防和处理。

① 定期更换空气滤芯。

② 定期检查齿轮箱易漏油处的状况。

③ 密封胶条损伤或选用不当需重新更换。

④ 轻微漏油基本不影响机组齿轮箱正常使用，需要定期检查油位，及时补充齿轮箱油。

⑤ 齿轮箱漏油严重影响机组正常使用,应进行封堵处理,长期漏油严重的应计划安排维修和改进密封。

(4) 对于由于箱体外部油漆脱落、齿轮箱长期存放保养不当、箱体内部部件防锈油膜损坏、换油不恰当、更换润滑油型号等原因导致的箱体或内部零部件锈蚀,可做如下预防和处理。

① 定期检查齿轮箱箱体和内部状况。

② 如发现箱体外部锈蚀,需去除锈蚀并补漆。

③ 对内部锈蚀,如程度轻微可以跑合除去锈蚀。

④ 对内部锈蚀严重的部件,需要开箱除锈。

⑤ 轻微锈蚀基本不影响齿轮箱运行,正常维护、保养即可。

⑥ 内部严重腐蚀应及时除锈,更换齿轮油。

3. 齿轮箱润滑及冷却系统的故障处理

齿轮箱润滑及冷却系统故障的直接表现为齿轮箱油池温度异常、齿轮油压力异常,常见故障处理如下。

(1) 齿轮油温度异常

① 齿轮箱渗漏油、油位低导致的温度高,通常在检查确认齿轮油位后,添加齿轮油。

② 冷却系统故障导致的温度高,通常在测试齿轮油冷却系统是否正常,并用手测试冷却系统进油管和出油管是否有温差后,检查 45 ℃阀和散热回路,可以按照冷却系统定期维护的要求进行该故障处理。

③ 齿轮箱本体轮齿和轴承的损坏导致油温高,检查齿轮箱噪声、振动状态和油品状态等是否存在异常,因此采用上述齿轮箱本体损伤与故障处理相应的内容进行故障处理。

④ 风力发电机组长时间高负荷工作导致的油温高,检查是否由环境温度较高和风机长时间高负荷工作引起,此时等温度降下后,自动复位。

⑤ 温度传感器故障导致的油温高,检查 Pt100 是否正常或线缆虚接,如电阻值差距较大,需要更换。

⑥ 模块采集故障导致的远程监测系统长期报油温高,检查相应的采集模块及其接线和背板总线,必要时更换。

⑦ 回路接线问题导致的油温高,检查 Pt100 回路及其端子接线,必要时更换。

(2) 齿轮油压力异常

① 滤芯堵塞导致的齿轮油压力高,检查滤芯内杂质。根据定期维护要求更换齿轮油滤芯,同时注意检查齿轮油质和齿轮箱运行过程中有无异常声音。

② 信号回路的接线问题导致的齿轮油压力异常,通过测量回路各个接点的电压来查找断电情况,若信号回路的接线松动或者脱落,导致 24 V 反馈信号丢失,需及时更换。

③ 压力继电器的故障导致的齿轮油压力低,检查压力继电器故障或者设定值有误,此情况应更换压力继电器或修改设定值。

④ 冷却器堵塞或故障导致的齿轮油压力低,该情况主要会在油温上升到 45 ℃后,齿轮油经过 45 ℃阀走散热器油路。因为油路堵塞,油分配器处没有压力,所以会报出该故障。该情况按照定期维护方法更换或维修散热器。

⑤ 温控阀等原因导致的齿轮油压力异常，该情况下当温控阀损坏后，油路可能会出现不能完全打开或关闭的情况，导致回流回油分配器的齿轮油压力过低，造成故障。该情况按照定期维护方法更换温控阀。

⑥ 润滑系统油泵的损坏、电动机缺相或出力不足导致的油压低，该情况下齿轮油泵出力不足，报出该故障。需要更换油泵或维修缺相线路。

⑦ 单向阀关闭不严导致的油压低，如果单向阀被杂物卡住，关闭不严，则会导致齿轮油经过油泵后部分齿轮油直接回流回油箱，造成齿轮油压力低故障。此故障多会出现在油温上升后。当冬季油温较低的情况下，齿轮油压力依然可以在启机后保持一段时间，但当油温上升后，齿轮油压力会很快下降到 0.5 bar(1 bar＝100 kPa)以下。应清理单向阀。

4. 主轴和齿轮箱连接螺栓断裂的故障处理

主轴和齿轮箱传动链的连接螺栓种类和等级，以及连接结构件的情况较多也较复杂。从故障处理的角度主要分为螺栓与基体连接紧固(如主轴与轮毂连接螺栓、轴承箱与机架连接螺栓、锁紧盘连接螺栓等)以及螺栓与螺母连接紧固(齿轮箱箱体连接螺栓等)。连接螺栓不同的损坏形式主要有螺栓松动、螺纹损伤或脱落、螺栓断裂等，因此采用的故障处理方法也不相同。

(1) 螺栓松动的原因及故障处理

导致螺栓松动的主要原因有机械连接部件振动异常、螺栓受到交变性的剪力作用等，通常采用定期力矩检查以及重新紧固的方法进行处理，对于出现反复松动的情况，则需要考虑采用扭力系数更小的润滑剂更换新螺栓，或适当地增加螺栓预紧力进行处理。

(2) 螺纹损伤或脱落的原因及故障处理

导致螺纹损伤或脱落的主要原因有长期反复预紧螺栓使得螺纹屈服或接触疲劳，安装力矩过大螺栓塑形变形，螺栓质量不合格，或安装时有异物等。如果是基体螺纹损伤或脱落则需要对基体材料重新攻丝或扩孔攻丝，采用新螺栓或更大规格螺栓连接；如果是螺母或螺栓螺纹损伤或脱落则需要清理螺纹孔，更换新螺栓连接副，并采用适当的力矩进行螺栓连接副的紧固等方式进行故障处理。

(3) 螺栓断裂的原因及故障处理

导致螺栓断裂的原因主要有螺栓承受异常的交变载荷导致疲劳断裂或结构件突然过载导致螺栓直接被拉断或切断等。对于这种情况通常要查明螺栓断裂原因，并进行相应的事故分析，再进行故障处理。故障处理的方法主要有更换断裂螺栓的同时更换断裂螺栓周边 3 颗左右的旧螺栓，变更安装螺栓的安装力矩或润滑剂使得螺栓预紧力更合力且数值分散度更小，或重新采用规格和级别更高的螺栓进行替换。

实践训练

齿轮箱是双馈式风力发电机组的主要传动部件，起到增速的作用。由于其特殊的构造，运行中若不注意维护，会产生比较严重的磨损，从而减少使用寿命。根据给出的任务实施单对齿轮箱进行维护。

1. 齿轮箱认知

给出 SL 1500/77 型风电机组齿轮箱的技术参数。

型号	SL 1500/77	主要参数	
传动比 i		齿轮箱的轴间角(°)	
输入端		输出端	
额定驱动功率(kW)		发电机额定速度(r/min)	
额定转矩(kN·m)		发电机速度范围(r/min)	
旋转方向		运行时最高转速(r/min)	
空转转速(r/min)		最大转矩(kN·m)	
润滑方式		最大转矩时的横向力(kN)	
		最大转矩持续时间(s)	
		最大转矩发生频率	

2. 齿轮箱的维护检修

齿轮箱的维护检修任务实施单

序号	维护检修项目	检查情况
1	齿轮箱外观检查	
2	紧固件检查	
3	检查润滑油油位	
4	检查齿轮箱空气过滤器	
5	检查齿轮箱振动情况	
6	检查齿轮箱噪声	
7	检查避雷装置	

风力发电机组传动系统主轴和齿轮箱的更换和大修

主轴和齿轮箱更换及大修的基本作业流程和步骤主要包括以下内容。

（1）吊装前期工器具和备件准备工作。对于1.5 MW机组通常选择500 t以上主吊车和50 t以上辅吊车以及一辆运输车辆。

（2）拆卸前准备工作,主要包括以下内容。

① 布置作业场地。

② 机组停机。

③ 调整叶轮角度为"Y"形等。

（3）拆卸滑环、滑环线及其他附件,主要包括以下内容。

① 锁定叶轮锁。

② 拆除轮毂内部电源。

③ 拆除滑环。

④ 进入轮毂内将滑环到轮毂控制柜内的接线、滑环至轮毂内的电源线断开并抽出等。

⑤ 对于叶片变桨的机组,需要进入轮毂内拆除液压和机械变桨机构。

(4)拆卸发电机-齿轮箱联轴器中间体,主要包括以下内容。

① 拆联轴器护罩。

② 拆卸联轴器中间体。

(5)拆卸齿轮箱传感器、电缆及其他附件,主要包括以下内容。

① 拆除齿轮箱外部供电接线。

② 拆除主轴温度传感器。

③ 拆除主轴前端的防护罩盖。

④ 拆除风向标、风速仪的控制线,按照接线表拆卸油泵电动机、齿轮箱散热电动接线箱接线,主轴承Pt100接线,液压站接线盒接线和刹车磨损传感器接线。

(6)拆卸叶轮,主要包括以下内容。

① 主轴螺栓做标记。

② 安装叶尖护套和缆风绳。

③ 安装叶轮吊具。

④ 拆除叶轮。

(7)拆卸顶部机舱罩,主要包括以下内容。

① 拆卸风向标、风速仪传感器线路、机舱照明线。

② 拆除顶部机舱罩。

(8)拆卸主轴/齿轮箱总成,如图4.22所示,主要包括以下内容。

图 4.22 主轴和齿轮箱的吊装

① 拆除齿轮箱弹性支撑。

② 拆除主轴承座固定螺栓。

③ 缓慢起吊主轴和齿轮箱。

④ 做好机舱内的清理工作。

(9)主轴/齿轮箱分解,主要包括以下内容。

① 拆除和清理胀紧套。

② 将主轴从行星轮支架中移出。

(10)主轴与新齿轮箱安装(新主轴与齿轮箱安装),主要包括以下内容。

① 用新主轴或新齿轮箱替换损坏部件,加热装配主轴。

② 安装和紧固胀紧套。

（11）如果需要更换齿轮箱，则需要在齿轮箱上拆卸和安装刹车盘与制动器。

（12）主轴和齿轮箱吊装至机舱，并将相应的固定螺栓按照拆卸步骤预紧。

（13）安装顶部机舱罩，并将相应的线缆依次连接。

（14）安装叶轮。

（15）安装联轴器中间体。

（16）安装齿轮箱传感器、电缆及其附件。

（17）安装滑环、滑环线及其他附件。

（18）发电机对中。

（19）测试、试验、试运行，主要包括以下内容。

① 轮毂上电检查。

② 变桨系统测试。

③ 液压系统测试。

④ 齿轮箱系统测试。

⑤ 转速测试。

⑥ 试运行。

任务三　风力发电机组偏航系统的维护与检修

任务描述

　　偏航系统是水平轴风力发电机组必不可少的组成部分，在机组利用风能运行发电过程中起着关键的作用，使风力发电机组的风轮始终处于迎风状态，同时提供必要的锁紧力矩，以保障风力发电机组在完成对风动作后能够安全定位运行。本任务主要是通过对风力发电机组偏航系统的维护检修及故障分析，使学生掌握偏航系统的维护检修内容，能够分析与处理偏航系统的常见故障。

知识链接

一、偏航系统常见故障类型

【微信扫码】
偏航系统的试验

　　由于偏航系统的复杂度较高，且偏航系统的配置和运行方式各有不同，偏航系统的故障也呈现多种不同的表现形式。由于偏航系统是一个较为复杂紧密的系统，同样的故障往往也是由不同的故障类型造成的。

　　1. 风向标、风速仪故障

　　因为风向标、风速仪安装在机舱外的支架上，时刻受到风吹日晒雨淋冰冻等自然条件影响，所以这些都对风向标、风速仪准确、稳定的运行造成了一定的影响。故障主要体现为风沙较大地区风向标、风速仪轴承容易卡涩或损坏，冬季寒冷雪大地区风向标、风速仪容易被冻住或冻坏,盐雾腐蚀严重地区风向标风速仪容易腐蚀等,均会导致风向标、风速仪测风不准;机组长时间运行后,风向标测量时出现误差,导致测风不准确,需要进行风向标校准;元件损坏、线路破损或接线松动等,也会造成风向标、风速仪故障。

2. 偏航减速器故障

偏航速度较低、转矩较大,驱动装置的减速器一般选用多级行星减速器(图 4.23)或涡轮蜗杆与行星串联减速器(图 4.24)。故障主要体现为减速器内齿轮损伤、轴承损坏、断轴、油温高、缺油等。

 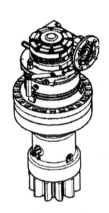

图 4.23　涡轮蜗杆与行星减速器　　图 4.24　多级行星减速器

3. 偏航传感器故障

偏航传感器用于采集和记录偏航位移。位移一般以偏航 0°为基准,有方向性。偏航传感器的位移记录是控制程序发出解缆指令的依据。偏航传感器一般有两种类型:一类是机械式传感器,传感器有一套齿轮减速系统,当位移到达设定值时,传感器即接通触点(或行程开关)启动解缆程序进行解缆;另一类是电子式传感器,控制程序检测两个在偏航齿圈(或与其啮合的齿轮)近旁的接近开关发出的脉冲,识别并累积机舱在每个方向上转过的净齿数(位置),当达到设定值时,控制程序即启动解缆程序进行解缆。机械式偏航传感器的故障主要体现为连接螺栓松动、异物侵入、电路板损坏和连接电缆损坏等。电子式偏航传感器的故障主要体现为传感器损坏、固定螺母松动、接近开关损坏和连接电缆损坏等。

4. 偏航异常噪声

风电机组偏航时,机舱和风轮的全部重量都作用在了偏航齿圈上,偏航减速器带动机舱转动,同时产生沉重的"嚓嚓"声。通过偏航声音可以判断出偏航系统的某些故障。主要体现为偏航轴承或偏航齿圈润滑脂严重缺失、偏航阻尼力矩过大、齿轮副轮齿损坏、偏航减速器齿轮油位低等。

二、风向标、风速仪的检测

风速风向仪是偏航系统最重要的组成部分之一,它的主要作用是用来测量风速和风向。下面介绍机械式风向标、风速仪的检测。

1. 机械式风速仪(图 4.25)

(1) 检查风速仪 N 点安装位置,N 点应沿机舱中轴线指向风轮方向。

（2）手动转动风速仪，检查轴承有无卡涩、异响等情况。

（3）检查风速仪的线缆接线连接是否与电气图纸一致。

（4）检测风速仪输出信号是否符合特征曲线。风速与输出电流呈线性关系，风速传感器输出的是 4～20 mA 电流，当风速超过 50 m/s 时，风速仪输出量最大不会超过 20.5 mA，输出特性如图 4.26 所示。

（5）检测风速仪的加热元件能否正常工作。

图 4.25　机械式风速仪

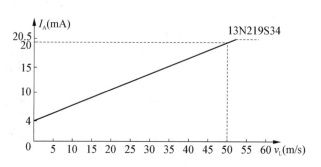

图 4.26　风速仪的输出特性

2. 机械式风向标（图 4.27）

（1）检查风向标 N 点安装位置，N 点应沿机舱中轴线指向风轮方向。

图 4.27　机械式风向标

（2）手动转动风向标，检查轴承有无卡涩、异响等情况。

（3）手动转动风向标传动单元到 90°、180°、270°、360°位置，并在风电机组的监控界面观察是否和实际位置相符合。如机械式风向标测量的数据出现误差，需要进行校准。

（4）检查风向标的线缆接线连接是否与电气图纸信息一致。

（5）检测风向标的加热元件能否正常工作。

任务实施

风力发电机组偏航系统的维护与检修

一、注意事项

（1）如果环境温度低于－20 ℃，不得进行维护和检修工作。对于低温型风力发电机组，如果环境温度低于-30 ℃,不得进行维护和检修工作。如果风速超过限值,不得上塔进行维护和检修工作。

（2）对偏航部分进行任何维护和检修,必须首先使风力发电机组停止工作,各制动器处于制动状态并将风轮锁锁定。

（3）如遇特殊情况需在风力发电机组处于运动状态下进行维护和检修时(如检查偏航齿圈啮合、异常噪声、能否精确迎风等状态时),必须确保有人守在紧急开关旁,可随时按下开关,使系统刹车。

（4）当处理偏航齿轮箱润滑油时,必须佩戴安全器具。

二、准备工器具

偏航系统检查维护与拆装工具见表4.4。

表 4.4 偏航系统检查维护工具

检修工具	功能	检修工具	功能
力矩扳手（2～20 N·m,8～60 N·m,40～200 N·m,200～800 N·m）	用于紧固件检查维护	套筒（10 mm、17 mm、30 mm,55 mm、60 mm）	用于紧固件检查维护
呆扳手（24 mm）	用于紧固件检查维护	两用扳手（50 mm）	用于紧固件检查维护
内六角扳手（5 mm）	用于紧固件检查维护	SHC320	驱动齿轮箱内部润滑油
棘轮扳手（1/2,3/4）	用于紧固件检查维护	SHC460	小齿圈与偏航齿圈啮合处偏航齿轮箱内部润滑脂
液压扳手	用于较大紧固件检查维护	Loctite 243	M20 以下螺栓涂抹用胶黏合剂
油漆刷子	用于表面刷漆	Araldite 2015	黏合剂
加注器	用于添加润滑脂	MoS_2	M20 以上螺栓涂抹用润滑剂
油泵	用于更换偏航齿轮箱油	清洗剂	更换润滑油时使用
无纤维抹布	用于清除杂质或渗出润滑剂	卡兰	清洁零部件表面
防水记号笔	检查紧固件时作标记用	吊带	拆装侧面轴承时卡紧偏航齿圈与主机架
塞尺	用于检查接近开关和齿圈齿顶间隙	卸扣	拆装维修时使用

三、偏航系统的定期维护

1. 每月定期检查维护的项目及要求

（1）每月检查油位,包括偏航驱动减速器、偏航轴承齿圈润滑油箱,若低于正常油位应补充规定型号的润滑油到正常油位。每月或每500 h 应向偏航轴承齿圈啮合的齿轮副喷入规定型号的润滑油,添加规定型号的润滑脂,以保证齿轮副润滑正常。

每月还应检查各个油箱和各个润滑装置,不应有漏油现象,若发现有漏油现象,必须找出原因并加以消除。

(2) 每月检查制动器壳体和机架的连接螺栓的紧固力矩,确保其为机组的规定值。检查偏航驱动与机架的连接螺栓,保证其紧固力矩为规定值。

紧固螺栓松动,轻则造成噪声增大,重则会造成机件损坏。对于松动的紧固螺栓,应按规定的紧固力矩进行紧固。

(3) 每月检查摩擦片磨损情况及摩擦片是否有裂缝存在,并清洁制动器摩擦片。当摩擦片最低点的厚度不足 2 mm 时,必须更换。检查制动器壳体和制动摩擦片的磨损情况,必要时也应进行更换。

(4) 每月检查制动盘的清洁度,查看是否被机油和润滑油污染,以防制动失效;检查制动盘和摩擦片的工作状态,并根据机组的相关技术要求进行调整。

(5) 检查是否有非正常的机械和电气噪声。机械磨损造成的间隙增大是非正常噪声的根源,而机械磨损的产生往往是由于润滑不良造成的。另外,密封不好和紧固螺栓松动也是造成非正常噪声的根源。应根据噪声源的产生部位、噪声频率找出根源并予以根除。

(6) 每月对液压回路进行检查,确保液压油路无泄漏,液压系统的工作压力能稳定在额定值,制动器的工作压力在正常范围,最大工作压力为机组的设计值。同时还必须检查偏航制动器制动和压力释放的有效性及偏航时偏航制动器的阻尼压力是否正常。

2. 定期检查维护项目及要求

(1) 每 3 个月或每 1 500 h 就要检查齿面是否有非正常的磨损与裂纹,检查轴承是否需要加注润滑脂,若需要,按技术要求加注规定型号的润滑脂。

(2) 运行 2 000 h 后,应使用清洗剂清洗减速箱并更换润滑油,检查轮齿齿面的点蚀情况及啮合齿轮副的侧隙。

(3) 每 6 个月或每 3 000 h 就要检查偏航轴承连接螺栓的紧固力矩,确保紧固力矩为机组设计的规定值,全面检查齿轮副的啮合侧隙是否在允许的范围之内。

3. 偏航系统润滑脂量

各种机型风力发电机组的偏航系统定期维护润滑项目周期一般为半年或 1 年,这里将以 GE 1.5MW 风电机组为例进行介绍,如表 4.5 所示。

表 4.5　偏航系统定期维护参考润滑项目

序号	润滑项目	润滑脂(油)型号	用量
1	偏航轴承	Fuchs Gleitmo 585 K(白色)	0.4 kg/6 个月
2	偏航齿圈	Fuchs Renolin Unisyn CLP 220	60 L/6 个月
3	偏航减速器	Mobil Mobilger SHC XMP 320	12 t/36 个月

4. 偏航减速机维护

(1) 减速机防腐涂层检查与维护

检查减速机的防腐涂层是否有脱落现象,如有脱落需修复。

（2）油位检查

在减速机静止状态下,检查减速器的油位。一般减速机油位应位于油位计最高线与最低线两刻线之间或高于油镜 1/2 处。如油位偏低,需重新加注润滑油,并检查是否有泄漏点,润滑油型号见相关技术文件。加注方法如下。

① 用毛巾清理干净加油嘴及其周围的灰尘油污。

② 旋下加油塞并将其倒置于一块干净的毛巾上。

③ 将油顺着加油嘴倒入减速机内(由于加油嘴较小,实际加油时可使用干净的大号针筒作为加油工具),边加油边通过油位计观察油位。

④ 当油位接近正常油位时,停止加油(可事先在正常油位处用记号笔做一标记)。

⑤ 将加油塞擦干净并旋到加油嘴上拧紧。

⑥ 减速机运行 5 min,观察加油嘴处是否有渗漏现象,如有加以处理。

⑦ 停转减速机再次观察油位,如油位达到正常值,加油工作结束,如未能达到要求,重复步骤②～步骤⑥,直到油位满足要求。

（3）密封检查

检查偏航减速机的密封情况。查看偏航减速机输出轴轴承处是否有油脂溢出,如有将油脂清理干净,并记录减速机的编号、出厂日期等信息并及时处理。

（4）减速机油品更换

为了延长减速机的寿命,必须定期对减速机进行换油(最好在热机状态下换油),更换过程如下。

① 用毛巾清理干净排油口及其周围的灰尘和油污。

② 将一个空的容器置于排油口附近,以备回收废油。

③ 旋下排油堵丝并将其倒置于一块干净的毛巾上。

④ 如图 4.28 所示,安装一个外接油管,油管的另一头插入准备好的容器内。

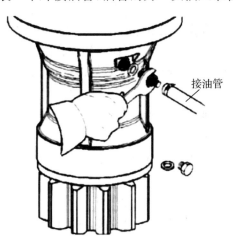

接油管

图 4.28　排油示意图

⑤ 将废油排入容器内,同时打开加油嘴,以便顺利将油排出。

⑥ 加入适量新油进行冲洗,以便使停留在输出端的残渣顺利排出,如气温较低,需加入事先预热过的新油进行冲洗。

⑦ 将排油堵丝擦净,重新安装到排油口上,旋紧。

按照上述方法加注润滑油。

（5）偏航小齿轮检查与维护

四个小齿轮分别与偏航减速机连接在一起,与同一个偏航齿圈啮合。为了使得偏航位置精确且无噪声,需定期用塞尺检查啮合齿轮的侧隙。若不满足要求,则将主机架与驱动装置联结螺栓松开,缓慢转动偏航减速机,直到得到合适的间隙（0.4～0.8 mm）,然后以规定的力矩值拧紧螺栓。

（6）偏航减速机与主机架连接螺栓的力矩检查

以技术文件要求的力矩检查偏航减速机与主机架安装螺栓,检查比例参照技术文件要求执行。

5. 偏航制动器及刹车盘的日常维护

（1）偏航制动器日常安装维护使用过程中的注意事项

【微信扫码】
偏航系统制动器的维护与保养

【微信扫码】
偏航轴承的维护

① 检查偏航制动器本身有无漏油现象。

② 检查偏航制动器连接油路有无泄漏情况。

③ 检查偏航制动器有无防腐漆脱落情况。

④ 在安装制动器之前,制动盘必须将油污清洗干净（可用工业酒精清洗）,任何残留油污都将明显降低制动器摩擦片的摩擦系数,以致影响制动器的制动性能。

⑤ 摩擦片上禁沾油污,任何残留油污都将明显降低摩擦片的摩擦系数。

⑥ 制动器的排气阀在出厂前已紧固好,现场安装时,如需更换排气阀和进油口的方向,应确保更换方向后的排气阀和进油口接头与机体连接处密封可靠,不得漏油（必要时可更换新的紫铜垫并确保拧紧）。

⑦ 制动器的液压系统在组装或更改系统时,必须使用排气阀进行排气,确保系统内无空气（排气每年应重复几次,因为管路内的任何空气都将削弱系统功能）。

⑧ 在制动器安装时,要充液净化液压油缸。在净化过程中,特别注意严禁将油溅到制动盘上。

⑨ 排气阀排气结束后,安装排气阀保护帽时,注意不可将保护帽拧紧,以防止油液从排气阀内漏出（排气阀保护帽带上即可）。

⑩ 当摩擦片的摩擦材料厚度磨至小于规定值时,要及时更换摩擦片。

（2）定期维护内容

① 检查制动器在制动过程中不得有异常噪声。

② 检查制动器壳体和制动摩擦片的磨损情况,如有必要,进行更换。如有防腐漆脱落,应进行防腐处理。

③ 根据机组技术要求检查偏航制动器各项数据,如制动压力、制动余压、摩擦片厚度等,不符合技术要求应进行调整。

④ 定期清洁制动器摩擦片,以防制动失效。检查摩擦片厚度,当摩擦片的最小厚度不足 2 mm 时,必须进行更换。更换前要检查并确保制动器在非压力状态下。具体步骤如下。

a. 放松一个挡板,并将其卸掉。

b. 检查并确保活塞处于松闸位置上(核实并确保摩擦片也在其松闸位置上)。

c. 移出摩擦片,并用新的摩擦片进行更换。

d. 将挡板复位并拧上螺钉,不要忘记安装垫圈,螺钉的紧固力矩应符合规定值。

e. 当由于制动器安装位置的限制,致使摩擦片从侧面抽不出时,则需将制动器从其托架上取下。

⑤ 检查制动器连接螺栓的紧固力矩是否正确,是否有松动。

⑥ 定期通过放油嘴对偏航制动器进行放油工作,检查偏航闸液压缸内碎屑情况,如偏航闸内液压油变色,则应进行放油操作直至液压油色恢复正常。

实践训练

偏航系统常见的故障包括偏航位置故障;偏航编码器故障;偏航速度故障;偏航驱动电动机保护跳闸;偏航驱动电动机故障;偏航润滑油泵保护跳闸;偏航润滑油位低故障;偏航驱动齿轮磨损;偏航制动器故障;偏航软起动故障;不能自动重启,需要手动复位等。

根据给出的任务实施单,分析偏航系统常见故障的处理办法,同时说出偏航系统日常维护包括哪些项目。

偏航系统常见故障的处理办法任务实施单

故障表现	序号	故障原因	故障排除
偏航压力不稳	1	液压管路出现渗漏	
	2	液压蓄能器的保压机构出现故障	
	3	液压系统元件损坏	
偏航定位不准	1	风向标信号不准确	
	2	偏航阻尼力矩过大或过小	
	3	偏航制动力矩不够,达不到机组设定值	
	4	偏航齿圈与驱动齿轮齿侧间隙过大	
偏航超时	1	偏航传感器线路故障	
偏航功率高	1	偏航力矩过大	
	2	减速机内油脂过稠	
偏航计数器(限位开关)故障	1	连接螺栓松动	
	2	异物侵入	
	3	电缆损坏,磨损	
偏航减速器故障	1	星架内花键齿根产生疲劳裂纹或花键齿断裂	
	2	偏航电动机输出轴键槽变形	
齿圈齿面磨损	1	齿轮副的长期啮合运转	

续　表

故障表现	序号	故障原因	故障排除
齿圈齿面磨损	2	相互啮合的齿轮副齿 侧间隙中渗入杂质	
	3	润滑油或润滑脂严重缺失 使得齿轮副处于干摩擦状态	
偏航时控制面板上 角度无变化	1	偏航时机舱角度不变化,可能是偏航 传感器内部的编码器损坏	
变频器未达到正常 频率或未连接	1	变频器程序问题	
	2	变频器本身问题	
液压管路渗漏	1	齿轮箱油位计管路连接 接头松动或损坏	
	2	密封件损坏	
偏航噪声及振动较大	1	润滑油或润滑脂严重缺失	
	2	偏航阻尼力矩过大	
	3	齿轮副轮齿或偏航衬垫损坏	
	4	偏航驱动装置中油位过低	
机舱旋转超速	1	变桨电动机全部打开	
	2	偏航时压力不足	
	3	蓄能器损坏	
机舱位置改变小	1	偏航传感器线路异常	
	2	偏航传感器故障	
机舱振动大	1	速度信号非常规波动,会引起 功率波动,引起风机摆动,可能是 发电机编码器及线路故障	
风速仪显示错误或 显示时有时无	1	柜内熔断器损坏	
	2	柜内模块损坏、防雷模块损坏、 风速仪线路或风速仪损坏、线路虚接	
	3	风速风向仪供电及反馈信号回路问题	

风力发电机组偏航减速器更换

下面以 GE 1.5MW 风力发电机组为例介绍偏航减速器更换作业基本流程。

(1) 机组停机,操作权限转至"就地"操作,状态切换至"维护"模式。

(2) 关闭偏航功能,机舱偏航轴承下方"yaw/off"开关打到"off"位置。断开偏航系统的全部开关和熔断器。在偏航驱动器位置用万用表验电,验明确无电压。

(3) 打开电机接线盒,拆除电机、刹车和加热回路接线,并做好标记。

（4）用扳手拆除电机与减速器间的连接螺栓，将电机从减速器上拆除。

图 4.29　偏航驱动装置

（5）用扳手拆除减速器与主机架间连接螺栓。用小吊车将偏航减速器从主机架中取出，并安全放置（图 4.30）。

（6）清洁新偏航减速器配合表面，减速器的安装配合表面及齿轮啮合面要进行清洗，不得有凸起、油脂和油漆等杂质存在。

（7）减速器具有用来调节小齿轮与齿圈啮合时侧隙的最大偏心量，减速器在安装后，转动减速器与齿圈更接近，然后在啮合的一边插入与侧隙设计规定值一致的塞尺垫片，调整后再将减速器固定（图 4.31）。

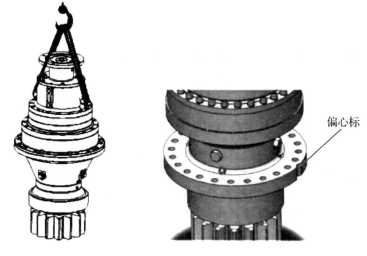

图 4.30　吊装偏航减速器　　　　　图 4.31　减速器偏心标记

（8）紧固减速器与主机架间的连接螺栓（图 4.32），紧固至厂家技术文件要求的力矩值，并画力矩线。

（9）安装偏航电动机，紧固电动机与减速器间的连接螺栓，紧固至厂家技术文件要求的力矩值，并画力矩线。

（10）减速器加注润滑油（图 4.33），具体数量参照厂家技术文件执行。

图 4.32　减速器与主机架间连接螺栓

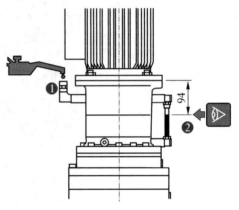

1—加注润滑油位置；2—人眼观察液位

图 4.33　减速器加注润滑油

（11）按照标记安装电动机、刹车和加热回路接线，用绝缘表测试绝缘。确认绝缘合格后，安装电动机接线盒。

（12）闭合偏航系统的全部开关和熔断器，将机舱偏航轴承下方"yaw/stop"开关旋到"yaw"位置。

（13）做偏航系统各项测试，确认减速器工作正常，机组恢复运行。

任务四　风力发电机组变桨系统的维护与检修

任务描述

风力发电机组的变桨距系统在风力发电机捕捉风能的过程中起着很关键的作用，主要是对风力发电机组进行转速和功率控制以及顺桨时制动。由于变桨系统结构比较复杂，维护和检修工作非常重要。本任务主要是通过对风力发电机组变桨系统的维护检修及故障分析，使学生掌握变桨系统的维护检修内容，能够分析与处理变桨系统的常见故障。

知识链接

一、变桨系统维护和检修工作的要求

（1）维护和检修工作，必须由生产厂家调试人员或接受过生产厂家培训并得到认可的人员完成。

(2) 在进行维护和检修工作时,必须携带变桨系统检修卡,并按照检修卡上的要求完成每项内容的检修与记录。

(3) 在进行维护和检修前必须阅读本风力发电机组的维护手册,所有操作必须严格遵守维护手册中的安全条款。

(4) 如果环境温度低于-20 ℃,不得进行维护和检修工作。对于低温型风力发电机组,如果环境温度低于-30 ℃,也不得进行维护和检修工作。

(5) 如果风速超过下述的限值,不得进行维护和检修工作。

① 叶片位于工作位置和顺桨位置之间的任何位置,5 min 平均值(即平均风速)为 15 m/s,5 s 平均值(即阵风速度)为 20 m/s。

② 叶片位于顺桨位置(当叶轮锁定装置起动时不允许变桨),5 min 平均值(即平均风速)为 20 m/s,5 s 平均值(即阵风速度)为 25 m/s。

(6) 安全要求如下。

① 变桨机构进行任何维护和检修时,必须首先使风机停机,机械制动装置动作,高速轴制动并将叶轮锁锁定。

② 如特殊情况,需要在风机处于工作状态或变桨机构处于转动状态下进行维护和检修时(如检查轮齿啮合、电机噪声、振动等状态时),必须确保有人守在紧急开关旁,可随时按下开关,使系统制动。

③ 当在轮毂内工作时,因工作区域狭小,要防止对其他部件造成损伤。

二、变桨系统的常见故障类型

变桨系统的电气和液压系统复杂,其故障率远高于风力发电机组其他系统。故障呈现多种表现形式,同样的故障表现往往由不同的故障原因导致,因此其常见故障类型也复杂多变。

【微信扫码】
变桨系统的常见故障类型

1. 液压变桨系统的故障类型

液压变桨系统的故障类型包括液压站和电气控制,常见的故障类型如下。

(1) 液压站故障

主要体现为液压站的各种附件和传感器的故障。一般是由于液压系统的驱动和油路、油质、油温出现问题导致的。如油泵异常、油温异常、油压异常、油路卡涩等。

(2) 位置传感器故障

位置传感器是液压伺服系统中重要的传感器,也是液压变桨系统的一个检测重点,其故障往往表现为信号丢失、信号异常等。

(3) 液压阀故障

液压系统为了实现其功能,往往配备多种液压阀,而液压系统的故障也往往是由于各种阀的渗漏、损坏造成的。尤其是液压变桨系统的核心控制器件比例阀,是液压变桨系统故障的一大来源。

(4) 电气回路故障

液压系统的泵和各个控制阀块,均需要外部电气回路进行供电,在供电回路上存在大量

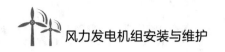

的接触器、保护开关等,当这些开关出现故障时,液压系统也会出现工作不正常的情况。

2. 电动变桨系统的故障类型

电动变桨系统故障可以根据故障情况按照各个组件分别检查的方法确定故障源。电动变桨系统常见的故障类型如下。

(1) 变桨系统通信故障

变桨系统需要接收风力发电机组主控系统的位置命令信号,同时也需要实时反馈给主控系统自身的位置信号。这个信号回路需要连接静止的机舱控制柜与旋转的变桨控制柜,必须经过旋转的信号滑环和电气滑环。为了完成变桨系统的功能,变桨系统的三个叶片需要协调动作,相互间也存在通信的需求,通信是电动变桨系统的重要组成部分,也是其故障的重要来源。

(2) 伺服电动机故障

伺服电动机是电动变桨系统的执行机构,需要外接电源,并且频繁启动、停止,随着风况变化和叶片旋转,承受的负载情况也在不停地变化,工作条件较为恶劣。伺服电动机也是变桨系统的一个重要故障来源。

(3) 变频器故障

为了控制伺服电动机,电动变桨系统一般需要配备变频器,变频器常发生输出过流、过热、过载、输出不对称,由于变频器原因造成电动机抖动等故障。

(4) 控制器故障

由于变桨系统为一个相对独立的控制系统,其控制器处于核心位置,且长时间处于旋转运动过程中,所以控制器也是一个常见的故障源。当控制器异常时,会导致通信中断、电动机异常等相关现象。

(5) 编码器故障

编码器是变桨电动机尾部的位置传感器,是监测计算变桨位置的重要传感器,作用与液压系统中的位置传感器类似,其故障一般体现为编码器故障和变桨位置信号故障。

(6) 后备电源故障

蓄电池、超级电容器作为变桨系统的后备电源,是有关安全性的重要后备动力源,有多种传感器对其进行测量,当电池、电容器的电压、充电时间、充电电源出现问题时,则会报出后备电源相关故障,此类故障一般均会导致风力发电机组停机,排除后才能保证风力发电机组继续运行。

(7) 变桨限位开关故障

变桨系统在变桨的极限位置上设置有限位开关,以对风力发电机组的极限位置和安全位置进行准确定位。叶片只能在极限位置和安全位置间运动。当变桨系统出现故障时,系统会将电源输入从电网切换至后备电源,利用后备电源存储的能量去驱动电动机,推动变桨轴承,直至叶片到达安全位置,触动安全位置限位开关为止。安全位置限位开关被触动后,电动机电源被切断。不论是变桨限位开关信号错误还是被触碰,都会报出对应的故障信号。

风力发电机组变桨系统的维护与检修

一、注意事项

在进行维护和检修工作时,必须按照各零部件的说明书或维护手册的要求进行操作,每项内容必须严格进行检修与记录。

(1) 检修环境气候要求。检修变桨系统时要在一定的气候条件下进行,具体要求见表4.6。

表 4.6　变桨系统检修环境气候条件

环境温度	常温型机组		低于−20 ℃	不得进行维护检修工作
	低温型机组		低于−30 ℃	
风速	叶片位于工作位置和顺桨位置之间任何位置	5 min 平均风速	高于 10 m/s	停止工作,不得进行维护检修工作
		5 s 平均风速	高于 19 m/s	
	叶片位于顺桨位置	5 min 平均风速	高于 18 m/s	
		5 s 平均风速	高于 27 m/s	

(2) 对变桨系统进行任何维护和检修,必须首先使机组停止工作,各制动器处于制动状态并将风轮锁锁定。风轮锁装置如图4.34所示。进入轮毂一定要锁定风轮系统,将压力系统压力释放掉,并关闭液压单元的隔断阀。锁定轮毂时,主轴制动必须抱住,轮毂转动时禁止穿入止动销子。

(3) 正确戴上安全带和安全帽等防护设备,将安全带上的安全锁扣安装在滑轨装置上,如图4.35所示。每经过一层平台,及时将爬梯盖板盖好,到达塔筒顶部平台后,方可打开安全带上的安全锁扣,然后从机舱进入轮毂。

图 4.34　风轮锁装置

图 4.35　滑轨装置

（4）在轮毂内工作时因工作区域狭小，要小心操作，以防损伤其他部件。

二、准备工器具

表4.7列出风力发电机组变桨系统维护工具清单。

表4.7　变桨系统维护工具清单

编号	名称	编号	名称	编号	名称	编号	名称
1	液压扳手	4	套筒扳手	7	防锈漆	10	无纤维抹布
2	力矩扳手	5	塞尺	8	防水记号笔	11	清洁剂
3	内六角扳手	6	黄油枪	9	同型号润滑油脂	12	刷子

三、变桨系统的维护

1. 变桨轴承的基本维护

【微信扫码】
变桨系统的维护

（1）检查变桨轴承表面清洁度。由于风力发电机组长时间工作，变桨轴承表面可能因灰尘、油气或其他物质而导致污染。表面如有污染，检查表面污染物质和污染程度，然后用无纤维抹布和清洗剂清理干净。此项维护工作在机组运行1个月后进行，之后每年进行1次。

（2）检查变桨轴承表面防腐涂层。检查变桨轴承表面的防腐层是否有脱落现象，如有应按涂漆相关标准规范及时补上。此项工作在机组运行3个月后进行，之后每半年进行1次。

（3）检查变桨轴承齿面情况。检查齿面是否有点蚀、裂纹、锈蚀、断齿等现象。如发现问题，需要联系维修人员修复或更换轴承。此项工作在机组运行1个月后进行，之后每半年进行1次。

（4）检查变桨轴承密封情况。检查变桨轴承（内圈、外圈）密封是否完好，是否有裂纹、气孔和泄漏。用清洗剂清洁轮毂内及叶根表面溢出油污。如果发现密封件功能失效，需更换密封件。此项工作在机组运行1个月后进行，之后每半年进行1次。

（5）变桨轴承螺栓的紧固。检查变桨轴承与轮毂的连接螺栓。用液压力矩扳手以规定的力矩检查螺栓，如果螺母不能被旋转或旋转角度小于20°，说明预紧力仍在限度之内；如果一个或多个螺栓旋转角度超过20°，则必须把螺母彻底松开，并用液压扳手以规定的力矩重新把紧。撞块用的螺栓的检查方法与上述方法相同。此项工作需在机组运行1个月后、6个月后进行，之后每年进行1次。

（6）变桨轴承润滑。变桨轴承一般由集中自动润滑系统进行润滑，控制系统设置定期（每3个月）对变桨轴承注脂。润滑泵低油位时会自动报警，检查人员及时对润滑泵加注润滑脂。检查人员每半年清理1次变桨轴承集油瓶废油。

2. 变桨电机的基本维护

（1）检查表面防腐涂层。检查电机表面涂层是否有脱落现象，如有需由维修人员按涂漆相关标准规范补上。此项工作在机组运行1个月后进行，之后每年进行1次。

（2）检查表面清洁度。检查变桨电机表面是否有污染物，如有应用干燥的无纤维抹布和清洁剂清理干净。此项工作在机组运行 1 个月后进行,之后每年进行 1 次。

(3) 检查冷却风扇。检查表面是否有污物,如有用干燥无纤维抹布和清洁剂清理干净。此项工作在机组运行 1 个月后进行,之后每年进行 1 次。

(4) 检查变桨电机的接线。检查接线是否有松动现象,如有需清除导线上存在的氧化物,并重新连接牢固。此项工作在机组运行 6 个月后进行,之后每年进行 1 次。

3. 变桨齿轮箱(变桨减速机)的基本维护

(1) 检查表面防腐涂层。检查减速机表面涂层是否有脱落现象,如有需由维修人员按涂漆相关标准规范补上。此项工作在机组运行 3 个月后进行,之后每年进行 1 次。

(2) 检查表面清洁度。检查表面是否有污染物,如有应用干燥的无纤维抹布和清洁剂清理干净。此项工作在机组运行 1 个月后进行,之后每年进行 1 次。

(3) 检查变桨齿轮箱的噪声情况。检查变桨齿轮箱是否存在异常声音,如有需检查变桨小齿轮与变桨轴承的配合情况,进一步的修理工作由维修人员进行。此项工作在机组运行 3 个月后进行,之后每年进行 1 次。

(4) 检查齿轮、齿圈表面的锈蚀、磨损情况。齿面磨损是由细微裂纹逐渐扩展、过大的接触剪应力和应力循环次数共同作用下形成的。仔细检查表面情况,如发现表面锈蚀、点蚀、裂纹、磨损等情况,需联系维修人员进行修复或更换。此项工作在机组运行 1 个月后进行,之后每年进行 1 次。

(5) 检查变桨小齿轮与变桨齿圈的啮合间隙。变桨小齿轮与变桨大齿圈的啮合间隙正常在 0.2~0.5 mm,超过此间隙值需由维修人员进行调整。此项工作在机组运行 1 个月后、6 个月后需进行,之后每年进行 1 次。

(6) 变桨齿轮箱螺栓维护。检测变桨齿轮箱与轮毂连接螺栓、变桨小齿轮压板用螺栓,如螺栓的终端位置距检查前的位置不变(螺栓没有旋转)或相差 20° 以内,说明预紧力仍在限度以内,如旋转角度超过 20°,则必须把螺母彻底松开,重新拧紧螺栓。此项工作在机组运行 1 个月后进行,之后每年进行 1 次。

(7) 变桨齿轮箱润滑检查。检查人员目视检查变桨齿轮箱是否漏油,检查油位是否合适,油位偏低时为变桨齿轮箱加油。此项工作在机组运行 6 个月后进行,之后每年进行 1 次。

(8) 变桨小齿轮的润滑情况检查。自动润滑系统通过润滑小齿轮对变桨小齿轮进行润滑。润滑泵低油位时会自动报警,检查人员应及时加满润滑泵的润滑脂。此项工作在机组运行 6 个月后进行,之后每年进行 1 次。检查人员每半年清洁变桨小齿轮表面污染 1 次,检查是否有表面腐蚀并进行相应处理。

4. 变桨控制柜的基本维护

(1) 检查电池电压。此项维护工作在机组进行 6 个月后进行,之后每年进行 1 次。如果一个电池出现问题,整个电池组都得更换。在变桨驱动异常时,也需要进行控制柜备用电源的检查。

(2) 检查控制柜的外观、接线是否牢固等。

5. 液压变桨系统维护

根据液压变桨系统的特点及运行维护经验,在正常进行风机定期维护项目的基础上,应有针对性地开展液压变桨系统易损部件检查,增加油液品质化验频次,定期更换老化密封件等维护项目。

(1)将系统易损件检查列入风机定检项目,对于在运行过程中发现的易损电器元件,如液压马达接触器和液压阀等,如不在原定期检查测试范围内,应修改定检项目,将其列入检查范围,如在定检中发现易损件品质下降严重,可提前进行更换,避免定检后短期内出现故障。

(2)控制液压油污染,适当降低油品试验周期,机组长周期运行后,风机液压油洁净度会出现不同程度的下降,液压油污染会影响系统的正常工作,降低系统中液压部件的使用寿命。除按期进行液压系统空气滤清器和油滤清器的更换外,还要定期清理油箱管道及元件内部的污物,及时更换磨损严重的阀块。对于运行3年及以上的风力发电机组,应将液压油护和检修试验周期由1年调整为半年,便于及时发现油品劣化趋势进行处理。

6. 电动变桨系统维护

由于风机运行中轮毂处于不断旋转状态,离心力和在重力方向的不断改变使电动变桨系统各部件均承受了脉动变化的载荷,加之温度变化,运行工况相对较差。加强变桨系统部件检查和定期维护,可以有效减少变桨系统的故障发生率。

(1)加强变桨传动系统的润滑。除按半年周期进行系统变桨轴承、变桨电动机、减速机的润滑外,当风机发生卡桨、电动机发热等缺陷的原因确认为变桨转动荷载增加时,应对整个系统重新进行1次润滑维护。

(2)集电环系统维护应严格按厂家推荐方法进行。在实际工作中,由于集电环系统拆卸和维护相对复杂,部分检修人员在进行集电环定检工作时,存在润滑过度或装配环节不能保证集电环内的清洁度问题,给后期运行留下隐患。

(3)定期进行后备电池检测。除风机主控程序对风机后备电池进行检测外,建议在定检时用手持式检测仪对电池进行全面检查,及时发现内阻增加和容量下降的电池,进行处理或更换,有条件的企业可以安装电池在线检测装置,实现全天候状态监测,当发现全部电池均存在劣化情况时,应全部进行更换,部分厂家推荐每3年进行1次更换。

四、变桨系统的故障处理

1. 故障特征:异常声响或噪声

原因及处理:变桨系统液压缸脱落或同步器断线,应更换液压缸或同步器。

【微信扫码】
变桨系统的故障处理

2. 故障特征:全部桨叶失控

原因及处理:根据监测的相关数据,可以判定造成全部桨叶失控的原因是变桨通信故障、变桨系统供电电源故障或机组控制器中变桨控制算法故障。对于前两个故障,控制系统可以实施变桨故障停机;对于后一故障,可实施快速停机,进行检修处理。

3. 故障特征:单个桨叶失控或卡塞

原因及处理:单个桨叶失控可能的故障原因是桨距角传感器故障或轴控制器故障;卡塞故障有可能是变桨距传感器故障或齿轮故障。采取故障停机,根据监测数据,进行检修处理。

4. 故障特征：变桨跟踪错误

原因及处理：原因为编码器故障。应执行正常停机,检测编码器。

5. 故障特征：叶片变桨角度有差异

可能原因：变桨电动机上的旋转编码器(A编码器)得到的叶片角度将与叶片角度计数器(B编码器)得到的叶片角度作对比,两者不能相差太大,相差太大将报错。

处理方法：

(1) 由于B编码器是机械凸轮结构,与叶片的变桨齿轮啮合,精度不高且会不断磨损,在有大晃动时有可能产生较大偏差,因此先复位,排除故障的偶然因素。

(2) 如果反复报该故障,需进入轮毂检查A、B编码器。

首先,查看编码器接线与插头,若插头松动,则拧紧后手动变桨,然后观察编码器数值的变化是否一致。若有数值不变或无规律变化,应检查线路是否有断线情况。

其次,编码器接线机械强度相对低,轮毂旋转时,在离心力的作用下,有可能与插针松脱,或者线芯在半断半合的状态,这时虽然可复位,但转速一高,松动达到一定程度信号就失去了,因此可用手摇动线和插头,若发现在晃动中显示数值在跳变,可拔下插头用万用表测通断,有不通的和时通时断的,要处理,可重做插针或接线,如不好处理则直接更换新线。

排除上述两点,说明编码器本体可能损坏,更换即可。由于B编码器的凸轮结构脆弱、易碎,对凸轮也应做细致检查。

6. 故障特征：叶片没有到达限位开关动作设定值

可能原因：叶片设定在91°触发限位开关,若触发时角度与91°有一定偏差,会报此故障。

处理方法：检查叶片实际位置。限位开关长时间运行后会松动,导致撞限位开关时的角度偏大,此时需要进入轮毂,在中控器上微调叶片角度,观察到达限位开关的角度,然后参考这个角度将限位开关位置重新调整至刚好能触发时,在中控器上将角度调回91°。限位开关是由螺栓拧紧固定在轮毂上,调整时需要两把小活扳手或者8 mm呆扳手。

7. 故障特征：叶片限位开关动作

可能原因：某个桨叶91°或95°触发,有时候是误触发,此时复位即可,如果无法复位,则进入轮毂检查,可能有杂物卡住限位开关,造成限位开关提前触发,或者91°限位开关接线本身损坏失效,导致95°限位开关触发。

处理方法：手动变桨使桨叶脱离后尝试复位,若叶片没有动作,可能的原因及处理如下。

(1) 机舱柜的手动变桨信号无法传给中控器。此时可在机舱柜中将相关端子和其旁侧端子下方进线短接后手动变桨。

(2) 轴控柜内开关因过电流跳开。若为此种情况,合上开关后将桨叶调至90°,即可复位。

(3) 轴控柜内控制桨叶变桨的接触器损坏。应更换接触器,同时检查其他电气元件是否有损坏。

8. 故障特征：变桨电动机温度高

可能原因：温度过高多数由线圈发热引起，有可能是变桨电动机内部短路或外载负荷太大所致，而过电流也会引起温度升高。

处理方法：先检查可能引起故障的外部原因，如变桨齿轮箱卡塞、变桨齿轮夹有异物，再检查因电气回路导致的原因，常见的是变桨电动机的电气制动没有打开，可检查电气制动回路有无断线、接触器有无卡塞等。排除了外部故障再检查变桨电动机内部是否绝缘老化或被破坏导致短路。

9. 故障特征：变桨控制通信故障

变桨通信类故障主要的故障点为集电环、变桨变频器和通信线路。

可能原因：轮毂控制器与主控器之间的通信中断，在轮毂中控柜中控制器无故障的前提下，主要故障范围是信号线，从机舱柜到集电环，再由集电环进入轮毂这一回路出现干扰、断线、航空插头损坏、集电环接触不良或通信模块损坏等。

处理方法：用万用表测量，若中控器进线端电压为 230 V 左右、出线端电压为 24 V 左右，则说明中控器无故障，继续检查。将机舱柜侧轮毂通信线拔出，即红白线、绿白线。将红白线接地，轮毂侧万用表 1 支表笔接地，如有电阻说明导通，无断路；如有断路则启用备用线。

若故障依然存在，继续检查集电环，一般情况下大多数变桨通信类故障都由集电环引起。齿轮箱漏油严重时造成集电环内进油，油附着在集电环与插针之间形成油膜，起绝缘作用，导致变桨通信信号时断时续，一般清洗集电环后故障可消除。

集电环造成的变桨通信类故障还有可能由插针损坏、固定不稳等原因引起，若集电环没有问题，需将轮毂端接线脱开与集电环端进线进行校线，校线的目的是检查线路有无接错、短接、破皮或接地等现象。集电环座要随主轴一起旋转，里面的线容易与集电环座摩擦导致破皮接地，也能引起变桨故障。

若运行或起动时，3 个变桨变频器通信指示灯都不闪烁，可能是由于偏航变频器之间通信丢失导致，应检查以下几个故障点：检查偏航通信开关是否设置为 yaw(off)；检查 PLC 从站到各个变桨变频器的通信电缆；如果偏航也没通信，检查从站 PLC 至偏航通信板线路连接是否正确，从站 PLC 的 CAN-open 配置是否正确。

若直流输入口 DC 550 V 丢失、单个变桨变频器所有指示灯都不闪烁，则主要是由于直流供电回路故障，应首先检查直流斩波器是否存在问题。

10. 故障特征：变桨错误

可能原因：变桨控制时若变桨控制器信号中断，可能是变桨控制器故障，或者信号输出有问题。

处理方法：此故障一般与其他变桨故障一起发生，当中控器故障无法控制变桨时，变桨控制器无信号，可进入轮毂检查中控器是否损坏，一般中控器故障会导致无法手动变桨，若可以手动变桨，则检查信号输出的线路是否有虚接、断线等，前面提到的集电环问题也能引起此故障。

11. 故障特征：变桨失效

可能原因：当风轮转动时，机舱柜控制器要根据转速调整变桨位置使风轮按定值转动,若传输错误或延迟 300 ms 内不能给变桨控制器传达动作指令,则为了避免超速会报错停机。

处理方法:机舱柜控制器的信号无法传给变桨控制器主要由信号故障引起,影响这个信号的主要是信号线和集电环,检查信号端子有无电压,有电压则说明控制器将变桨信号发出,继续查机舱柜到集电环部分,若无故障继续检查集电环,再检查集电环到轮毂,分段检查逐步排查故障。

12. 故障特征:变桨电动机转速高

可能原因:检测到的变桨转速超过 $31°/s$,这样的转速一般不会出现,大多数由于旋转编码器故障引起或者由轮毂传出的信号线问题引起。

处理方法:可参照检查变桨编码器不同步的故障处理方法检查编码器问题,编码器无故障则转向检查信号传输问题。

13. 故障特征:变桨齿轮箱油位低

可能原因:泄漏;轴伸出端密封不好;零件连接密封不好;螺栓连接密封不好。

处理方法:检查油泄漏原因,对密封件进行处理或更换。

14. 故障特征:变桨驱动故障

变桨驱动故障主要分为机械和电气两大类故障。故障检查前,应首先根据远程监控软件,查看故障记录,确定故障时刻的变桨转矩值,判断故障产生的原因。转矩值偏大可能是由于叶型、变桨轴承或变桨减速机故障导致,可以通过更换变桨系统、检查变桨轴承以及变桨减速机来解决。对于转矩值不是特别大的情况可从电气方面排除。

(1)故障特征:当叶片在任意角度都可能卡桨,断电可复位,同时端子无 24 V 输出。

可能原因:由于变桨电动机编码器到变频器之间的通信中断导致。

处理方法:紧固变桨电动机编码器线;更换变桨电动机编码器线;更换变桨变频器或变桨电动机。

(2)故障特征:变桨到 86°附近或力矩大时频报变桨驱动故障。

可能原因:由于变桨变频器程序版本较旧,或者使用的变桨系统程序版本较旧导致。

处理方法:提升变桨变频器内部相关参数;加注变桨润滑油脂进行必要润滑;更改 PLC 程序控制逻辑或者采用新版本变桨系统替代。

15. 故障特征:变桨机械部分故障

变桨机械部分的故障主要集中在减速齿轮箱上,保养不到位加之质量问题,使减速齿轮箱有可能损坏,在有卡塞转动不畅的情况下会导致变桨电动机过电流并且温度升高,因此有电动机过电流和温度高的情况频发时,要检查减速齿轮箱。

轮毂内有给叶片轴承和变桨齿面润滑的自动润滑站,当缺少润滑油脂或油管堵塞时,叶片轴承和齿面得不到润滑,长时间运行必然造成永久损伤,变桨齿轮与 B 编码器的铝制凸轮没有润滑,长时间摩擦,铝制凸轮容易磨损,重则将凸轮打坏,造成编码器不同步致使风机故障停机,因此需要重视润滑这个环节,长时间的小毛病的积累,必然导致机械部件不可挽回的损坏。

16. 故障特征:蓄电池故障

变桨电池充电器故障可能是轮毂充电器已经损坏,或由于电网电压高而无法充电。轮毂充电器不工作会引起三面蓄电池电压降低，将会一起报故障。

蓄电池电压故障有 3 个叶片均报蓄电池电压故障或单面蓄电池电压故障。

若 3 个叶片均报蓄电池电压故障，则检查轮毂充电器，测量有无 230 V 交流输入，若有则说明输入电源没问题。再测量有无 230 V 左右直流输出和 24 V 直流输出，若有输入无输出则可更换轮毂充电器。若由于电网电压短时间过高引起，则电压恢复后即可复位。

若只是单面蓄电池电压故障，则不是由轮毂充电器不充电导致，可能由于蓄电池损坏、充电回路故障等引起。

处理方法：按下轮毂主控柜的充电实验按钮，三面轮流试充电，此时测量吸合的电流接触器的出线端有无 230 V 直流电源，再顺着充电回路依次检查各电气元件的好坏，检查时留意有无接触不良等情况，确定充电回路无异常，则检查是否由于蓄电池故障导致不能充电。打开蓄电池柜，蓄电池由 3 组（每组 6 个蓄电池）串联组成，单个蓄电池额定电压 12 V。先分别测量每组两端的电压，若有不正常的电压，则依次测量每个蓄电池，直到确定故障的蓄电池位置，将损坏蓄电池更换。再充电数个小时（具体充电时间根据更换的数量和温度等外部因素决定），一般充电 12 h 即可。若不连续充电直接运行，则新蓄电池没有彻底激活，寿命大打折扣，很快也会再次损坏，还有可能导致其他蓄电池损坏。

17. 故障特征：轮毂转速波动或过速

可能原因：轮毂内转速发生波动或者过速主要是由于集电环安装有误或转速信号异常导致。

处理方法：轮毂速度信号波动：当轮毂速度信号 1 s 内波动 100 r/min 时，首先应检查超速继电器是否损坏。

轮毂与发电机转差异常：主要是由于轮毂集电环安装有误或者集电环本身编码器故障导致，可以通过检查集电环的固定、支撑杆紧固情况或者通过检查采样和信号，如有一路失真，则判定为集电环编码故障。

18. 变桨系统飞车的原因分析及预防

介于变桨系统的构成及工作原理，能导致叶片飞车的原因如下。

（1）蓄电池的原因：由变桨系统构成可以得出，在风机因突发故障停机时，是完全依靠轮毂中的蓄电池来进行收桨的。如蓄电池储能不足或电池失电，机组故障时不能及时回桨，则引发飞车。

蓄电池故障主要有两个方面：一是由于蓄电池前端的轮毂充电器损坏，导致蓄电池无法充电，直至亏损；二是由于蓄电池自身的质量问题，如果电池组整体电压测量时属于正常范围，但某一电池单体电压非正常，这种蓄电池在系统出现故障后已不能提供正常电拖动力来促使桨叶有效回收，而最终引发飞车事故。

（2）信号集电环的原因：风机绝大多数变桨通信故障都由集电环接触不良引起。齿轮箱漏油严重时造成集电环内进油，油附着在集电环与插针之间形成油膜，起绝缘作用，导致变桨通信信号时断时续，致使主控柜控制单元无法接受和反馈处理超速信号，导致变桨系统无法停止，直至飞车；由于集电环的内部构造的原因，会出现集电环磁道与探针接触不良等现象，也会引发信号的中断和延时，其中不排除探针会受力变形。

（3）超速模块的原因：超速模块主要作用就是监控主轴及齿轮箱低速轴和叶片的超速。该模块为同时监测轴系的三个转速测点，以三取二逻辑方式，对轴系超速状态进行判断。三取二超速保护动作有独立的信号输出，可直接驱动设备动作。具有两通道配合可完成轴旋转方向和旋转速度的测量。使用有一定齿距要求的齿盘产生两个有相位偏移的信号，A 通道监测信号间的相位偏移得到旋转方向，B 通道监测信号周期时间得到旋转速度。当该模块软件失效后或信号感知出现问题，会导致在超速时风机主控不能判断故障及时停机，而引发飞车。

为了预防变桨系统飞车事故的发生，应定期检查蓄电池单体电池电压，定期做蓄电池充放电实验，并将蓄电池检测时间控制在合理区间。运行过程中密切注意电网供电质量，尽量减少大电压对轮毂充电器及 UPS 的冲击，尽可能避免不必要的元器件损坏。彻底根除齿轮箱漏油的弊病，定期进行集电环的清洗，保证集电环的正常工作。有针对性地测试超速模块的功能，避免该模块软故障的形成。

实践训练

风力发电机组的轮毂是将叶片与主轴连接起来的构建，通过轮毂，叶片才能将其收集的风能传递给发电机进行发电。可见轮毂在机组中的重要性。根据给出的任务实施单，对轮毂进行日常的维护与检查，并分析轮毂转速波动或过速的原因，简单给出处理措施。

1. 准备工器具

检修维护轮毂时，常用的工具有紧固螺栓用的相关型号的各类扳手，防腐处理用的工具及防锈漆、刷子、清洁轮毂用的清洁剂、无纤维抹布。

2. 轮毂的维护检修项目

轮毂的维护检修项目任务实施单

序号	检修项目	检查情况
1	轮毂表面检查	
2	轮毂内部检查	
3	雷电保护装置检查	
4	螺栓紧固检查	
5	其他检查	

知识拓展

叶片的定期维护

叶片从制造开始至后期的运行，随着时间的增加，会出现很多问题，如表 4.8 所示。

表 4.8　叶片随年限出现的常见问题

运行年数	常见问题
新装机	叶片制造时产生的质量问题;叶片运输过程中磕碰导致的损伤
1年	表面油漆有针眼、剥落;叶片内部芯材不良、缺胶、导雷线损坏
2年	表面油漆腐蚀、开裂;后缘开裂;前缘腐蚀;导雷线腐蚀
3年	表面油漆大面积腐蚀、开裂;叶片前后缘开裂;叶片玻纤层开裂
4年	出现以上叶片所有问题,运行有风险

由于多数叶片无备件可换,且随着叶片运行时间增加,很多型号叶片已经停产,失效后无新叶片可换,或者花费巨大以得到可替换叶片,且更换叶片本身也会产生高额费用。加之现在多数叶片已经国产化,国内叶片厂家对于质量把控不严格,会存在一定的质量问题。由于这些问题的存在,通常需要对叶片进行定期检查。

1. 日常检查

现场运检人员应定期对叶片进行检查,及时发现叶片损伤,并确定损伤严重程度,如需维修,应由专业叶片维修人员进行维修,避免损伤扩大。

一般来讲,对叶片的检查分为停机检查和不停机检查,在雷雨高发区特别是经常发生叶片雷击的风电场,或者风电场发生叶片损伤失效等问题时,应对风电场全部机组进行专项检查。

(1) 不停机检查

重点针对叶片异响进行检查,检查周期为2周,现场人员在风电机组附近听叶片声音,尤其是叶片经过塔筒附近时的声音,辨别叶片是否存在哨声,或者是否存在3个叶片声响不一致现象,如有应进行停机检查。

需要说明的是,叶片哨声一般仅由叶尖损伤导致,叶片其他部位损伤一般不会导致哨声,所以不停机检查仅作为基础检查,一般不能及时发现叶片损伤,如有条件应进行详细的停机检查。

(2) 停机检查

停机检查针对叶片表面情况进行全面检查,检查周期为2个月。应选择光照条件好的天气,检查过程中配合叶片变桨、偏航等动作,对叶片迎风面(压力面)、背风面(吸力面)、前后缘等所有表面进行仔细检查,重点针对叶片裂纹、发黑、破损等问题,如发现横向裂纹(弦向裂纹),叶片一般损伤较严重,需进行接近式检查并及时维修。目前,使用无人机进行叶片检查,其操作简单、检查更清楚,可保存影像资料,有效飞行时间一般十几分钟左右,可进行一台机组的叶片检查。

(3) 专项检查

雷电高发区如云南、贵州等地区风电场在强雷电天气后应进行一次叶片雷击的特殊检查,重点针对叶片表面发黑问题,如发现应进行接近式检查并及时维修。

发生叶片损伤失效的风电场,应及时对风电场进行一次专项检查,如发现类似问题,应进行接近式检查。

2. 接近式检查

叶片正常运行进行的定期检查、维护主要包括叶片前后缘,迎、背风面蒙皮,叶尖区域的外观检查;叶片内部叶根挡板及其黏接情况的检查;避雷系统(包括与金属法兰的连接、雷电记录卡、避雷线)的检查;合模黏接情况的检查;梁与蒙皮结合情况的检查;最大弦长处后缘的检查等。具体检查内容包括以下项目。

(1)对叶片防雷通道进行检测

防雷通道检测的目的是确定风力发电机组防雷通道的电气导通性,以及风力发电机组接地装置的电气完整性。叶片接闪器接地电阻的大小对于叶片防雷起着重要的作用,所以叶片接地电阻的测量是必需的。应该检查接闪器外形是否损坏、缺失,是否与叶片结合部位出现空隙。应测量叶片接闪器与参考点之间的电阻,当直流电阻测试值异常时,应增加测量点。具体内容如表4.9所示(DL/T 475《接地装置特性参数测量导则》)。

表4.9 测试结果判断与处理(变桨机组适用)

测量电阻			状况	处理措施
塔底设备	叶片接闪器			
	至塔底接地母线	至叶根		
<50 mΩ	<100 mΩ	<50 mΩ	良好	继续运行,按期检查
50~200 mΩ 按期检查	100~200 mΩ 按期检查	50~100 mΩ 按期检查	尚可	宜在以后例行测试中重点关注其变化,叶片宜在适当时检查处理
200mΩ~1 Ω 例行测试	200mΩ~1 Ω 例行测试	100 mΩ注~1 Ω	不佳	叶片应尽快检查处理,其他设备宜在适当时间检查处理
>1 Ω	>1 Ω	>1 Ω	故障	应尽快检查处理

注:对于采用铝绞线作为叶片引下线的风力发电机组,此值可调整为200 mΩ。

(2)叶片是否存在哨声、振动等明显异常

(3)叶片前缘、后缘是否有开裂,有腐蚀

(4)叶片表面是否有横向、纵向裂纹

(5)叶片外部玻纤层是否有分层

(6)叶片表面涂料是否有裂纹、腐蚀、起皮、剥落、砂眼

(7)叶片排水孔是否堵塞

(8)叶片表面附件如涡流板、降噪胶带等是否有损坏

(9)叶片表面是否有雷击的损伤

(10)叶片主梁与叶片腹板之间黏接是否正常

(11)叶片前缘、后缘两壳体间黏接是否正常

(12)叶片内部表面是否正常

(13)叶片内部芯材与玻纤连接是否正常

(14)叶片内部芯材之间的缝隙是否正常

(15)叶片内部是否有水

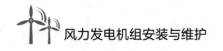

3.检查周期

原则上,每年都要对叶片进行年检,且叶片的年检必须使用接触式方法(如蜘蛛人),以便准确掌握叶片的状态。每2~3个月和每次雷电天气后,要使用无人机对所有叶片进行地面巡查,以发现叶片的一些重大故障。

风力发电机组防雷通道检测应根据当地风电场雷害统计以及雷电活动强度开展,检测周期一般为1~3年。对于多雷区、强雷区以及运行经验表明雷害严重的风电场,防雷通道检测应每年进行1次;对于少雷区风电场,风力发电机组防雷通道的检测可根据实际情况进行。

任务五　风力发电机组控制系统的维护与检修

任务描述

风力发电机组安全运行是依靠控制系统和与之配合的机械执行机构来完成的,只有经常进行维护和检修,才能保证控制系统的可靠性和安全性。在目前的技术条件下风力发电机组控制系统的无故障工作保障时间一般为半年左右,这种情况下,只有做好控制系统的维护与检修,才能提高风力发电机组的完好率,实现多发电的目标。本任务主要是通过对风力发电机组控制系统的维护检修及故障分析,使学生掌握控制系统的维护检修内容,能够分析与处理控制系统的常见故障。

知识链接

一、控制系统中的传感器

【微信扫码】
控制系统中的传感器

风电机组的测量部分主要为各类传感器,负责监测状态数据,如风速、风向、转速、角度、振动及部分开关位置信号等。常用传感器的说明如下。

1.温度传感器

风电机组常用的温度传感器是 Pt100 热电阻(图 4.36),是利用铂电阻的热效应进行温度测量的,即电阻体的阻值随温度的变化而变化的特性。因此,只要测量出感温热电阻的阻值变化,就可以测量出温度。铂电阻的电阻值和温度一般可以用以下的关系式表示,即

$$R_t = R_{t0}[1 + \alpha(t - t_0)] \tag{4.1}$$

式中,R_t——温度 t 时的电阻值;

R_{t0}——温度 t_0(通常 $t_0 = 0\ ℃$)时的电阻值;

α——温度系数。

对于 Pt100,式中 $R_{t0} = 100, t_0 = 0, \alpha$ 约为 0.385。

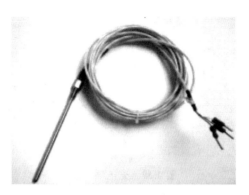

图 4.36　Pt100 热电阻

2. 位移传感器

位移是和运动过程中物体的位置变化相关的量。目前风力发电系统中应用最多的位移传感器为磁致伸缩位移传感器(图 4.37)。测量元件是一根波导管,波导管内的敏感元件由特殊的磁致伸缩材料制成。磁致伸缩位移传感器是利用磁致伸缩原理,通过两个不同磁场相交产生一个应变脉冲信号来准确地测量位置的。

3. 偏航计数器

偏航计数器(图 4.38)是在偏航齿轮上安有一个独立的计数传感器,以记录相对初始方位所转过的齿数。当风电机组向一个方向持续偏航达到设定值时,表示电缆已被扭转到危险的程度,控制器将发出停机指令并显示故障,风力发电机组停机并执行顺时针或逆时针解缆操作。

图 4.37　磁致伸缩位移传感器

图 4.38　偏航计数器

4. 编码器

编码器(图 4.39)是将信号或数据进行编制、转换为可用于通信、传输和存储的信号形式的设备,其中光电编码器是目前应用最多的一种。

光电编码器是一种通过光电转换将输出轴上的机械几何位移量转换成脉冲或数字量的传感器,由光栅盘和光电检测装置组成。光栅盘是在一定直径的圆板上等分地开通若干个长方形孔。由于光电码盘与电动机同轴,电动机旋转时,光栅盘与电动机同速旋转,经发光二极管等电子元件组成的检测装置检测输出若干脉冲信号,通过计算每秒光电编码器输出

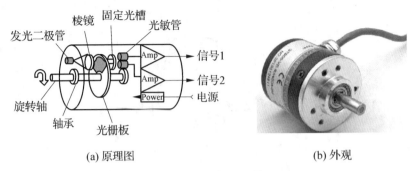

(a) 原理图　　　　　　　　　　　(b) 外观

图 4.39　光电编码器

脉冲的个数就能反映当前电动机的转速。此外,为判断旋转方向,码盘还可提供相位相差90°的两路脉冲信号。

5. 振动传感器

振动传感器(图 4.40)在测试技术中是关键部件之一,一般有机械式的振动开关和电子式的振动测试仪两种。而机械式振动开关又分为摆锤式和振动球式两种,在安装时摆锤式要求竖直安装,振动球式要求振动球座水平安装。电子式的振动测试仪的探头是一个压电传感器,在安装时一般探头与安装面要可靠连接,最好用螺栓可靠固定,并竖直安装。

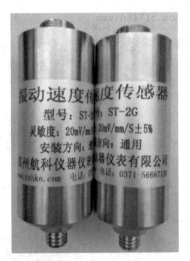

图 4.40　振动传感器

风力发电机组为了检测机组的异常振动,在机舱上应安装振动传感器。目前风力发电机组上用振动传感器一般都是由精准配重块控制的机械式振动传感器,用于测量机组的强烈振动。当风电机组有强烈振动时,振动开关内部微动开关被强烈振动激活从而引起继电器触点状态改变。配重块安装在开关的触动弹簧上,可以通过调整配重块的位置来调整开关的灵敏度。

二、控制系统中的电气元件

要完成风力发电机组的控制与保护,除了必要的控制器和输入/输出模件外,还需要各种电气元件组成电气控制回路。电控柜内常用的电气元件有自动空气断路器、接触器、继电器、熔断器、电力电容器、行程开关、按钮等。

1. 自动空气开关

自动空气开关(图 4.41)又称自动开关或自动空气断路器。它既是控制电器,同时又具有保护电器的功能,当电路中发生短路、过载、失压等故障时,能自动切断电路。在正常情况下可以不频繁地接通和断开电路或控制电动机。

【微信扫码】
控制系统中的电气元件

2. 接触器

接触器(图 4.42)是电力拖动与自动控制系统中一种非常重要的低压电器,它是控制电器,利用电磁吸力和弹簧反力的配合作用,实现触头闭合与断开,是一种电磁式的自动切换电器。

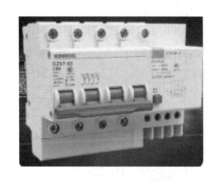

图 4.41 自动空气开关

图 4.42 接触器

接触器适用于远距离频繁地接通或断开交直流主电路及大容量的控制电路。其主要控制对象是电动机,也可控制其他负载。接触器不仅能实现远距离自动操作及欠压和失压保护功能,而且具有控制容量大、工作可靠、操作频率高、使用寿命长等特点。

接触器按主触头通过的电流种类分为交流接触器和直流接触器。

3. 继电器

继电器是一种根据输入信号(电量或非电量)的变化,接通或断开小电流电路,实现自动控制和保护电力拖动装置的电器。一般情况下它不直接控制电流较大的主电路,而是通过接触器或其他电器对主电路进行控制。

继电器的种类繁多,主要有中间继电器、电流继电器、电压继电器、时间继电器、热继电器、速度继电器等。其中中间继电器、电流继电器和电压继电器属于电磁式继电器。

(1)中间继电器(图 4.43):中间继电器一般用来控制各种电磁线圈使信号得到放大,或将信号同时传给几个控制元件。中间继电器实质上是一种电压继电器,但它的触点数量较多,容量较小,它是作为控制开关使用的接触器。它在电路中的作用主要是扩展控制触点数和增加触点容量。

(2)电流继电器(图 4.44):电流继电器是反映电流变化的控制电器。电流继电器的线圈匝数少而导线粗,使用时串接于主电路中,与负载相串联,动作触点串接在辅助电路中。根据用途可分为过电流继电器和欠电流继电器,如过电流继电器主要用于重载或频繁启动的场合作为电动机主电路的过载和短路保护。

图 4.43　中间继电器　　　图 4.44　电流继电器

（3）电压继电器（图 4.45）：电压继电器是反映电压变化的控制电器。电压继电器的线圈匝数多而导线细，使用时并接于电路中，与负载相并联，动作触点串接在控制电路中。根据用途可分为过电压继电器和欠电压继电器，以欠电压继电器为例，通常在电路中起欠压保护作用。

（4）时间继电器（图 4.46）：时间继电器是一种按时间原则动作的继电器。它按照设定时间控制而使触头动作，即由它的感测机构接收信号，经过一定时间延时后执行机构才会动作，并输出信号以操纵控制电路。它按工作方式分为通电延时时间继电器和断电延时时间继电器，一般具有瞬时和延时两种触点。

图 4.45　电压继电器　　　图 4.46　时间继电器

（5）热继电器（图 4.47）：热继电器是一种利用流过继电器的电流所产生的热效应而反时限动作的保护电器，它主要用作电动机的过载保护、断相保护、电流不平衡运行及其他电气设备发热状态的控制。热继电器有两相结构、三相结构、三相带断相保护装置等类型。

图 4.47　热继电器

（6）速度继电器（图 4.48）：速度继电器是用来反映转速与转向变化的继电器。它可以按照被控电动机转速的大小使控制电路接通或断开的电器。速度继电器通常与接触配合，实现对电动机的反接制动。

4. 熔断器

熔断器（图 4.49）是一种广泛应用的最简单有效的保护电器。常在低压电路和电动机控制电路中起过载保护和短路保护。它串联在电路中，当通过的电流大于规定值时，使熔体熔化而自动分断电路。

图 4.48　速度继电器

图 4.49　熔断器

5. 行程开关

行程开关（图 4.50），又称限位开关或位置开关，它可以完成行程控制或限位保护。其作用与按钮相同，只是其触头的动作不是靠手指的按压的手动操作，而是利用生产机械某些运动部件上的挡块碰撞或碰压使触头动作，以此来实现接通或分断某些电路，使之达到一定的控制要求。

6. 按钮

按钮（图 4.51）是一种手动电器，通常用来接通或断开小电流控制的电路。它不直接去控制主电路的通断，而是在控制电路中发出"指令"去控制接触器、继电器等电器，再由它们去控制主电路。按钮一般由按钮帽、复位弹簧、动触点、静触点和外壳等组成。按钮根据触点结构的不同，可分为常开按钮、常闭按钮，以及将常开和常闭封装在一起的复合按钮等几种。

图 4.50　行程开关

图 4.51　按钮

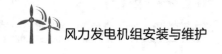

三、控制系统中常见的故障类型

有多种原因可以导致控制系统故障,不同的故障会导致控制系统产生不同的动作,如报警、故障停机和紧急停机等。由外部环境变化引起的故障,随外部环境恢复而消除;由控制系统本身引起的故障,需要检修人员处理才能消除。

与控制系统相关的故障可进行如下分类。

1. 通信类故障

与通信相关的故障,主要表现为控制器接收不到与之相联的通信设备的信息反馈。如与变桨系统通信故障,与变频系统通信故障,与电量采集模块通信故障,与振动模块通信故障,与各通信子站通信故障等。不同机组所采用的通信协议会有不同。当发生通信类故障时,一般都会引起机组紧急停机。引发通信类故障的原因可能是通信电缆松动引起接触不良,子系统模块任务忙不能及时响应,子系统模块程序死锁,子系统模块硬件故障等。

2. 安全链类故障

与安全链相关的故障,包括引起安全链动作的故障和安全链系统本身的故障。引起安全链动作的故障有超速、过振动、过扭缆、控制器失效、功率超限和急停按钮按下等。安全链系统本身的故障有上电复位失败等。

3. 控制器类故障

由控制器本身的软硬件引起的故障,表现形式都是控制器不能正常工作,与监控系统失去通信联系。可能的原因是控制程序死锁,控制器接口电路元件损坏,控制器程序关键配置参数丢失。

4. 模件卡件类故障

控制系统的模件卡件在长时间的运行中由于雷击、过电压、过电流或其他一些原因导致模件卡件接口电路损坏。表现形式是控制系统监测不到模件卡件的存在或监测到模件卡件的某一路通道失效。

5. 传感器类故障

控制系统所采用的传感器在长时间的运行中也会由于各种原因失效,表现形式是控制系统监测到的信号超出信号可能的范围或者没有监测到信号。造成传感器失效的原因可能是接线松动或传感器本身接口电路损坏。

6. 控制柜环境故障

控制柜内的温度不合适会影响控制系统的正常运行,此类故障有控制柜温度过低、控制柜加热器故障、加热开关故障、控制柜过热报警等。

7. 后备电源故障

为控制系统供电的后备电源故障也会导致停机,如 UPS 电源故障、后备电池故障等。

8. 其他类型故障

与控制系统相关的其他故障,如人机接口面板故障、控制柜内开关等元器件故障等。

任务实施

风力发电机组控制系统的维护与检修

【微信扫码】
控制系统的维护

例行巡视和定期检修是控制系统维护与检修的主要方式。参与控制系统维护与检修的人员必须具备相应的职业技能资质,并掌握进行控制系统维护与检修相关的安全要求。

1. 控制电路电器元件检查

(1) 电路元器件的触头有无熔焊、粘连、变形,严重氧化锈蚀等现象,触头闭合分断动作是否灵活,触头开距、超程是否符合要求,压力弹簧是否正常。

(2) 电器的电磁机构和传动部件的运动是否灵活,衔铁有无卡住,吸合位置是否正常等。更换安装前应清除铁芯端面的防锈油。

(3) 用万用表检查所有电磁线圈的通断情况。

(4) 检查有延时作用的电路元器件功能,如时间继电器的延时动作、延时范围及整定机构的作用。检查热继电器的热元件和触头的动作情况。

(5) 核对各电路元器件的规格与图样要求是否一致。

(6) 更换安装接线前应对所使用的电路元器件逐个进行检查,元器件外观是否整洁,外壳有无破裂,零部件是否齐全,各接线端子及紧固件有无缺损、锈蚀等现象。

2. 控制线路的检查

(1) 检查线路有无移位、变色、烧焦、熔断等现象。

(2) 检查所有端子接线接触情况,排除虚接现象。

(3) 用万用表检查,取下接触器的灭弧罩,用手操作来模拟触头分合动作,将万用表拨到 $R \times 1\ \Omega$ 电阻挡进行测量,接触电阻应趋于 0。

不该连接的部位若测量结果为短路($R=0$),则说明所测两相之间的接线有短路现象。应仔细逐相检查导线并排除故障。应该连接的部位若测量结果为断路($R \to \infty$),应仔细检查所测两相之间的各段接线,找出断路点,并进行排除。

(4) 完成上述检查后,清点工具材料,清除安装板上的线头与杂物,检查三相电源,在有人监护下通电试车。

① 空运转试验。首先拆除负载接线,合上开关接通电源,按下起动按钮,应立即动作,松开按钮(或按停止按钮)则接触器应立即复位,认真观察主触头动作是否正常,仔细听接触器线圈通电运行时有无异常响声。应反复试验几次,检查控制器件动作是否可靠。

② 带负载试车。断开电源,接上负载引线,装好灭弧罩,重新通电试车,按下起动按钮,接触器应动作,观察电动机或电磁铁等负载起动和运行的情况,松开按钮(或按停止按钮)观察电动机或电磁铁等负载能否停止工作。

试车时若发现接触器振动且有噪声,主触头燃弧严重,电动机或电磁铁等负载"嗡嗡"响,而机组无法起动,应立即停机检查,重新检查电源电压、线路、各连接点有无虚接,电动机绕组或电磁铁等负载有无断线,必要时拆开接触器检查电磁机构,排除故障后重新试车。

3. 熔断器的检查与维修

（1）检查熔管外观有无损伤、变形、开裂现象，瓷绝缘部分有无破损或闪络放电痕迹。检查有熔断信号指示器的熔断器，其指示是否保持正常状态。

（2）熔体有氧化、腐蚀或破损时，应及时更换。

（3）熔断器上、下触头处的弹簧是否有足够的弹性，接触面是否紧密。检查熔管接触是否良好，有无过热现象。

（4）熔体长期处于高温下可能发生老化，因此应尽量避免安装在高温场合。熔断器环境温度必须与被保护对象的环境温度基本一致，如果相差太大可能会使保护装置产生误动作。

（5）检查导电部分有无熔焊、烧损、影响接触的现象。

（6）经常清除熔断器上及夹子上的灰尘和污垢，可用干净的抹布擦拭。

（7）更换熔芯时应检查熔体的额定电流、额定电压与设计要求是否相同。

4. 继电器和接触器的检查与维修

继电器和接触器是控制电路通断及控制通断时间、温度、顺序、电压、电流、速度、扭矩等参数的控制电器，在风力发电机组控制系统中使用数量很大。定期做好维护工作，是保证继电器和接触器长期、安全、可靠运行，延长使用寿命的有效措施。

（1）定期外观检查

① 清除灰尘，先用棉布沾有少量汽油擦洗油污，再用干布擦干。如果铁芯发生锈蚀，应用钢丝刷刷净，并涂上银粉漆。

② 定期检查继电器和接触器各紧固件是否松动，特别是紧固压接导线的螺钉，以防止松动脱落造成连接处发热。若发现过热点后，可用整形锉轻轻锉去导电零件接触面的氧化层，再重新固定。检查接地螺钉是否紧固牢靠。

③ 各金属部件和弹簧应完整无损和无形变，否则应予以更换。

（2）触头系统检查

① 动、静触头应清洁，接触良好，若有氧化层，应用钢丝刷刷净，若有烧伤处，则应用细油石打磨光亮。动触头片应无折损，软硬一致。

② 检查动、静触头是否对准，三相是否同时闭合，调节触头弹簧使三相动作一致。测量相间或线间绝缘电阻，其阻值不低于 10 MΩ。

③ 继电器触头磨损深度不得超过 0.5 mm，接触器触头磨损深度不得超过 1 mm，严重烧损、开焊脱落时必须更换触头。对银或银基合金触头有轻微烧损或触面发黑或烧毛，一般不影响正常使用，但应进行清理，否则会加快接触器的损坏。若影响接触时，可用整形锉磨平打光，除去触头表面的氧化层，但不能使用砂纸。

④ 更换新触头后应调整分开距离、超越行程和触头压力，使其保持在规定范围之内。

⑤ 检查辅助触头动作是否灵活，触头有无松动或脱落，触头开距及行程是否符合规定值，当发现辅助触头接触不良又不易修复时，应予以更换。

（3）铁芯检查

① 定期用干燥的压缩空气吹净继电器和接触器表面堆积的灰尘，灰尘过多会使运动机构卡住，机械破损增大。当带电部件间堆积过多的导电尘埃时，还会造成相间击穿

短路。

② 清除灰尘及油污,定期用棉纱蘸少量汽油或用刷子将铁芯截面间油污擦干净,以免引起铁芯噪声或线圈断电时接触器不释放。

③ 检查各缓冲零件位置是否正确齐全。

④ 检查铁芯铆钉有无断裂,铁芯端面有无松散现象。

⑤ 检查短路环有无脱落或断裂,若有断裂会引起很大噪声,应更换短路环或铁芯。

⑥ 检查电磁铁吸力是否正常,有无错位现象。

(4) 电磁线圈检查

① 使用数字式万用表检查线圈直流电阻。一般仅对电压线圈进行直流电阻测量,继电器电压线圈在运行中,有可能出现开路和匝间短路现象,进行直流电阻测量便可发现。

② 定期检查继电器和接触器控制回路电源电压,并调整到一定范围之内,当电压过高时线圈会发热,吸合时冲击较大。当电压过低时吸合速度慢,使运动部件容易卡住,造成触头拉弧熔焊在一起。

③ 电磁线圈在电源电压为线圈额定电压的 85%～105% 时应可靠动作,若电源电压低于线圈额定电压的 40% 时应可靠释放。

④ 检查线圈有无过热或表面老化、变色现象,若表面温度高于 65 ℃,即表明线圈过热,可能破坏绝缘引起匝间短路。若不易修复时,应更换线圈。

⑤ 检查引线有无断开或开焊现象,线圈骨架有无磨损、裂纹,是否牢固地安装在铁芯上,若发现问题必须及时处理或更换。

⑥ 运行前应用绝缘电阻表测量绝缘电阻,看是否在允许范围内。

(5) 接触器灭弧罩检查

① 检查灭弧罩有无裂损,当严重时应更换。清除罩内脱落杂物及金属颗粒。

② 对栅片灭弧罩,检查是否完整或烧损变形,严重松脱位置变化,若不易修复应及时更换。

(6) 继电器和接触器运行中的检查

① 通过的负载电流是否在额定值之内。

② 继电器和接触器的分、合信号指示是否与电路状态相符。

③ 接触器灭弧室内是否有因接触不良而发出放电响声。灭弧罩有无松动和裂损现象。

④ 电磁线圈有无过热现象,电磁铁上的短路环有无脱出和损伤现象。

⑤ 继电器和接触器与导线的连接处有无过热现象,通过颜色变化可以发现。

⑥ 接触器辅助触头有无烧蚀现象。

⑦ 绝缘杆有无裂损现象。

⑧ 铁芯吸合是否良好,有无较大的噪声,断电后能否返回到正常位置。

⑨ 是否有不利于接触器正常运行的因素,如振动过大、通风不良、导电尘埃等。

5. 配电柜的检修

控制系统的运行与维修及应急照明一般都要通过机组配电柜获得电能。为了保证正常用电,对配电柜上的电器和仪表应经常进行检查和维修,及时发现问题和消除隐患。对运行中的配电柜,应进行以下检查。

（1）配电柜和柜上电器元件的名称、标志、编号等是否清楚、正确，柜上所有的操作手柄、按钮和按键等的位置与现场实际情况是否相符，固定是否牢靠，操作是否灵活。

（2）配电柜上表示"合""分"等信号灯和其他信号指示是否正确（红灯亮表示开关处于闭合状态，绿灯亮表示开关处于断开位置）。

（3）刀开关、断路器和熔断器等的接点是否牢靠，有无过热变色现象。

（4）二次回路线的绝缘有无破损，并用绝缘电阻表测量绝缘电阻。

（5）配电柜上有操作模拟板时，模拟板与现场电气设备的运行状态是否一致。

（6）清扫仪表和电器上的灰尘，检查仪表和表盘玻璃有无松动。

（7）对于巡视检查中发现的缺陷，应及时记入缺陷登记本和运行日志内，以便排除故障。

实践训练

根据给出的任务实施单，对风力发电机组控制系统进行维护，详细记录维护过程，并分析如何对继电器和接触器进行检查。

控制系统维护项目任务实施单

序号	维护项目	检查情况
1	系统参数设定检查	
2	电缆及附件检查	
3	控制柜及内部接线检查	
4	振动传感器可靠性及安全性检查	
5	通信光纤检查	
6	烟雾探测装置检查	
7	风速、风向传感器功能及可靠性检查	

知识拓展

风力发电机组运行安全保护

1. 大风安全保护

一般风速达到 25 m/s（10 min）即为停机风速，由于此时风的能量很大，系统必须采取保护措施，必须按照安全程序停机，停机后，风电机组根据情况进行 90° 对风控制。

2. 参数越限保护

风电机组运行中，有许多参数需要监控，温度参数由计算机采样值和实际工况计算确定上下限控制。压力参数的极限，采用压力继电器，根据工况要求，确定和调整越限设定值。继电器输入触点开关信号给计算机系统，控制系统自动辨别处理。电压和电流参数由电量传感器转换送入计算机控制系统，根据工况要求和安全技术要求确定越限电流电压控制的参数。

3. 超速保护

当转速传感器检测到发电机或风轮转速超过额定转速的 110% 时，控制器将给出正常停机指令。此外,为了防止风轮超速,采取硬件设置超速上限,此上限高于软件设置的超速上限,一般在低速轴处设置风轮转速传感器,一旦超出检测上限,就引发安全保护系统动作。

4. 过电压、过电流保护

当装置元件遭到瞬间高压冲击和过电流时所进行的保护。通常对控制系统交流电源进行隔离稳压保护,同时装置加高压瞬态吸收元件,提高控制系统的耐高压能力。而控制系统所有的电器电路(除安全链外)都必须加过电流保护器,如熔丝、断路器。

5. 振动保护

机组应设有三级振动频率保护,即振动球开关、振动频率上限1、振动频率极限2。当开关动作时,控制系统将分级进行处理。

6. 开/关机保护

设计机组开机正常顺序控制,对于异步风电机组采取软切控制限制并网时对电网的冲击,确保机组安全。在小风、大风、故障时控制机组按顺序停机。停机的顺序应先空气气动制动,然后软切除脱网停机。软脱网的顺序控制与软并网的控制基本一致。

7. 电网掉电保护

风电机组离开电网的支持是无法工作的,一旦有突发故障而停电时,控制器的计算机由于失电会立即终止运行,并失去对风机的控制,控制变桨和机械制动的电磁阀就会立即打开,液压系统会失去压力,制动系统动作,执行紧急停机。紧急停机意味着在极短的时间内,风机的制动系统将风机叶轮转数由运行时的额定转速变为零。

大型的机组在极短的时间内完成制动过程,将会对机组的制动系统、齿轮箱、主轴和叶片以及塔架产生强烈的冲击。紧急停机的设置是为了在出现紧急情况时保护风电机组的安全。然而,电网故障无须紧急停机,突然停电往往出现在天气恶劣、风力较强时,紧急停机将会对风机的寿命造成一定影响。另外,风机主控制计算机突然失电就无法将风机停机前的各项状态参数及时存储下来,这样就不利于迅速对风机发生的故障做出判断和处理。

由于电网原因引起的停机,控制系统在电网恢复后 10 min 自动恢复运行。也可在控制系统电源中加设在线不间断电源系统(uninterruptible power system,UPS),这样当电网突然停电时,UPS 自动投入,为风电机组控制系统提供电力,使风电控制系统按正常程序完成停机过程。

复习思考题

一、填空题

1. 液压扳手的驱动机构由_____、_____和_____构成。

2. 使用液压扳手前要_____,然后通过油管将液压扳手与泵站连接,方可开始工作。

3. 压力表为充装液体的湿式压力表,如表内有液压油,表明压力表_____,需及时更换。

4. 验电器分为低压验电器和高压验电器两种,_____也称为低压验电笔。

5. 定期维护周期是指风电机组的_____、_____、_____、_____。

6. 绝缘电阻表俗称_____、_____,是用来测量大电阻和绝缘电阻的,它的计量单位是_____。

7. 用于采集和记录偏航位移叫_____。

8. _____是变桨电动机尾部的位置传感器,是监测计算变桨位置的重要传感器,作用与液压系统中的位置传感器类似,其故障一般体现为_____和_____。

二、选择题

1. 风电机组工作过程中,能量转化的顺序是( )。

A. 风能→动能→机械能→电能

B. 动能→风能→机械能→电能

C. 风能→机械能→动能→电能

2. 液压扳手在调压前要先将调压阀调到零(逆时针),试压时必须( )调试。

A. 从高向低　　　B. 从低向高　　　C. 一样

3. 液压扳手的液压油工作( )h后彻底更换,或者每年至少更换2次。

A. 20　　　　　　B. 40　　　　　　C. 50

4. 完成锁定时,液压扳手无法从螺母上取下,可能的原因是( )。

A. 压力太大　　　B. 锁住了　　　　C. 反力掣子抵住

5. 用液压扳手检验螺栓预紧力矩时,螺母转动角度小于( )时则预紧力矩满足要求。

A. 10°　　　　　　B. 15°　　　　　　C. 20°

6. 指针式万用表的基本工作原理是利用一只灵敏的磁电式( )做表头。

A. 交流电流表　　B. 交流电压表　　C. 直流电流表

7. 使用万用表测量电阻时,要先调零,选择( )电阻挡开始。

A. 大量程　　　　B. 小量程　　　　C. 一样

8. 使用高压验电器测量时,人体与带电体应保持足够的安全距离,10 kV 高压的安全距离为( )以上。

A. 0.5 m　　　　　B. 0.7 m　　　　　C. 1 m

9. 偏航系统中的限位开关是( )。

A. 偏航驱动器　　B. 偏航变频器　　C. 偏航解缆器

10. 风速仪传感器属于( )。

A. 振动传感器　　B. 压力传感器　　C. 转速传感器

三、简答题

1. 简述对液压扳手的维护保养内容。

2. 使用万用表有哪些注意事项?

3. 主轴轴承温度异常原因及故障处理有哪些?

4. 齿轮箱的日常保养内容包括哪些?

5. 偏航系统常见故障有哪些?

6. 如何检查机械式风向标?

7. 电动变桨系统常见的故障类型有哪些?

8. 风电机组的控制系统如何进行通电试车?

附录一 应急救护

一、中暑

1. 中暑的症状

中暑病人先是感觉头痛、头晕、眼花、心慌、胸闷、四肢无力,随后便出现呼吸急促、出虚汗、面色苍白、恶心呕吐,甚至意识不清,昏倒在地。有的由于出汗过多,引起肌肉和四肢痉挛。

2. 中暑的急救

发现有人中暑,应立即将病人脱离高温环境,移到阴凉通风的地方,让病人仰卧躺下休息。解开腰带和衣扣,并用凉水浸湿的毛巾敷在额头上,以帮助散热降温,或在头部置冰袋等方法降温,并及时给病人口服盐水。如病人意识不清,可用手指甲或针刺其人中、合谷等穴位,待病人清醒后,给其喝一些含盐的凉开水、浓凉茶或清凉饮料。也可口服清凉药物如人丹、十滴水、藿香正气水等。中暑轻的病人,一般经过急救和休息后,能很快恢复健康,但中暑严重的病人,应送医院抢救治疗。

二、冻伤

1. 冻伤后的处理方法

(1) 发现冻伤患者后,立即用棉被、毛毯或棉衣等保护受冻部位,以防止再次受凉。衣服、鞋袜等连同肢体冻结者,不可勉强卸脱,迅速将患者护送至温暖的室内,用 40 ℃左右的温水使冰冻融化后脱下或剪开。

(2) 轻局部冻伤和有利于全身冻伤复苏,立即施行局部或全身的快速复温,这是冻伤急救的关键措施。具体方法是用足量的温水(38 ~ 42 ℃)浸泡伤肢或浸浴全身,浸泡过程中注意要保持水温恒定,并可轻轻按摩未损伤的部分,帮助改善血循环。浸泡至肢端转红润、组织变软,皮温达 36 ℃左右为止。对已经复温的病人,应立即停止浸泡,以防浸泡时间过长,增加组织代谢,有碍恢复。若现场没有温水,可将冻伤局部置于自身或救护者的温暖体部,如腋下、腹部或胸部,以达复温的目的。严禁用火炉烘烤、雪搓、冷水浸泡或猛力捶打患部。复温后继续采取保温措施,用毛毯、电热毯、电褥子保暖,要注意保护受冻部位,预防外伤。

(3) 复温过程中和复温融化后病人会出现剧烈疼痛,可口服止痛药。

(4) 严重冻伤者需要注射破伤风抗毒素,并预防性注射抗生素。

2. 冻伤处理时的注意事项

(1) 冻伤使肌肉僵直,严重者深及骨骼,在救护搬运过程中动作要轻柔,不要强使其肢体弯曲活动,以免加重损伤,应使用担架,将伤员平卧并抬至温暖室内救治。

(2) 将伤员身上潮湿的衣服剪去后用干燥柔软的衣服覆盖,不得烤火或搓雪。

(3) 全身冻伤者呼吸和心跳有时十分微弱,不应误认为死亡,应努力抢救。

三、烫伤

1. 引起烫伤的物质

烧伤和烫伤一般由火焰、沸水、热油、电流、辐射、化学物质(强酸、强碱等)引起的,最常见的是火焰烧伤、热水、热油烫伤。

2. 现场急救方法

(1) 立即脱离险境,但不能带火奔跑。这样不利于灭火,并加重呼吸道烧伤。

(2) 带火者迅速卧倒,就地打滚灭火,或用水灭火,也可用棉被、大衣等覆盖火。

(3) 冷却受伤部位,用冷自来水冲洗伤肢冷却烧伤处。

(4) 脱掉伤处的手表、戒指、衣物。

(5) 消毒敷料(或清洗毛巾、床单等)覆盖伤处。

(6) 勿刺破水泡,伤处勿涂药膏,勿粘贴受伤皮肤。

(7) 口渴严重时可饮盐水,以减少皮肤渗出,有利于预防休克。

(8) 迅速转送医院。

3. 现场急救时的注意事项

(1) 电灼伤、火焰烧伤或高温气、水烫伤均应保持伤口清洁。伤员的衣服鞋袜用剪刀剪开后除去。伤口全部用清洁布片覆盖,防止污染。

(2) 未经医务人员同意,灼伤部位不宜敷搽任何东西和药物。

(3) 送医院途中,可给伤员多次少量口服糖盐水。

四、中毒

1. 食物中毒

食物中毒是因为食入细菌污染的食物或者含天然毒素的食物所导致。

2. 发生食物中毒后的紧急救护

(1) 呼救:立即向急救中心 120 呼救,送中毒者去医院进行洗胃、导泻、灌肠。

(2) 催吐:用人工刺激法,用手指或钝物刺激中毒者咽弓及咽后壁,引起呕吐,同时注意避免呕吐误吸而发生窒息。

(3) 妥善处理可疑食物:对可疑有毒的食物,禁止再食用,收集呕吐物、排泄物及血尿送到医院做毒物分析。

(4) 防止脱水:轻症中毒者应多饮盐开水、茶水或姜糖水、稀米汤等。重症中毒者要禁食 8～12 h。可静脉输液,待病情好转后,再进些米汤、稀粥、面条等易消化食物。

(5) 向上级报告:除做好以上工作外应及时向所在地食品卫生监督机构报告。

3. 一氧化碳(煤气)中毒

(1) 立即打开门窗通风,使中毒者离开中毒环境,移到通风好的房间或院内,吸入新鲜空气、注意保暖。防止继发性呼吸道感染。

（2）对清醒者，给其喝热糖茶水，有条件时尽可能吸入氧气。

（3）对呼吸困难或呼吸停止者，应进行口对口人工呼吸，且坚持在2 h以上，清理呕吐物，并保持呼吸道畅通。对心跳停止者，进行心肺复苏，同时呼叫急救中心救治。

五、动物咬（刺）伤

（1）被狗或猫咬伤后，应立即用浓肥皂水冲洗伤口，同时用挤压法自上而下将残留伤口内唾液挤出，然后再用碘酒涂搽伤口。少量出血时，不要急于止血，也不要包扎或缝合伤口。迅速去医院进行处理，并及时注射疫苗。

（2）被蜈蚣咬伤也较常见，蜈蚣是毒虫，被咬后局部马上会出现红肿，并伴有剧烈疼痛，应马上挤出毒液，在伤口的近心端部位用领带等扎起来，并用自来水冲洗，进行冷敷，涂上抗组织胺软膏后马上去医院。

（3）毒蛇咬伤后，不要惊慌、奔跑、饮酒，以免加速蛇毒在人体内扩散。咬伤大多在四肢，应迅速从伤口上端向下方反复挤出毒液，然后在伤口上方（近心端）用布带扎紧，将伤肢固定，避免活动以减少毒液的吸收。有蛇药时可先服用，再送往医院救治。

六、创伤止血

（1）指压止血法：根据动脉沿肢体的体表投影，以手指、手掌或拳头用力压迫伤口的血管近心端，以达到临时止血的目的（图1）。常用指压止血法如下。

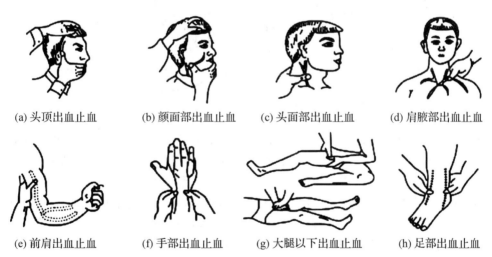

(a) 头顶出血止血　　(b) 颜面部出血止血　　(c) 头面部出血止血　　(d) 肩腋部出血止血

(e) 前肩出血止血　　(f) 手部出血止血　　(g) 大腿以下出血止血　　(h) 足部出血止血

图1　常用指压止血法示意图

（a）一侧头顶出血，可用食指或拇指压迫同侧耳屏前方搏动点进行止血。

（b）一侧颜面部出血，可用食指或拇指压迫同侧下颌骨下缘，下颌角前方3 cm处进行止血。

（c）一侧头面部出血，可用拇指或其他四指在甲状软骨、环状软骨外侧与胸锁乳突肌前缘之间的沟内搏动处，向颈椎方向压迫止血（注意非紧急情况勿用此方法），此外，不得同时压迫两侧颈主动脉。

（d）肩腋部出血，可用拇指压迫同侧锁骨上窝中部的搏动点进行止血。

（e）前臂出血，可用拇指或其他四指压迫上臂内侧二头肌的内侧沟处的搏动点进行止血。

（f）手部出血，互救时可用两手拇指分别压迫手腕横纹稍上处内外侧的各一搏动点进行止血。

（g）大腿以下出血，自救时可用双手拇指重叠用力压迫大腿上端腹股沟中点稍下方的一个强大的搏动点进行止血，互救时可用手掌压迫，另一手压在其上进行止血。

（h）足部出血，可用两手食指或拇指分别压迫足背中间近脚腕处和足跟内侧与内踝之间进行止血。

（2）伤口渗透血处理，用比伤口稍大的消毒纱布覆盖伤口数层，然后进行包扎，若包扎后仍有较多渗血，可再加绷带适当加压止血。

（3）伤口大出血处理，伤口出血呈喷射状或涌出鲜红血液时，根据出血部位不同，按指压止血法立即用清洁手指压迫出血点上方（近心端），使血流中断，并将出血肢体抬高或举高，以减少出血量。

（4）用止血带或弹性较好的布带等止血时，应先用柔软布片、毛巾或伤员的衣袖等数层垫在止血带下面，以左手的拇指、食指、中指持止血带的头端，将长的尾端绕肢体一圈后压住头端，再绕肢体一圈，然后用左手食指和中指夹住尾端后，将尾端从止血带下拉过，由另一端牵出，使之成为一个活结，如需放松止血带，只需将尾部拉出即可（图2）。

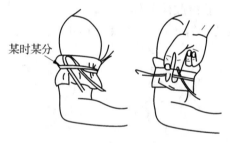

某时某分

图 2　止血带止血法

（5）对四肢动脉出血，用绷带或三角巾勒紧止血时，可在伤口上部用绷带或三角巾叠成带状或就地取材勒紧止血。方法：第一道绑扎作垫，第二道压在第一道上面勒紧，如有可能，在出血伤口近心端的动脉上放一个敷料或纸卷作垫，而后勒紧止血。

（6）用止血带或弹性较好的布带等止血或用绷带和三角巾勒紧止血时，止血以刚使肢端动脉搏动消失为度。每60 min放松一次，每次放松1～2 min，开始扎紧与每次放松的时间均应书面标明在止血带旁，扎紧时间不宜超过4 h。

（7）止血带止血法只适用于四肢大血管出血，能用其他方法临时止血的不要轻易使用止血带。止血带应绑在上臂的上1/3处和大腿中部；不应在上臂的中1/3处和腋窝下使用止血带，以免损伤神经。若放松时观察已无大出血可暂停使用。严禁用电线、铁丝、细绳等作止血带使用。

（8）高处坠落、撞击、挤压可能使胸腹内脏破裂出血，此时伤员虽然外观无出血，但常常面色苍白、脉搏细弱、气促、冷汗淋漓、四肢厥冷、烦躁不安，甚至出现神志不清等休克状态，应迅速使伤员平躺，抬高下肢（图3），保持温暖，速送医院救治，若送院途中时间较长，可给伤员饮用少量糖盐水。

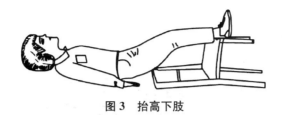

图3　抬高下肢

七、骨折急救

1. 骨折发生后的紧急处理

（1）应抢救伤员的生命，注意伤员的保暖。对处于昏迷状态的伤员要保证其呼吸道的通畅，应避免过多搬动伤员，以免加重病情或增加伤员的痛苦。若伤肢肿胀明显，应及时剪开衣袖或裤管。

（2）止血和伤口包扎。应注意无论伤口大小，都不宜用未经消毒的水冲洗或外敷药物。绝大多数伤口出血用压迫包扎后即可止血，或尽量用比较清洁的布类包扎伤口。如有大血管出血，加压包扎不能控制时，可在伤口的近端结扎止血带，但要及时记录开始止血的时间。若骨折端戳出伤口并已污染，不宜立即复位，以免将污物带入伤口深处。

（3）伤肢妥善固定。其范围要超过上下关节，固定材料应就地取材，树枝、木根、木板等都适于作夹板使用（图4）。在缺乏外固定材料时也可利用伤员身体进行固定，如将受伤的上肢缚于上身躯干，避免骨折部位移动，以减少疼痛，为防止伤势恶化，应立即送入医院。

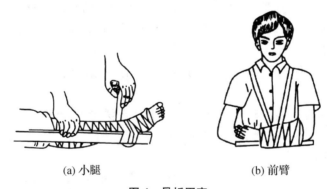

(a) 小腿　　　　　　　(b) 前臂

图4　骨折固定

（4）开放性骨折，伴有大出血者，应先止血，再固定，并用干净布片覆盖伤口，然后速送医院救治。切勿将外露的断骨推回伤口内。

（5）在发生肢（指）体离断时，应进行止血并妥善包扎伤口，同时将断肢（指）用干净布料包裹宜存放置在低温（4 ℃）干燥的容器内，切忌用任何液体浸泡。

（6）若怀疑伤员有颈椎损伤，在使伤员平卧后，可用沙土袋（或其他代替物）放置头部两侧使颈部固定不动，如图5所示。如需进行口对口呼吸时，只能采用抬颌使气道通畅，不能再将头部后仰移动或转动头部，以免引起截瘫或死亡。

（7）腰椎骨折时应将伤员平卧在平硬木板上，并将腰椎躯干及两侧下肢一同进行固定，预防瘫痪，如图6所示，搬运时应数人合作，保持平稳，不能扭曲腰部。

图 5　颈椎骨折固定

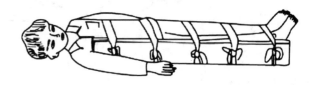

图 6　腰椎骨折固定

2. 骨折固定和注意事项

（1）骨折固定应先检查意识、呼吸、脉搏及处理严重出血。

（2）骨折固定的夹板长度应能将骨折处的上下关节一同加以固定。

（3）骨断端暴露时，不要拉动。

八、电气伤害

（1）将触电者接触的带电设备的所有断路器（开关）断开或设法将触电者与带电设备脱离。在脱离电源过程中，救护人员应注意保护自身的安全。

（2）触电者脱离电源以后，现场救护人员应迅速对触电者的伤情进行判断，实施救护，同时联系医疗急救中心（医疗部门）。要根据触电伤员的不同情况，采用如下不同的救护方法。

① 触电者神志清醒、有意识、脉搏跳动，但呼吸急促、面色苍白，此时不能用心肺复苏法抢救，应将触电者抬到空气新鲜、通风良好的地方躺下，安静休息，注意保暖，并随时监护观察触电者的呼吸、脉搏变化。

② 触电者神志丧失、判定意识无、心跳停止，但有极微弱的呼吸或者喘息时，应立即施行心肺复苏法抢救。

③ 触电者心跳、呼吸停止时，应立即进行心肺复苏法抢救，不得延误或中断。

④ 触电者和雷击伤者心跳、呼吸停止，并伴有其他外伤时，应先迅速进行心肺复苏急救，然后再处理外伤。

⑤ 触电者衣服被电弧光引燃时，应迅速扑灭其身上的火源，着火者切忌跑动，可就地躺下翻滚，使火扑灭。

九、眼睛伤害急救

4 类眼外伤的初步急救原则如下。

（1）化学物灼伤：立即用生理盐水或自来水冲洗眼睛，用手指将眼皮撑开，让水沿着内眼睑向外眼睑冲洗眼睛，至少持续 15 min，冲洗后立刻送医院救治。

（2）眼内异物：眼内有微粒时，不宜揉擦眼睛，闭眼或眨眼几次，让微粒随眼泪流出。也可使用生理盐水或冷开水冲洗；若微粒仍然存在，要闭住眼睛，尽快送医院眼科由医生处理。

（3）眼睛撞伤：立即给予冰敷，大约 15 min，可减少疼痛及肿胀，若眼眶变黑或视力模糊应立刻送医院请眼科医生检查治疗。

（4）眼睛切割伤：以纱布将眼部轻轻包扎。不应拿掉黏在眼睛或眼皮之内的任何物体，并避免碰压眼球或揉擦眼球，立刻送医院。

十、心肺复苏术

1. 心肺复苏操作程序

（1）判断意识，轻拍伤病员肩膀，高声呼喊："喂，你怎么了？"

（2）高声呼救："快来人啊！有人晕倒了，我是救护员，快拨打急救电话，有会救护的请来协助我。"

（3）迅速将伤员放置于仰卧位，并放在坚硬的平面上。

（4）检查颈动脉有无搏动，判断有无呼吸或正常呼吸。

（5）胸外心脏按压。

（6）打开气道。

（7）口对口人工呼吸。

（8）心肺复苏有效指征判断，开始 1 min 后检查 1 次脉搏、呼吸、瞳孔，以后每 4 ～5 min 检查 1 次，检查不超过 5 s，最好由协助抢救者检查。

（9）复原（侧卧）位。

2. 胸外心脏按压

（1）确定按压位置的 2 种方法（图 7）

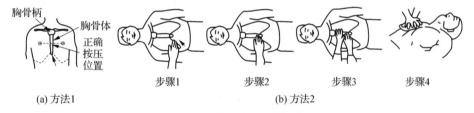

图 7　正确的胸外心脏按压位置

方法 1：胸部正中，双乳头之间连线的中点为正确的按压位置。

方法 2：沿伤员肋弓下缘向上找到肋骨和胸骨接合处的中点，两手指并齐，中指放在切迹中点（剑突底部），食指平放在胸骨下部，另一只手的掌根紧靠食指上缘，置于胸骨上，即为正确按压位置。

（2）胸外按压的正确姿势（图 8）

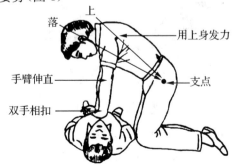

图 8　胸外心脏按压示意图

① 使伤员仰面躺在平硬的地方,救护人员跪在伤员一侧,救护人员的两肩位于伤员胸骨正上方,两臂伸直,肘关节不能弯曲,两手掌根相叠,手指翘起,将下面手的掌根部置于伤员按压位置上。

② 以髋关节为支点,利用上身的重力,垂直将正常成人胸骨压陷 5～6 cm。

③ 压至要求的程度后,立即全部放松,但放松时救护人员的掌根不得离开胸壁。

(3) 按压操作频率要求

① 胸外按压要以均匀的速度(100～120 次/分钟)进行,每次按压和放松的时间相等。

② 胸外按压与口对口(鼻)人工呼吸的比例为每按压 30 次吹气 2 次,反复进行。

(4) 在按压时不应用力过大,避免发生肋骨、胸骨骨折,甚至引起气胸、血胸等并发症。

(5) 双人或多人复苏应每 2 分钟(按压吹气 5 组循环)交换角色,以避免因胸外按压者疲劳而引起的胸外按压质量和频率削弱。在交换角色时,其抢救操作中断时间不应超过 5 s。

3. 口对口(鼻)呼吸的具体方法

(1) 开放气道。用仰头抬颌的手法开放气道:一只手放在伤员前额,用手掌把额头用力向后推,另一只手的食指与中指置于下颌骨处,向上抬起下颌(对颈部有损伤的伤者不适用),两手将头部推向后仰(图 9),舌根随之抬起,打开气道(图 10)。严禁用枕头或其他物品垫在伤员头下,否则会使头部抬高前倾,加重气道阻塞,并且会使胸外心脏按压时流向脑部的血流减少,甚至消失。如发现伤员口内有异物,应清除伤者口中的异物和呕吐物,可用指套或指缠纱布清除口腔中的液体分泌物。清除固体异物时,一手按压开下颌,迅速用另一手食指将固体异物钩出,操作中要注意防止将异物推到咽喉深部。

图 9　仰头抬颌方法

图 10　气道开放示意图

(2) 在保持伤员气道通畅的同时,救护人员用放在伤员额上的手捏住伤员鼻翼,救护人员吸气后,与伤员口对口紧合,在不漏气的情况下,先连续吹气 2 次,口对口人工呼吸方法如图 11 所示。

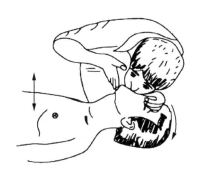

图 11　口对口人工呼吸方法

（3）每次吹气时间 1 s，吹气量以胸廓隆起为宜，吹气时如有较大阻力，可能是头部后仰不够，应及时纠正，在吹气时应避免过快、过强。

（4）伤员如牙关紧闭，可口对鼻人工呼吸，口对鼻人工呼吸吹气时，要将伤员嘴唇紧闭，防止漏气。

（5）如有条件的话，用简易呼吸面罩、呼吸隔膜进行人工呼吸，以避免直接接触引起交叉感染。

（6）第一次吹气完毕后，应立即与伤员口部脱离，轻轻抬起头部，面向伤员胸部，吸入新鲜空气，以便做下一次人工呼吸。同时使伤员的口张开，捏鼻的手也同时放松，以便伤员从鼻孔通气。

（7）吹气注意事项如下。

① 每次吹气量不要过大。

② 吹气时不要按压胸部。

③ 有脉搏无呼吸的伤员，每分钟吹气 10～12 次。

④ 口对鼻的人工呼吸，适用于有严重的下颌及嘴唇外伤，牙关紧闭，下颌骨骨折等情况的伤员。

4. 心肺复苏的有效指标

（1）瞳孔。复苏有效时，可见伤员瞳孔由大变小。如瞳孔由小变大、固定、角膜混浊，则说明复苏无效。

（2）面色（口唇）。复苏有效，可见伤员面色由紫绀转为红润，如若变为灰白，则说明复苏无效。

（3）颈动脉搏动。按压有效时，每一次按压可以摸到一次搏动，如若停止按压，搏动亦消失，应继续进行心脏按压；如若停止按压后，脉搏仍然跳动，则说明伤员心跳已恢复。

（4）神志。复苏有效，可见伤员有眼球活动，睫毛反射与对光反射出现，甚至手脚开始抽动，肌张力增加。

（5）出现自主呼吸。

5. 心肺复苏的转移和终止

（1）转移：在现场抢救时，应力争抢救时间，避免无效移动伤员，从而延误现场抢救的时间。在送往医院途中也应继续进行。鼻导管给气绝不能代替心肺复苏术，如需将伤员由现场移往室内，中断操作时间不得超过 7 s。通道狭窄、上下楼层、送上救护车等操作中断不得超过 30 s。将心跳、呼吸恢复的伤员用救护车送医院时,应在伤员背部放 1 块宽阔适当的硬板,以备随时进行心肺复苏。

(2)终止:不论在什么情况下,终止心肺复苏,取决于医生,或医生组成的抢救组的首席医生,否则不得放弃抢救。

6.胸外叩击法

(1)胸外叩击法是救护员在没有 AED 的情况下,现场对心室纤颤的伤病员实施"赤手空拳"的救援措施。

(2)胸外叩击定位,同胸外按压部位(图 7)。

(3)胸外叩击操作如下。

① 救护员一手的中指置于伤病员近侧的肋弓下缘,沿肋弓向内上滑行到双侧肋弓的汇合点,食指与之并拢;另一手掌根部紧贴第一只手的食指并平放,使掌根部的横轴与胸骨的长轴重合。

② 定位手紧握拳头,距另一手背 30～40 cm 高度,垂直较有力地向下叩击 1 次。

③ 立即进行 5 个周期的 CPR,然后检查心跳是否恢复。

十一、高山病的应急措施

(1)急性高山病。上升到一定海拔高度可能引起头痛和以下其中之一:胃肠症状(厌食、恶心或呕吐),疲劳或虚弱,头晕、昏迷或睡眠障碍。

(2)高山脑水肿。上升到一定海拔时,急性高山病患者出现运动失调(测试:让 1 个意识清醒能行走的高山脑水肿疑似病人,以其一足跟紧贴另一脚尖沿直线走,如果跌跌撞撞或者摔倒在地,则初步诊断为高山脑水肿),和(或)精神状态改变;或非急性高山病患者出现精神状态改变及运动失调。

(3)高山肺水肿。上升到一定海拔高度时,如出现以下症状中的 2 个及以上,可判断为高山肺水肿:休息时呼吸困难、咳嗽、虚弱或体能下降,胸口有压迫感,以及至少 2 个以下症状:至少一边的肺有啰音或喘鸣声、全身发绀、呼吸急促、心跳加速。

高山病的临床管理及药物治疗见表 1。

表 1　高山病的临床管理及药物治疗

急性高山病	停止上升,轻微活动,口服补水; 乙酰唑胺 250 mg,口服,每日 2 次; 镇痛药和止吐药; 如果条件允许,输氧 1～2 L/min,直至症状消失; 如果 24 h 之后仍未改善,需要下降至患者能够正常睡眠不出现症状的海拔,直至完全康复。
高山脑水肿	随时监控,严格保证睡眠,补充或维持充足的水分; 输氧 2～4 L/min; 在偏远地区,至少立即下撤 600 m,如果不能输氧,使用便携式高压氧舱; 地塞米松,8 mg,肌肉注射或静脉注射或口服,6 h 后服用 4 mg; 乙酰唑胺 250 mg,口服,每日 2 次。

续　表

	45°坐位,全程监控,严格保证睡眠; 输氧 4～6 L/min,然后保持动脉血氧浓度大于 90%; 在偏远地区,至少立即下撤 600 m,如果不能输氧,使用便携式高压氧舱,保持头部高位; 硝苯地平,首次 10 mg,口服;之后每 12 h 服用 30 mg; 如果未能立即输氧或输氧后反应不明显,应立即进行静脉注射补液支持; 沙美特罗吸入剂,每天 2 次;沙丁胺醇定量吸入气雾剂每 4 h 吸入 4～6 次; 地塞米松,8 mg,肌肉注射或静脉注射或口服,6 h 后服用 4 mg。
高山肺水肿	

　　在高原上除做好一系列防护措施外,还要关注自己和团队成员,一旦发现上述相关症状,及时沟通和报告并组织救护。如果是在不具备医疗条件的地方,作为非专业人士,对于两种高山脑水肿与高山肺水肿病的处理方式是一样的,就是立刻做 3 件事:高流量输氧,口服 2 片呋塞米片(速尿片)或按表 1 要求给药,千万不要拖延,更不要在原地等待救援。立即下撤 600～1 200 m 是最重要、最有效的治疗手段之一,撤下后立即送到医院治疗。

附录二 现场安全规程

一、基本原则

安全是一切工作的根本。因此,负责风电场运行维护的管理人员有责任和义务教育指导并督促所有工作人员和能够接触到风机的其他人员执行风机的安全工作要求。

二、注意事项

1. 以下情况应停止维护工作

(1) 在风速大于等于 12 m/s 时,不得在叶轮上工作。

(2) 在风速大于等于 18 m/s 时,不得在机舱内工作。

(3) 雷雨天气,不得在机舱内工作。

2. 以下情况进行维护工作时应注意

(1) 在风机上工作时,应确保此期间无人在塔架周围滞留。

(2) 工作区内不允许无关人员停留。

(3) 在吊车工作期间,任何人不得站在吊臂下。

(4) 平台窗口在通过后应当立即关闭。

(5) 使用提升机吊运物品时,不得站在吊运物品的正下方。

(6) 一般情况下,一项工作应由 2 个或以上人员来共同完成。相互之间应能随时保持联系,超出视线或听觉范围,应使用对讲机或移动电话等通信设备来保持联系。

(7) 只有在特殊情况下,工作人员可以进行单独工作。但必须保证工作人员与基地人员始终能依靠对讲机或移动电话等通信设备保持联系。任何饮用含酒精饮料的人员严禁进入风机进行维护工作。

3. 与电气系统有关的操作维护工作时的注意事项

警 告
有 人 工 作
严 禁 合 闸

图 12 警告牌

(1) 为了保证人员和设备的安全,未经允许或授权禁止对电气设施进行任何操作。

(2) 工作过程中应注意用电安全,防止触电。在进行与电控系统相关的工作之前,断开主空开关切断电源,并在门把手上挂警告牌,如图 12 所示。

(3) 不允许带电作业。如果某项工作必须带电作业,只能使用特殊设计的并经批准可使用的工具工作,并将裸露的导线做绝缘处理。

(4) 带电作业时工作人员必须使用绝缘手套、橡胶垫和绝缘鞋等安全防护措施。

（5）现场需保证有 2 个以上的工作人员。

（6）对超过 1 000 V 的高压设备进行操作,必须按照工作票制度进行。

（7）对低于 1 000 V 的低压设备进行操作时,应将控制设备的开关或保险断开,并由专人负责看管。如果需要带电测试,应确保设备绝缘和工作人员的安全防护。

（8）当设备上电时,一定要确保所有人员已经处于安全位置,所有测试用的短接线已经被拆除,所有被拆开的线路已经完全恢复并可靠连接,确认所有被更换的元器件的接线是正确可靠的,方可给设备和闸供电。

（9）为水冷系统加注水冷液或排出水冷液时,工作人员必须戴橡胶手套和护目镜,防止冷却液入口,而且要防止冷却液喷溅到电气设备上及电气回路上。

4. 爬升塔架时的注意事项

（1）打开塔架及机舱内的照明灯。

（2）在攀爬之前,必须仔细检查梯架、安全带和安全绳,如果发现任何损坏,应在修复之后方可攀爬。

（3）在攀爬过程中,随身携带的小工具或小零件应放在袋中或工具包中,固定可靠,防止意外坠落。不方便随身携带的重物应使用机舱内的提升机输送。2 人或多人向上攀爬时,携带工具者最后攀爬;向下攀爬时,携带工具者最先爬下,以保证安全。

（4）进行停机操作后,应将控制柜正面的"维护"开关扳到"visit 或 repair"状态,断开遥控操作功能。当离开风机时,记住将"维护"开关扳到"正常"状态。

5. 机舱内的安全注意事项

（1）进行与油品接触的维护工作时须戴橡胶防护手套和护目镜,因为油品具有刺激性,对人的身体有害。

（2）提升机的最大提升重量不得大于 350 kg,严禁超重载人。在风速较大的情况下提升重物时,风机要偏航侧风 90°后,方可用提升机提升重物。

（3）夜间或能见度不良的情况下提升重物时,机舱中的人员应实时地与地面人员保持联系,以防发生意外事故。

（4）在机舱内停机或开机时会引起振动,所以在停机、开机前须使机舱内及塔架内的每一个工作人员知道,以免其他意外发生。

（5）当手动偏航时,应与偏航电动机、偏航大小齿轮保持一定的安全距离,工具、衣服、手套等物品要远离旋转和移动的部件。

（6）需要在机舱罩外面工作时,必须将安全带可靠地挂在护栏上。由机舱爬出时一定要穿戴安全带（最好是全身带）。安全带要与减震器（安全绳、延长绳）可靠连接,确认绳索可靠地挂在安全护栏上后方可从机舱爬出。

三、风机的安全装置及使用方法

1. 安全帽、安全带

安全帽、安全带使用方法如图 13 所示。

（1）安全帽的大小要合适,注意系带要扣在下巴上而不是脖子上。

（2）根据自己的体型调整安全带的松紧,系好所有的带扣。

安全带

图 13　安全帽、安全带使用方法

2. 安全扣

安全扣如图 14 所示。安全扣是一种防跌落装置。按箭头朝上的方向将其固定在安全钢丝绳上,另一端挂在安全带上。

图 14　安全扣

3. 紧急停机按钮

出现紧急情况,应立即按动紧急停机按钮,风机将在最短的时间内停止转动。

(1) 机舱内的紧急停机按钮:位于顶舱控制柜面板左侧。

(2) 塔架内的紧急停机按钮:位于主控柜面板上。

4. 叶轮锁定

当在叶轮中作业或维护时,必须使用叶轮锁定装置。可调节锁定螺母使锁定装置的孔与主轴法兰孔对应,旋入锁定销,使风机处于锁定状态。

四、焊接和使用割炬时的注意事项

(1) 在现场需要进行焊接、切割等容易引起火灾的作业,应提前通知有关人员,做好与其他工作的协调工作。

(2) 进行电焊或使用割炬时,必须配备灭火器。

(3) 进行这些工作之前,把所有的集油盘倒干净,确保周围没有放置易燃材料(如纸、抹布、汽油瓶、棉制废品等）。

(4) 如果需要,用防护板将电缆保护起来,以防火花损伤电缆。

(5) 清除作业范围内一切易燃易爆物品,或将易燃易爆物品防护隔离。

(6) 确保灭火器有效,并放置在随手可及之处。

五、意外事故的处理程序

1. 风机失火

(1) 立即紧急停机。

(2) 切断风机的电源。

(3) 进行力所能及的灭火工作,同时拨打火警电话。

2. 叶轮飞车

(1) 远离风机。

(2) 通过中央监控,手动将风机偏离主风向90°。

(3) 切断风机电源。

3. 叶片结冰

(1) 如果叶轮结冰,风机应停止运行。叶轮在停止位置应保持1个叶片垂直朝下。

(2) 不要过于靠近风机。

(3) 等结冰完全融化后再开机。

六、工作完成后注意事项

(1) 清理检查工具。

(2) 各开关复原。检查解开的端子线是否上紧,短接线是否撤除,是否恢复了风机的正常工作状态等。

(3) 风机启动前,应告知每个在现场的工作人员,正常运行后离开现场。

(4) 记录维护工作的内容。

参考文献

[1] 曹莹.风力发电技术及应用[M].北京:中国铁道出版社,2013.

[2] 杨锡运,等.风力发电机组故障诊断技术[M].北京:中国水利水电出版社,2015.

[3] 龙源电力集团股份有限公司.风力发电基础理论[M].北京:中国电力出版社,2016.

[4] 龙源电力集团股份有限公司.风力发电机组检修与维护[M].北京:中国电力出版社,2016.

[5] 丁立新.风力发电机组维护与故障分析[M].北京:机械工业出版社,2017.

[6] 任清晨,等.风力发电机组工作原理和技术基础[M].北京:机械工业出版社,2018.

[7] 邵联合.风力发电机组运行维护与调试[M].北京:化学工业出版社,2019.

[8] 王建春,等.风电系统的安装与调试基础[M].北京:机械工业出版社,2019.

[9] 陈铁华.风力发电机技术[M].北京:机械工业出版社,2021.

[10] 姚兴佳,宋俊等.风力发电机组原理与应用(第4版)[M].北京:机械工业出版社.2020.

[11]《风力发电职业技能鉴定教材》编写委员会.风力发电机组 机械装调工 初级[M].北京:知识产权出版社,2015.

[12]《风力发电职业技能鉴定教材》编写委员会.风力发电机组 机械装调工 中级[M].北京:知识产权出版社,2015.

[13]《风力发电职业技能鉴定教材》编写委员会.风力发电机组 机械装调工 高级[M].北京:知识产权出版社,2015.

[14]《风力发电职业技能鉴定教材》编写委员会.风力发电机组 电气装调工 初级[M].北京:知识产权出版社,2016.

[15]《风力发电职业技能鉴定教材》编写委员会.风力发电机组 电气装调工 中级[M].北京:知识产权出版社,2016.

[16]《风力发电职业技能鉴定教材》编写委员会.风力发电机组 电气装调工 高级[M].北京:知识产权出版社,2016.

[17]《风力发电职业技能鉴定教材》编写委员会.风力发电机组 维修保养工 初级[M].北京:知识产权出版社,2016.

[18]《风力发电职业技能鉴定教材》编写委员会.风力发电机组 维修保养工 中级[M].北京:知识产权出版社,2016.

[19]《风力发电职业技能鉴定教材》编写委员会.风力发电机组 维修保养工 高级[M].北京:知识产权出版社,2016.

【微信扫码】
复习思考题答案